航天科技图书出版基金资助出版

轨 道 摄 动 导 论

Introduction to Orbital Perturbations

[美]　詹姆斯·M. 朗古斯基（James M. Longuski）
　　　菲力克斯·R. 霍茨（Felix R. Hoots）　著
　　　乔治·E. 波洛克 IV（George E. Pollock IV）

黎飞　安然　张瀚文　孙栋　译

中国宇航出版社

·北京·

First published in English under the title

Introduction to Orbital Perturbations

by James M. Longuski，Felix R. Hoots，George E. Pollock IV，edition：1

Copyright © James M. Longuski，Felix R. Hoots，George E. Pollock IV，under exclusive license to Springer Nature Switzerland AG 2022

This edition has been translated and published under licence from Springer Nature Switzerland AG.

本书中文简体字版由著作权人授权中国宇航出版社独家出版发行，未经出版者书面许可，不得以任何方式抄袭、复制或节录本书中的任何部分。

著作权合同登记号：图字：01－2024－3148 号

图书在版编目（CIP）数据

轨道摄动导论 ／（美）詹姆斯・M.朗古斯基（James M. Longuski），（美）菲力克斯・R.霍茨（Felix R. Hoots），（美）乔治・E.波洛克Ⅳ（George E. Pollock Ⅳ）著；黎飞等译. -- 北京 ： 中国宇航出版社，2024. 7. -- ISBN 978-7-5159-2420-5

Ⅰ．V412.4

中国国家版本馆CIP数据核字第20249SD864号

责任编辑 舒承东	**封面设计** 王晓武		

出版发行 中国宇航出版社

社　址 北京市阜成路 8 号　**邮　编** 100830		**版　次** 2024 年 7 月第 1 版
(010)68768548		2024 年 7 月第 1 次印刷
网　址 www.caphbook.com		**规　格** 787×1092
经　销 新华书店		**开　本** 1/16
发行部 (010)68767386　(010)68371900		**印　张** 17.75　**彩　插** 2 面
(010)68767382　(010)88100613（传真）		**字　数** 432 千字
零售店 读者服务部　(010)68371105		**书　号** ISBN 978-7-5159-2420-5
承　印 北京中科印刷有限公司		**定　价** 128.00 元

本书如有印装质量问题，可与发行部联系调换

航天科技图书出版基金简介

航天科技图书出版基金是由中国航天科技集团公司于 2007 年设立的，旨在鼓励航天科技人员著书立说，不断积累和传承航天科技知识，为航天事业提供知识储备和技术支持，繁荣航天科技图书出版工作，促进航天事业又好又快地发展。基金资助项目由航天科技图书出版基金评审委员会审定，由中国宇航出版社出版。

申请出版基金资助的项目包括航天基础理论著作，航天工程技术著作，航天科技工具书，航天型号管理经验与管理思想集萃，世界航天各学科前沿技术发展译著以及有代表性的科研生产、经营管理译著，向社会公众普及航天知识、宣传航天文化的优秀读物等。出版基金每年评审 2 次，资助 30～40 项。

欢迎广大作者积极申请航天科技图书出版基金。可以登录中国航天科技国际交流中心网站，点击"通知公告"专栏查询详情并下载基金申请表；也可以通过电话、信函索取申报指南和基金申请表。

网址：http://www.ccastic.spacechina.com

电话：(010) 68767205，68767805

译者序

在探索宇宙的征程中，航天器的作用举足轻重，其运动轨迹——轨道，无疑是确保航天任务成功的关键要素。然而，航天器在轨运行时，不可避免会受到各类空间环境摄动力的影响，导致实际轨道偏离理想的二体轨道。为维持预设轨道，航天器需要消耗额外推进剂，使得在轨寿命减少；或者为避免寿命减少，航天器需携带更多推进剂，从而增加发射重量和成本，这凸显了轨道摄动问题在航天器任务中的重要性。因此，航天器总体设计人员或轨道设计师必须熟练掌握轨道摄动理论，并能够基于轨道摄动特性进行精确的轨道分析、优化和设计。

由于轨道摄动涉及复杂的物理概念及烦琐的数学推导，这一领域的研究对初学者而言颇具挑战性。因此，一本系统介绍轨道摄动基本概念、原理及应用的图书，对于指导我国航天科技人员更好地开展航天器轨道设计工作具有重要作用。然而，目前国内关于轨道摄动理论知识的专著较为匮乏，且多数书籍在介绍轨道摄动时仅将其作为独立章节，篇幅有限，且推导过程晦涩，增加了学习难度。

《轨道摄动导论》基于深厚的学术功底和丰富的实践经验，将轨道摄动领域的核心知识进行了全面而深入的梳理和阐述。原著由美国普渡大学知名教授詹姆斯·朗古斯基博士及其他两位学者共同撰写，被列入施普林格出版社空间技术丛书。朗古斯基教授基于数十年的教学经验，充分考虑了读者的需求，在书中详细推导了拉格朗日行星方程和更一般的高斯变分方程，填补了相关文献的空白。同时，作者对一般摄动的解析解进行了深入剖析，并将其应用于地月系统、扁行星影响、广义相对论对水星轨道的摄动以及大气阻力引起的摄动等多个实际问题。此外，书中还介绍了平均法和小参数的林德斯泰特-庞加莱方法（Lindstedt-Poincaré）等实用技术，为读者提供了解决复杂轨道摄动问题的有力工具。

本书前言、符号、第 1～2 章、第 4～5 章、第 7～10 章和第 12 章由黎飞翻译，第 3章和附录 1～3 由安然翻译，致谢、第 6 章和第 13 章由张瀚文翻译，第 11 章由孙栋翻译。全书由黎飞校对整理，对原书中的错误作了修正，对描述不清之处作了补充完善。

本书的翻译出版工作得到了航天科技图书出版基金的资助。在此，特别感谢中国航天科技集团有限公司杨孟飞院士在申请基金时的推荐，以及北京控制工程研究所陈强研究员在专业术语表述方面的悉心指导。此外，还要感谢北京控制工程研究所马雪博士和中国空间技术研究院通信与导航卫星总体部梁新刚博士，他们在翻译过程中为译者解答了许多疑难问题。限于译者的专业知识和外语水平，译文中难免存在不当之处，敬请广大读者批评指正！

译 者

2024 年 2 月 28 日

前　言

在开普勒轨道力学的第一门课程后，学生或工程师很快就会接触轨道摄动领域和拉格朗日行星方程。在现代教科书中，这些随时间变化的轨道根数方程经常未经证明而直接给出，并宣称其推导过程在别处提供——通常是在绝版资料中。为了使拉格朗日方程更加神秘，或许是为了让学生气馁，学生被告知行星方程是在"付出一些努力"之后得到的。事实证明这是一种轻描淡写的说法。

那么，学生该如何继续学习呢？在我攻读研究生期间，一位敬爱的教授说："你不能使用一个你从未推导过的方程（一生中至少应推导过一次）。"（我相信他排除了 $F = ma$）在我的博士论文中，我进一步推导了轨道衰减的解析理论（由于大气阻力的摄动效应），其中大量使用了拉格朗日行星方程。但我并没有推导该行星方程！

直到我教授了一门关于一般轨道摄动的研究生课程后，我才承担起我的教授认为是"必要的"任务。

你正在阅读的这本书提供了拉格朗日行星方程和与之密切相关的更一般的高斯变分方程的推导细节——这些细节在当前的出版物中是无法找到的。这部著作填补了文献中的空白。紧随 Fitzpatrick 和 McCuskey（以及参考书目中列出的其他作者）的工作，我们将逐步解决这个庞大的问题——每一步都是基本而严谨的。我们鼓励读者验证这些简单的步骤，以确保能够理解（详细程度由读者自行把握）。

在本书中，我们将精力集中在分析工作上，其中可以为偏离开普勒轨迹的轨道找到闭式（通常是近似的）解。该方法被称为"常数变易法"，最早由欧拉提出。根据这一概念，拉格朗日提出了他著名的行星方程。继拉格朗日之后高斯提出了更一般的变分方程。

我们正在讨论的领域被称为"一般摄动"，而不是"特殊摄动"。根据 Vallado 的说法，一般摄动允许分析人员用一种近似方法取代精确的运动方程，该方法可以捕捉原始问题的基本行为，同时还允许进行解析积分。通常，该方法涉及摄动加速度的级数展开。其结果是产生了一个略微退化的解，揭示了"密切轨道"的特征，它比通过原始方程的精确数值积分找到的精确解更快（但不那么精确）。当然，数值解并不能深入揭示摄动轨道的整体行为。

在航天动力学、天文学、动力学、物理学、行星科学、航天器任务和其他许多领域中，解析解的重要性怎么强调都不过分。然而，由于普遍使用计算机对控制方程进行高精度的数值积分，工程师们出现了一种"将方程扔到计算机上求解"的趋势。

这种态度忽视了解析解的力量和价值。解析解法允许分析人员得到驱动所研究系统运动的确定项。这种解法有助于验证数值计算的结果，使工程师相信自己的分析是正确的。

通过解析理论获得的典型见解是识别系统的行为何时具有长期项（随着时间推移而使解趋于无穷），或解是否受周期或半周期行为的约束。解析解可用于研究因系统参数数值变化而导致的行为变化的影响。

例如，我们有一个航天器在未来某给定时刻状态的解析解。在这种情况下，我们可以编写一个子程序，给出该给定时刻的闭式解。接下来，假设航天器的质量发生轻微变化，那么只需调用一次子程序，解析解就能立即提供最终状态。另一方面，如果我们没有解析解，那么我们必须用新的质量对运动微分方程进行数值积分，并将解递推到给定时刻。

我们刚才描述的内容突出了"一般摄动"和"特殊摄动"之间的区别。一般摄动方法对所有可能的初始条件和参数变化都给出解（前提是摄动解没有出现太大的偏离）。特殊摄动（其实并不特殊）一次只能给出一个数值生成的解，因此对于所有新的参数值和初始条件，我们必须从头开始重新创建解。

推导出变分方程后，我们将其应用于许多有趣的问题，包括地月系统、扁行星影响、广义相对论对水星轨道的摄动以及大气阻力引起的摄动。在这些应用中，我们介绍了一些有用的技术，如平均法和小参数的林德斯泰特-庞加莱方法。

最后，我们希望鼓励学生、从业工程师和相关领域的人员，在工作中注意寻找解析解的潜力。

他们正是应该阅读这本书的人。

詹姆斯·朗古斯基
美国印第安纳州西拉斐特市
2021 年 7 月

致　谢

我衷心感谢所有为本书做出贡献的人，感谢他们的积极支持、有益的建议，以及发现稿件错误的敏锐眼光。其中包括 Jackson Kulik 和我的博士生 Rachana Agrawal、Archit Arora、Weston Buchanan、Athul P. Girija、James W. Moore、Alec Mudek、Jeffrey Pekosh、Robert Potter 和 Paul Witsberger。到本书出版时，他们中的许多人将完成各自的学位论文。

我要感谢施普林格出版社天文学、天体物理学、航天学和空间研究领域副主编 Hannah Kaufman 热情和专业的支持（无论我何时打电话，她都会接听）。

我还要感谢我的朋友兼同事，Microcosm 出版社的 James R. Wertz 博士，感谢他与施普林格出版社共同出版我们的书。

感谢所有选修我的 AAE 690 轨道摄动课程的学生，本书正是基于这门课程编写的，他们在诸多方面为最终手稿的清晰性、准确性和实用性做出了重要贡献，并感谢他们在出版过程中的善意之辞。我特别感谢 Dan Grebow 博士、Kaela Martin 教授、James W. Moore、Joshua Barnett、Michael Barton、Rohan Sood 教授、Mark Mendiola、Alex Gonring、Megan Tadge、Sarag Saikia 博士、David Simpson、Emily Spreen 博士、Kshitij Mall 博士、Cassie Alberding、Alex Friedman 博士、Akihisa Aikawa 博士、Mike Sparapany 博士、Nick Frey、Jim Less、Kevin Koch、Denon Wang、Joseph Whaley、Wes McVay、Juan Gutierrez、Emily Leong，Kevin Gosselin、Nicola Baumann、Andrew Piwowarek、Jake Covington、Jessica Wedell、Michele Ziegler，Nathan Fergot、Cynthia Rose、Luca Ferretti、Enrique Babio、Krista Farrell、Shaid Rajani、Alex Burton、Siwei Fan 博士、Allen Qin、Ted Wahl 博士、Bryan Little 博士和 Kevin Vicencio。

最后，我最深切地感谢我的妻子 Holly，感谢她坚定不移的支持、热情的鼓励，尤其是她给予我的爱。

詹姆斯·朗古斯基

　　我深深地感谢几个人，是他们使我走上了通往迷人的航天动力学领域的道路。奥本大学的 Philip M. Fitzpatrick 教授首先向我介绍了这个学科，并最终促成了我的学位论文研究。更重要的是，他教给我一种独特的处理问题的方法，这种方法让我受益近 50 年。

　　我的第一份航天动力学工作是为 Max H. Lane 效力，他曾是 Fitzpatrick 的同事，并召集了一群工程师和数学家来为政府提供航天动力学的专业知识。从大学的理论问题过渡到工作中的实际问题，离不开知识渊博且关怀备至的导师。我有幸遇到了两位最好的导师——Paul Major 和 Bob Morris。Paul 首先在餐巾纸的背面向我解释了基本的轨道确定方法，而 Bob 至今还在教授我新的知识。

菲力克斯·霍茨

　　我感谢朗古斯基教授引领我进入一般摄动的研究领域，并在技术分析和技术写作方面对我进行指导。感谢 K. C. Howell 教授在轨道力学基础方面的严格指导。

　　我非常感谢我的父母和祖父母，他们每个人都点燃了我对太空的好奇之火，这份好奇最终促使我在航天动力学领域取得了丰硕的成果。感谢我的四个可爱的孩子对我的爱，感谢他们在这个项目中对我的鼓励，感谢他们与我分享对太空的痴迷。

　　最衷心地感谢我的妻子 Amy，感谢她对这个项目的热情支持，包括设计本书中的大部分图表，最重要的是，感谢她无条件的爱。

乔治·波洛克

对《轨道摄动导论》的赞誉

本书对轨道摄动领域的介绍内容广泛、详细又通俗易懂。

——Hanspeter Schaub 教授［科罗拉多大学博尔德分校斯米德航空航天工程科学系，《空间系统分析力学》第四版（与 John Junkins 教授合著）］

本书基于数十年的教学经验，对于需要深入了解所用方程的航空航天工程学生和从业人员来说，是一份不可或缺的宝贵资源。

——Jean Albert Kéchichian 博士［航空航天公司，已退休，《应用非奇异航天动力学：最优小推力轨道转移》］

今天，我们通过现代计算机的视角来观察摄动。但了解其中的原因和方法同样重要。在这本条理清晰、内容详尽的方程式和推导汇编中，作者将过去的一些相关瑰宝重新带回了当代文献中。

——David A. Vallado 博士［COMSPOC 公司航天动力学高级研究员，《航天动力学基础及应用》第二版］

本书的表述具有作者一贯的详尽性。在他们的理论推导之后，又提供了一系列地球轨道和太阳系的例子，展示了拉格朗日行星方程在具有保守和非保守力的系统中的应用，其中一些例子在轨道力学书籍中并不常见。

——Kyle T. Alfriend 教授［得克萨斯农工大学 Jack E. & Francis Brown 讲席教授兼主席，大学杰出教授］

关于作者

    詹姆斯·朗古斯基教授在航天动力学领域撰写或与人合著了 250 多篇会议和期刊论文，主题包括设计航天器轨道以探索太阳系，以及检验爱因斯坦广义相对论的新想法。他还与 Buzz Aldrin 博士合著了多篇关于人类从地球到火星的运输系统的论文，该系统被称为"奥尔德林循环器"。

    朗古斯基教授已出版了三本书：《给火箭科学家的建议：科学家与工程师的职业生存指南》（2004，AIAA），《像火箭科学家一样思考的七大秘诀》（2007，施普林格），以及与 José J. Guzmán、John E. Prussing 合著的《航空航天应用的最优控制》（2014，施普林格）。2008 年，朗古斯基博士入选普渡大学杰出教师名录。

    菲力克斯·霍茨博士是美国航空航天公司的资深研究员，1976 年获得奥本大学数学博士学位，主修航天动力学。他近 50 年的职业生涯始于为美国空军第 14 航空队和北美防空司令部/美国陆军司令部服务，后来成为 GRC 国际公司的国防承包商，为空军和海军以及情报部门提供支持。在此期间，他与海军研究实验室合作，首次演示了所有特殊摄动的卫星目录。他目前在航空航天公司的工作包括开发精度更高的一般摄动模型，用于生产广泛使用的 TLE 集。霍茨是美国宇航协会（American Astronautical Society）会员和 AIAA 会员。他与 George Chao 合著了《应用轨道摄动与维护》一书。他曾应邀在北约组织和国际天文学联合会会议上发表演讲，并在一系列美国/俄罗斯空间监视研讨会（1994—2012）上担任技术组织者和发言人。

    乔治·波洛克博士是美国航空航天公司航天动力学部门的主任，他于 2010 年获得普渡大学航空和航天工程博士学位，主修航天动力学。他领导的分析团队为美国太空军、NASA 和其他客户提供空间态势感知和先进的空间任务分析。在十多年的专业实践中，他通过创新的任务设计、系统概念分析和架构研究，为国家安全空间事业做出了直接贡献。他于 2010 年获得了普渡大学研究生教育工作者最高奖，并作为团队成员之一于 2019 年获得航空航天公司创新奖。

符　号

我们总结了本书中使用的主要记号和符号。凡是重复使用的符号，其特定含义可根据上下文得知。

坐标系

r，θ	轨道平面内运动的极坐标
$\mathbf{b}_1$，$\mathbf{b}_2$，$\mathbf{b}_3$	附着在刚体上的坐标系的本体固连单位矢量
$\mathbf{e}_1$，$\mathbf{e}_2$，$\mathbf{e}_3$	任意坐标系的单位矢量
$\mathbf{i}$，$\mathbf{j}$，$\mathbf{k}$	惯性系的单位矢量，笛卡儿坐标系
$\mathbf{u}_r$，$\mathbf{u}_\theta$，$\mathbf{u}_A$	极坐标系的单位矢量
$\mathbf{u}_P$，$\mathbf{u}_Q$，$\mathbf{u}_W$	近焦点 PQW 坐标系的单位矢量
$\mathbf{u}_N$，$\mathbf{u}_T$，$\mathbf{u}_W$	NTW 坐标系的单位矢量
$\mathbf{u}_R$，$\mathbf{u}_S$，$\mathbf{u}_W$	RSW 坐标系的单位矢量
D_{ij}	$\mathbf{i}$，$\mathbf{j}$，$\mathbf{k}$ 到 $\mathbf{u}_R$，$\mathbf{u}_S$，$\mathbf{u}_W$ 的旋转矩阵元素
P_i，Q_i，W_i	PQW 单位矢量的分量
ξ，η，ζ	PQW 系统中的分量

拉丁字符

$\mathbf{A}$	代表面积的矢量
A	面积
A_{ij}	残差与解矢量的偏导数
AU	天文单位
a	半长轴
B_i	测量残差
b	半短轴，或卫星弹道系数的 $1/2$ 倍［即 $C_D A/(2m)$］
C_D	无量纲阻力系数
c	光速

注：原文的矢量均采用正体字体，为了避免出现歧义，译文保持了这一体例。

E	偏近点角，或质点系统的总能量
$\mathbf{e}$	偏心率矢量
e	偏心率
$\mathcal{E}$	总比能量
$\mathbf{F}$	外力
$\mathcal{F}$	线冲量
$F_{lmp}(i)$	倾角函数
$\mathbf{f}_{12}$	物体 2 对物体 1 的内力
f	真近点角
G	万有引力常数
$G_{lpq}(e)$	偏心率函数
$\mathbf{H}^{O}$	关于 O 的角动量
H	大气密度模型的比例高度
$\mathbf{h}$	比角动量
$I_1,\ I_2,\ I_3$	惯性矩
I_n	第一类修正贝塞尔函数
i	倾角
J_n	带谐函数的系数
j	$\sqrt{-1}$
l	旋转矩阵
M	平近点角
$\mathbf{M}^{O}$	关于点 O 的力矩
$\mathcal{M}^{O}$	关于点 O 的角冲量
$m_1,\ m_2$	物体 1 的质量，物体 2 的质量
n	平均运动
osc	下标，表示密切轨道根数
P	轨道周期
$P_1,\ P_2$	空间中的点
$P_i\cos\phi$	第一类勒让德多项式
$P_{lm}(\sin\phi)$	勒让德关联函数
p	半通径（也称参数）
p_0	大气密度模型的参考高度
$\mathcal{R}$	扰动势函数
$\mathbf{r}$	位置矢量
$\mathbf{r}^{OC}$	从 O 到质心 C 的位置矢量
$\mathbf{r}^{OP_i}$	从 O 到 P_i 的位置矢量

r	位置矢量的大小
r_a	远拱点半径
r_e	地球赤道半径
r_p	近拱点半径
r_{p_0}	参考高度 p_0 的径向距离
T	通过近拱点的时间
T_i	第 i 个物体的动能，或第 i 次跟踪的时间跨度
$\hat{T}_i$	第 i 次跟踪的中点时间
t	时间
U	引力势函数
U_0	二体引力势函数
U_i	引力场的带谐函数
u	真纬度幅角
V_i	第 i 个物体的势能
V_{lm}	l 级、m 阶位势项
v	速度大小
v_∞	双曲线超速
W	做功
$\mathbf{X}$	最小二乘解矢量
x，y，z	惯性笛卡儿坐标系中矢量的分量
y_n	修正贝塞尔比 $= I_n / I_1$
Z_0	阻力建模中使用的无量纲常数

希腊字符

α_i	形状和位置轨道根数
β_i	方位轨道根数
β	$= \sqrt{1 - e^2}$
β^*	反比例高度，H^{-1}
Δ	变量的增量
$\delta_{\rho i}$	第 i 次测量的距离噪声
$\delta_{\theta i}$	第 i 次测量的角度噪声
ε	表示大小的无单位小参数，如 $O(\varepsilon^2)$
λ	球坐标中的经度角
μ	引力参数，质量为 m 的中心体等于 Gm
ϕ	球坐标中的纬度角
$\boldsymbol{\rho}$	相对位置矢量，例如，从卫星到摄动体

ρ	相对位置大小，或大气密度
ρ_{p_0}	参考高度 p_0 的大气密度
σ_ρ	跟踪器的距离噪声特性
σ_θ	跟踪器的角度噪声特性
$\sigma_{\rho\rho}^2$	距离方差
$\sigma_{\theta\theta}^2$	角度方差
$\sigma_{\rho\theta}^2$	距离-角度协方差
τ	无量纲时间
ψ	引力辅助飞行的偏转角
Ω	升交点角；升交点赤经（或经度）
ω	近拱点幅角

数学符号和运算符

∇	梯度算子
∇^2	拉普拉斯算子
$[c_i, \ c_j]$	拉格朗日括号
J^x	雅可比矩阵
$\Re$	复数的实部
$'$ 和 $''$	旋转的坐标系
∂	偏导数
$'$	表示摄动体或备用变量的导数
$\langle \text{function} \rangle$	函数的平均值
$\langle\langle \text{function} \rangle\rangle$	双平均函数

粗体表示矢量，变量上的单点（·）表示一阶时间导数，双点（¨）表示二阶时间导数，下标 0 表示初始条件。我们使用矩阵的标准约定，其中上标 T 表示转置运算，上标 −1 表示逆运算。

平均法的符号

$M_i^{(j)}$	第 i 个慢变量的第 j 阶长期部分
$\eta_i^{(j)}$	第 i 个慢变量的第 j 阶周期部分
$\Omega_\alpha^{(j)}$	第 α 个快变量的第 j 阶长期部分
$\phi_\alpha^{(j)}$	第 α 个快变量的第 j 阶周期部分
ω_α	第 α 个快变量的第 0 阶长期部分
δx_{SP}	变量 x 的短周期部分
δx_{LP}	变量 x 的长周期部分

目　录

第 1 章　n 体问题

1.1　质点系统

首先考虑一个仅由两个质点 P_1 和 P_2 组成的系统，如图 1-1 所示。然后将其推广到一个由 n 个质点组成的系统。在本节的分析中，我们紧循 Greenwood（1988）的文章以及 Tragesser 和 Longuski（1999）的论文。图 1-2 给出了质点 P_1 的受力图。

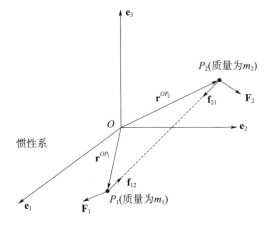

图 1-1　惯性系 e 中的质点系统，其中 O 为惯性固定点

图 1-2　质点 P_1 的受力图，其中 $\mathbf{f}_{12}$ 为内部引力，$\mathbf{F}_1$ 为任意外力

质点的位置相对于惯性系（由正交的单位矢量 $\mathbf{e}_1$，$\mathbf{e}_2$，$\mathbf{e}_3$ 定义的任意坐标系统）给出，我们假设唯一的内力是质点之间的引力作用。将质点 P_2 对质点 P_1 的内力表示为 $\mathbf{f}_{12}$，将 P_1 的外力表示为 $\mathbf{F}_1$。$\mathbf{u}_{12}$ 定义为由 P_1 指向 P_2 的单位矢量。P_2 对 P_1 的引力由牛顿万有引力定律给出：

$$\mathbf{f}_{12}=\frac{Gm_1m_2}{r_{12}^2}\mathbf{u}_{12} \tag{1-1}$$

其中，m_1 和 m_2 为质点的质量；G 为牛顿万有引力常数；r_{12} 为 P_1 和 P_2 之间的距离。

$$r_{12}=|\mathbf{r}^{OP_1}-\mathbf{r}^{OP_2}|=|-\mathbf{r}^{P_1P_2}|=|\mathbf{r}^{P_2P_1}| \tag{1-2}$$

两个质点的位置矢量由下式给出

$$\mathbf{r}^{OP_1} = x_1 \mathbf{e}_1 + y_1 \mathbf{e}_2 + z_1 \mathbf{e}_3$$
$$\mathbf{r}^{OP_2} = x_2 \mathbf{e}_1 + y_2 \mathbf{e}_2 + z_2 \mathbf{e}_3 \tag{1-3}$$

其中，上标表示每个位置矢量的起点和终点（例如，$\mathbf{r}^{OP_1}$ 为从 O 到 P_1 的位置矢量）。我们将 r_{12} 写为

$$
\begin{aligned}
r_{12} &= |\mathbf{r}^{OP_1} - \mathbf{r}^{OP_2}| \\
&= |(x_1 - x_2)\mathbf{e}_1 + (y_1 - y_2)\mathbf{e}_2 + (z_1 - z_2)\mathbf{e}_3| \\
&= [(x_1 - x_2)^2 + (y_1 - y_2)^2 + (z_1 - z_2)^2]^{1/2}
\end{aligned}
\tag{1-4}
$$

为表示式（1-1）中的 $\mathbf{u}_{12}$，我们取

$$
\begin{aligned}
\mathbf{u}_{12} &= \frac{\mathbf{r}^{P_1 P_2}}{|\mathbf{r}^{P_1 P_2}|} \\
&= \frac{\mathbf{r}^{P_1 O} + \mathbf{r}^{OP_2}}{|\mathbf{r}^{P_1 O} + \mathbf{r}^{OP_2}|} \\
&= \frac{\mathbf{r}^{OP_2} - \mathbf{r}^{OP_1}}{|\mathbf{r}^{OP_2} - \mathbf{r}^{OP_1}|} \\
&= \frac{[(x_2 - x_1)\mathbf{e}_1 + (y_2 - y_1)\mathbf{e}_2 + (z_2 - z_1)\mathbf{e}_3]}{[(x_2 - x_1)^2 + (y_2 - y_1)^2 + (z_2 - z_1)^2]^{1/2}}
\end{aligned}
\tag{1-5}
$$

为写出内力 $\mathbf{f}_{12}$，根据式（1-4）和式（1-5），我们有

$$
\begin{aligned}
\mathbf{f}_{12} &= \frac{Gm_1 m_2}{r_{12}^2} \mathbf{u}_{12} \\
&= \frac{Gm_1 m_2 [(x_2 - x_1)\mathbf{e}_1 + (y_2 - y_1)\mathbf{e}_2 + (z_2 - z_1)\mathbf{e}_3]}{[(x_2 - x_1)^2 + (y_2 - y_1)^2 + (z_2 - z_1)^2]^{3/2}}
\end{aligned}
\tag{1-6}
$$

或用更紧凑的符号表示为

$$\mathbf{f}_{12} = \frac{Gm_1 m_2}{|\mathbf{r}^{P_1 P_2}|^2} \frac{\mathbf{r}^{P_1 P_2}}{|\mathbf{r}^{P_1 P_2}|} = \frac{Gm_1 m_2 \mathbf{r}^{P_1 P_2}}{|\mathbf{r}^{P_1 P_2}|^3} \tag{1-7}$$

该表达式可很容易地推广到由 n 个质点组成的任意系统中，以得到所有的 $\mathbf{f}_{ij}$

$$\mathbf{f}_{ij} = \frac{Gm_i m_j \mathbf{r}^{P_i P_j}}{|\mathbf{r}^{P_i P_j}|^3}$$

牛顿第一定律给出了 P_1 的运动方程

$$m_1 \ddot{\mathbf{r}}^{OP_1} = \sum_{j=1}^{n} \mathbf{f}_{1j} + \mathbf{F}_1 \tag{1-8}$$

其中，$\mathbf{f}_{11} \equiv \mathbf{0}$，因为质点不能对自身施加力。我们在量的上方用一个点来表示一阶时间导数，用两个点来表示二阶时间导数。由于坐标系是惯性的，我们可以直接写出 P_1 相对于 O 的加速度为

$$\ddot{\mathbf{r}}^{OP_1} = \ddot{x}_1 \mathbf{e}_1 + \ddot{y}_1 \mathbf{e}_2 + \ddot{z}_1 \mathbf{e}_3 \tag{1-9}$$

然后有

$$m_1(\ddot{x}_1\mathbf{e}_1 + \ddot{y}_1\mathbf{e}_2 + \ddot{z}_1\mathbf{e}_3) = \sum_{j=2}^{n} \frac{Gm_1m_j}{|\mathbf{r}^{P_1P_j}|^3}\mathbf{r}^{P_1P_j} + \mathbf{F}_1 \qquad (1-10)$$

其中，我们从 $j=2$ 开始求和，因为 $\mathbf{f}_{11} \equiv \mathbf{0}$。所以，对于第 i 个质点，其运动方程为

$$m_i(\ddot{x}_i\mathbf{e}_1 + \ddot{y}_i\mathbf{e}_2 + \ddot{z}_i\mathbf{e}_3) = \sum_{j=1}^{n} \frac{Gm_im_j}{|\mathbf{r}^{P_iP_j}|^3}\mathbf{r}^{P_iP_j} + \mathbf{F}_i, \quad j \neq i \qquad (1-11)$$

$$m_i\ddot{\mathbf{r}}^{OP_i} = \sum_{j=1}^{n} \frac{Gm_im_j}{|\mathbf{r}^{P_iP_j}|^3}\mathbf{r}^{P_iP_j} + \mathbf{F}_i, \quad j \neq i \qquad (1-12)$$

我们注意到，引力是质点系统的内力，根据牛顿第三定律（作用力和反作用力），有以下关系：

$$\mathbf{f}_{ij} = -\mathbf{f}_{ji} \qquad (1-13)$$

此外，我们还有

$$\begin{aligned}
\sum_{i=1}^{n}\sum_{j=1}^{n}\mathbf{f}_{ij} &= \mathbf{f}_{11} + \mathbf{f}_{12} + \mathbf{f}_{13} + \cdots + \mathbf{f}_{1n} \\
&\quad + \mathbf{f}_{21} + \mathbf{f}_{22} + \mathbf{f}_{23} + \cdots + \mathbf{f}_{2n} \\
&\quad \vdots \qquad\qquad \ddots \\
&\quad + \mathbf{f}_{n1} + \mathbf{f}_{n2} + \mathbf{f}_{n3} + \cdots + \mathbf{f}_{nn} \\
&= \mathbf{0}
\end{aligned} \qquad (1-14)$$

因为

$$\mathbf{f}_{ii} \equiv \mathbf{0} \qquad (1-15)$$

所以式（1-14）中的对角项消失，非对角项成对抵消，例如，

$$\mathbf{f}_{12} + \mathbf{f}_{21} = \mathbf{0} \qquad (1-16)$$

上式可由牛顿第三定律得到，即式（1-13）。

质点系统的质心 C 或重心（相对于 O），由系统中质量位置的加权平均值来确定：

$$\mathbf{r}^{OC} \equiv \frac{1}{m}\sum_{i=1}^{n}m_i\mathbf{r}^{OP_i} \qquad (1-17)$$

其中

$$m \equiv \sum_{i=1}^{n}m_i$$

为系统的总质量。将式（1-17）微分两次（并乘以系统的质量），我们得到以下表达式：

$$m\mathbf{r}^{OC} = \sum_{i=1}^{n}m_i\mathbf{r}^{OP_i} \qquad (1-18)$$

$$m\dot{\mathbf{r}}^{OC} = \sum_{i=1}^{n}m_i\dot{\mathbf{r}}^{OP_i} \qquad (1-19)$$

$$m\ddot{\mathbf{r}}^{OC} = \sum_{i=1}^{n}m_i\ddot{\mathbf{r}}^{OP_i} \qquad (1-20)$$

将式（1-12）中的 i 相加，我们得到

$$\sum_{i=1}^{n} m_i \ddot{\mathbf{r}}^{OP_i} = \sum_{i=1}^{n} \sum_{j=1}^{n} \frac{Gm_i m_j}{|\mathbf{r}^{P_i P_j}|^3} \mathbf{r}^{P_i P_j} + \sum_{i=1}^{n} \mathbf{F}_i, \quad j \neq i \tag{1-21}$$

现在我们应用式（1-20）重写式（1-21）的左侧，由式（1-14）可知，式（1-21）右侧的第一项为零矢量。简化后的结果可写为

$$m \ddot{\mathbf{r}}^{OC} = \mathbf{F} \tag{1-22}$$

其中

$$\mathbf{F} = \sum_{i=1}^{n} \mathbf{F}_i$$

为作用于系统上的所有外力的合力。式（1-22）为质点系统的牛顿第二定律。它指出，质心的运动等同于系统的全部质量都集中于该点并受到外力的合力作用（参见 Greenwood，1988）。

接下来，我们考虑将式（1-12）中的参考点从原点 O 改为质心 C，应用以下关系：

$$\mathbf{r}^{OP_i} = \mathbf{r}^{OC} + \mathbf{r}^{CP_i}$$
$$\dot{\mathbf{r}}^{OP_i} = \dot{\mathbf{r}}^{OC} + \dot{\mathbf{r}}^{CP_i} \tag{1-23}$$
$$\ddot{\mathbf{r}}^{OP_i} = \ddot{\mathbf{r}}^{OC} + \ddot{\mathbf{r}}^{CP_i}$$

将式（1-23）代入式（1-12），可得

$$m_i \ddot{\mathbf{r}}^{OC} + m_i \ddot{\mathbf{r}}^{CP_i} = \sum_{j=1}^{n} \frac{Gm_i m_j}{|\mathbf{r}^{P_i C} + \mathbf{r}^{CP_j}|^3} (\mathbf{r}^{P_i C} + \mathbf{r}^{CP_j}) + \mathbf{F}_i, \quad j \neq i \tag{1-24}$$

根据式（1-22），我们注意到

$$m_i \ddot{\mathbf{r}}^{OC} = m_i \frac{\mathbf{F}}{m} \tag{1-25}$$

将其代入式（1-24）左侧的第一项，可得

$$m_i \ddot{\mathbf{r}}^{CP_i} = \sum_{j=1}^{n} \frac{Gm_i m_j}{|\mathbf{r}^{P_i C} + \mathbf{r}^{CP_j}|^3} (\mathbf{r}^{P_i C} + \mathbf{r}^{CP_j}) + \mathbf{F}_i - m_i \frac{\mathbf{F}}{m}, \quad j \neq i \tag{1-26}$$

式（1-26）给出了质点 P_i 相对系统质心（或重心）的加速度。我们可以将式（1-22）（给出质心的运动）与式（1-26）相结合，来求出质点相对于原点 O 的运动。

1.2　相对运动方程

另一种可能性是使用 P_1 作为参考点。在这种情况下，类比式（1-23），我们有

$$\mathbf{r}^{OP_i} = \mathbf{r}^{OP_1} + \mathbf{r}^{P_1 P_i}$$
$$\dot{\mathbf{r}}^{OP_i} = \dot{\mathbf{r}}^{OP_1} + \dot{\mathbf{r}}^{P_1 P_i} \tag{1-27}$$
$$\ddot{\mathbf{r}}^{OP_i} = \ddot{\mathbf{r}}^{OP_1} + \ddot{\mathbf{r}}^{P_1 P_i}$$

将式（1-27）代入式（1-12），得到（对于第 i 个质点）

$$m_i (\ddot{\mathbf{r}}^{OP_1} + \ddot{\mathbf{r}}^{P_1 P_i}) = \sum_{j=1}^{n} \frac{Gm_i m_j}{|\mathbf{r}^{P_i P_j}|^3} \mathbf{r}^{P_i P_j} + \mathbf{F}_i \tag{1-28}$$

其中，式（1-28）中的 $\mathbf{r}^{P_i P_j}$ 可理解为

$$\mathbf{r}^{P_i P_j} = \mathbf{r}^{P_i P_1} + \mathbf{r}^{P_1 P_j} \tag{1-29}$$

在式（1-28）中设置 $i=1$，可得

$$m_1 \ddot{\mathbf{r}}^{O P_1} = \sum_{j=2}^{n} \frac{G m_1 m_j}{|\mathbf{r}^{P_1 P_j}|^3} \mathbf{r}^{P_1 P_j} + \mathbf{F}_1 \tag{1-30}$$

其中，我们应用了 $\ddot{\mathbf{r}}^{P_1 P_1} \equiv \mathbf{0}$，并改变了求和的下标索引（$j=2$），因为在所有含 $|\mathbf{r}^{P_i P_j}|^{-3}$ 项的求和中始终假设 $j \neq i$。将式（1-30）乘以 m_i / m_1，并从式（1-28）减去该结果，我们可以消除式（1-28）左侧括号中的首项，得到

$$m_i \ddot{\mathbf{r}}^{P_1 P_i} = \sum_{j=1}^{n} \frac{G m_i m_j}{|\mathbf{r}^{P_i P_j}|^3} \mathbf{r}^{P_i P_j} + \mathbf{F}_i - \sum_{j=2}^{n} \frac{G m_i m_j}{|\mathbf{r}^{P_1 P_j}|^3} \mathbf{r}^{P_1 P_j} - \frac{m_i}{m_1} \mathbf{F}_1, \quad i \neq 1 \tag{1-31}$$

式（1-31）由 $n-1$ 个矢量方程组成，这些方程提供了质点相对于参考点 P_1 的运动。P_1 相对于 O 的运动由式（1-30）给出。

我们希望在相对运动方程中明确所有的 P_1 项。在式（1-31）中，我们可以从求和中提取对应于 $j=1$ 的项，并将右侧的第一个求和项重写为

$$\sum_{j=1}^{n} \frac{G m_i m_j}{|\mathbf{r}^{P_i P_j}|^3} \mathbf{r}^{P_i P_j} = \frac{G m_i m_1}{|\mathbf{r}^{P_i P_1}|^3} \mathbf{r}^{P_i P_1} + \sum_{j=2}^{n} \frac{G m_i m_j}{|\mathbf{r}^{P_i P_j}|^3} \mathbf{r}^{P_i P_j} \tag{1-32}$$

其中左侧的求和是针对 $j \neq i$ 的项进行的，但右侧的求和包括 $j=i$ 的项。将式（1-32）代入式（1-31）并除以 m_i，可得

$$\ddot{\mathbf{r}}^{P_1 P_i} = \sum_{j=2}^{n} \frac{G m_j}{|\mathbf{r}^{P_i P_j}|^3} \mathbf{r}^{P_i P_j} - \frac{G m_1}{|\mathbf{r}^{P_1 P_i}|^3} \mathbf{r}^{P_1 P_i} + \frac{\mathbf{F}_i}{m_i} - \sum_{j=2}^{n} \frac{G m_j}{|\mathbf{r}^{P_1 P_j}|^3} \mathbf{r}^{P_1 P_j} - \frac{\mathbf{F}_1}{m_1} \tag{1-33}$$

$$j \neq i, \quad i = 2, 3, \cdots, n$$

我们颠倒了式（1-32）中右侧第一项上标的顺序，并调换符号；该项现在作为式（1-33）右侧的第二项出现。将式（1-30）除以 m_1，可得

$$\ddot{\mathbf{r}}^{O P_1} = \sum_{j=2}^{n} \frac{G m_j}{|\mathbf{r}^{P_1 P_j}|^3} \mathbf{r}^{P_1 P_j} + \frac{\mathbf{F}_1}{m_1} \tag{1-34}$$

式（1-33）和式（1-34）与 Tragesser 和 Longuski（1999）的式（5）和式（4）的含义相同（名称略有不同）。在其论文"关于土星卫星运动的建模问题"中，Tragesser 和 Longuski 研究了各种摄动加速度，包括球面重力谐波、土星潮汐和土星环、卫星姿态耦合、其他太阳系天体和广义相对论。

在式（1-33）中，通过求解相对于 P_1 的位置，我们已经将自由度的数量从 $3n$ 减少到 $3(n-1)$。如果我们对系统中质点的惯性位置或 P_1 的运动感兴趣，则必须应用式（1-34）。

1.3　十个已知积分

现在我们假设质点系统不受任何外力的影响，因此

$$\mathbf{F}_i = \mathbf{0} \tag{1-35}$$

在式（1-22）中应用式（1-35），得到

$$m\ddot{\mathbf{r}}^{OC} = \mathbf{0} \tag{1-36}$$

将式（1-36）除以 m 并积分，我们得到

$$\dot{\mathbf{r}}^{OC} = \mathbf{a} \tag{1-37}$$

其中，矢量 $\mathbf{a}$ 为一个积分常数，给出了质心的速度。对式（1-37）积分，可得

$$\mathbf{r}^{OC} = \mathbf{a}t + \mathbf{b} \tag{1-38}$$

式（1-37）和式（1-38）表明，系统的质心以恒定速度在空间中移动。常数矢量 $\mathbf{a}$ 和 $\mathbf{b}$ 提供了六个积分常数。式（1-38）是质点系统的线冲量和线动量原理的直接结果。

通过对式（1-22）进行时间积分，有

$$\mathcal{F} = \int_{t_1}^{t_2} \mathbf{F} dt = m\dot{\mathbf{r}}^{OC} \Big|_{t_1}^{t_2} \tag{1-39}$$

其中左侧为线冲量，右侧为线动量的变化。由于 $\mathbf{F} = 0$，我们有

$$m\dot{\mathbf{r}}^{OC} \Big|_{t_1}^{t_2} = \mathbf{0} \tag{1-40}$$

这就是质点系统的线动量守恒，其中线动量可以根据式（1-19）计算得到：

$$m\dot{\mathbf{r}}^{OC} = \sum_{i=1}^{n} m_i \dot{\mathbf{r}}^{OP_i} = 常数 \tag{1-41}$$

为找到更多的运动常数，我们对每个质点取 $\mathbf{r}^{OP_i}$ 和 $\ddot{\mathbf{r}}^{OP_i}$ 的矢量积，应用式（1-12）（设定 $\mathbf{F}_i = \mathbf{0}$ 后）并求和：

$$\sum_{i=1}^{n} m_i \mathbf{r}^{OP_i} \times \ddot{\mathbf{r}}^{OP_i} = \sum_{i=1}^{n} \sum_{j=1}^{n} \frac{Gm_i m_j}{|\mathbf{r}^{P_i P_j}|^3} \mathbf{r}^{OP_i} \times \mathbf{r}^{P_i P_j}, \quad j \neq i \tag{1-42}$$

我们注意到，式（1-42）右侧的叉乘可写为

$$\mathbf{r}^{OP_i} \times \mathbf{r}^{P_i P_j} = \mathbf{r}^{OP_i} \times (\mathbf{r}^{OP_j} - \mathbf{r}^{OP_i}) = \mathbf{r}^{OP_i} \times \mathbf{r}^{OP_j} \tag{1-43}$$

类比式（1-43），同样有

$$\mathbf{r}^{OP_j} \times \mathbf{r}^{P_j P_i} = \mathbf{r}^{OP_j} \times (\mathbf{r}^{OP_i} - \mathbf{r}^{OP_j}) = \mathbf{r}^{OP_j} \times \mathbf{r}^{OP_i} = -\mathbf{r}^{OP_i} \times \mathbf{r}^{OP_j} \tag{1-44}$$

由于式（1-42）的右侧成对减少［通过式（1-43）和式（1-44）］为零，得到

$$\sum_{i=1}^{n} m_i \mathbf{r}^{OP_i} \times \ddot{\mathbf{r}}^{OP_i} = \mathbf{0} \tag{1-45}$$

对式（1-45）积分，有

$$\sum_{i=1}^{n} m_i \mathbf{r}^{OP_i} \times \dot{\mathbf{r}}^{OP_i} = \mathbf{c} \tag{1-46}$$

我们可以通过对式（1-46）微分来验证该积分：

$$\frac{d}{dt}(m_i \mathbf{r}^{OP_i} \times \dot{\mathbf{r}}^{OP_i}) = m_i(\dot{\mathbf{r}}^{OP_i} \times \dot{\mathbf{r}}^{OP_i} + \mathbf{r}^{OP_i} \times \ddot{\mathbf{r}}^{OP_i})$$

$$= m_i \mathbf{r}^{OP_i} \times \ddot{\mathbf{r}}^{OP_i}$$

式（1-46）表明，系统中质点的角动量之和是一个常数矢量。

常数矢量 $\mathbf{c}$ 定义了一个称为拉普拉斯不变平面的平面。对于太阳系，该平面与黄道面的倾斜度约为 $1.5°$，位于木星和土星的轨道平面之间。常数矢量 $\mathbf{c}$ 提供了三个积分常数，

使总数达到九个。

式（1-46）是质点系统的角冲量和角动量原理的直接结果：

$$\mathcal{M}^O = \int_{t_1}^{t_2} \mathbf{M}^O \, \mathrm{d}t = \mathbf{H}^O \big|_{t_1}^{t_2} \tag{1-47}$$

其中，$\mathbf{M}^O$ 是合外力 $\mathbf{F}$ 关于 O 的力矩。我们注意到，内力的力矩总和为零

$$\sum_{i=1}^{n} \sum_{j=1}^{n} \mathbf{r}^{OP_i} \times \mathbf{f}_{ij} = \mathbf{0} \tag{1-48}$$

因为 $\mathbf{f}_{ij} = -\mathbf{f}_{ji}$（牛顿第三定律），并且 $\mathbf{f}_{ij}$ 和 $\mathbf{f}_{ji}$ 对于相互引力的物体来说是共线的。由于 $\mathbf{F} = \mathbf{0}$，则 $\mathbf{M}^O$ 在式（1-47）中消失，我们有质点系统的角动量守恒：

$$\mathbf{H}^O = \sum_{i=1}^{n} \mathbf{r}^{OP_i} \times m_i \dot{\mathbf{r}}^{OP_i} = \text{常数} \tag{1-49}$$

上式与式（1-46）相同。

到目前为止，我们已经找到了质点系统的九个运动积分［式（1-38）和式（1-46）的矢量 $\mathbf{a}$、$\mathbf{b}$ 和 $\mathbf{c}$］。为找到第十个积分，我们应用质点系统的功和动能原理。取每个质点 $\dot{\mathbf{r}}^{OP_i}$ 和 $\ddot{\mathbf{r}}^{OP_i}$ 的点（或标量）积，应用式（1-12）（设定 $\mathbf{F}_i = \mathbf{0}$ 后），对时间进行积分并求和，得到

$$\sum_{i=1}^{n} \int_{t_1}^{t_2} m_i \ddot{\mathbf{r}}^{OP_i} \cdot \dot{\mathbf{r}}^{OP_i} \, \mathrm{d}t = \sum_{i=1}^{n} \int_{t_1}^{t_2} \sum_{j=1}^{n} \frac{Gm_i m_j}{|\mathbf{r}^{P_i P_j}|^3} \mathbf{r}^{P_i P_j} \cdot \dot{\mathbf{r}}^{OP_i} \, \mathrm{d}t, \quad j \neq i \tag{1-50}$$

式（1-50）右侧的项代表内部引力所做的功。左侧的项可以写为

$$
\begin{aligned}
\sum_{i=1}^{n} \int_{t_1}^{t_2} m_i \ddot{\mathbf{r}}^{OP_i} \cdot \dot{\mathbf{r}}^{OP_i} \, \mathrm{d}t &= \sum_{i=1}^{n} \frac{1}{2} m_i \int_{t_1}^{t_2} \frac{\mathrm{d}}{\mathrm{d}t} \left[\dot{\mathbf{r}}^{OP_i} \cdot \dot{\mathbf{r}}^{OP_i} \right] \mathrm{d}t \\
&= \sum_{i=1}^{n} \frac{1}{2} m_i \dot{\mathbf{r}}^{OP_i} \cdot \dot{\mathbf{r}}^{OP_i} \big|_{t_1}^{t_2} \\
&= T(t_2) - T(t_1)
\end{aligned}
\tag{1-51}
$$

上式为系统动能的变化。因此，式（1-50）可以简写为

$$W = \Delta T \tag{1-52}$$

现在我们考虑式（1-50）右侧的项。我们试图证明式（1-50）的右侧可以表示为势函数 U 的精确微分。有如下关系：

$$\dot{\mathbf{r}}^{OP_i} \cdot \mathbf{r}^{P_i P_j} = \dot{\mathbf{r}}^{OP_i} \cdot (\mathbf{r}^{OP_j} - \mathbf{r}^{OP_i}) \tag{1-53}$$

和

$$\dot{\mathbf{r}}^{OP_j} \cdot \mathbf{r}^{P_j P_i} = \dot{\mathbf{r}}^{OP_j} \cdot (\mathbf{r}^{OP_i} - \mathbf{r}^{OP_j}) \tag{1-54}$$

将式（1-53）和式（1-54）相加，并整理右侧的项，得到

$$
\begin{aligned}
\dot{\mathbf{r}}^{OP_i} \cdot \mathbf{r}^{P_i P_j} + \dot{\mathbf{r}}^{OP_j} \cdot \mathbf{r}^{P_j P_i} &= (\dot{\mathbf{r}}^{OP_i} - \dot{\mathbf{r}}^{OP_j}) \cdot (\mathbf{r}^{OP_j} - \mathbf{r}^{OP_i}) \\
&= -\dot{\mathbf{r}}^{P_i P_j} \cdot \mathbf{r}^{P_i P_j}
\end{aligned}
\tag{1-55}
$$

式（1-55）右侧的项（在对 i 和 j 求和后）为下式值的两倍

$$\sum_{i=1}^{n} \sum_{j=1}^{n} \dot{\mathbf{r}}^{OP_i} \cdot \mathbf{r}^{P_i P_j}$$

所以，我们可以得到

$$\sum_{i=1}^{n}\sum_{j=1}^{n}\dot{\mathbf{r}}^{OP_i}\cdot\mathbf{r}^{P_iP_j}=-\frac{1}{2}\sum_{i=1}^{n}\sum_{j=1}^{n}\dot{\mathbf{r}}^{P_iP_j}\cdot\mathbf{r}^{P_iP_j} \tag{1-56}$$

这里，我们注意到式（1-56）中的求和均遍历了所有的 i 和 j，而式（1-50）中的求和不包括 $j=i$。将式（1-56）代入式（1-50）的右侧，去掉 $\dot{\mathbf{r}}^{OP_i}$ 项，可得

$$-\sum_{i=1}^{n}\sum_{j=1}^{n}\frac{1}{2}\int_{t_1}^{t_2}\frac{Gm_im_j}{|\mathbf{r}^{P_iP_j}|^3}\mathbf{r}^{P_iP_j}\cdot\dot{\mathbf{r}}^{P_iP_j}\mathrm{d}t=\frac{1}{2}\sum_{i=1}^{n}\sum_{j=1}^{n}\frac{Gm_im_j}{|\mathbf{r}^{P_iP_j}|}\Bigg|_{t_1}^{t_2} \tag{1-57}$$

其中，我们采用了以下步骤来计算式（1-57）中的积分

$$\begin{aligned}
\int-\frac{\dot{\mathbf{r}}\cdot\mathbf{r}}{|\mathbf{r}|^3}\mathrm{d}t&=\int-\frac{\dot{\mathbf{r}}\cdot\mathbf{r}}{(\mathbf{r}\cdot\mathbf{r})^{3/2}}\mathrm{d}t\\
&=-\int\frac{1}{2}(\mathbf{r}\cdot\mathbf{r})^{-3/2}2(\dot{\mathbf{r}}\cdot\mathbf{r})\mathrm{d}t\\
&=-\int\frac{1}{2}(\mathbf{r}\cdot\mathbf{r})^{-3/2}(\dot{\mathbf{r}}\cdot\mathbf{r}+\mathbf{r}\cdot\dot{\mathbf{r}})\mathrm{d}t\\
&=\int\frac{\mathrm{d}}{\mathrm{d}t}(\mathbf{r}\cdot\mathbf{r})^{-1/2}\mathrm{d}t\\
&=\int\mathrm{d}\Big(\frac{1}{|\mathbf{r}|}\Big)\\
&=\frac{1}{|\mathbf{r}|}
\end{aligned} \tag{1-58}$$

因此，我们已经证明了式（1-50）的两边可以被积分，得到

$$\sum_{i=1}^{n}\frac{1}{2}m_i\dot{\mathbf{r}}^{OP_i}\cdot\dot{\mathbf{r}}^{OP_i}\Bigg|_{t_1}^{t_2}=\frac{1}{2}\sum_{i=1}^{n}\sum_{j=1}^{n}\frac{Gm_im_j}{|\mathbf{r}^{P_iP_j}|}\Bigg|_{t_1}^{t_2} \tag{1-59}$$

或者，更紧凑地表达为

$$T_2-T_1=-V_2+V_1 \tag{1-60}$$

于是得到

$$T_2+V_2=T_1+V_1=E \tag{1-61}$$

其中 V 为势能。式（1-61）表明，质点系统的总能量是一个常数 E，这是积分的第十个常数。此外，尚未发现更多的积分常数（我们注意到，势能函数 $U=-V/m$，在全书中经常使用）。

1.3.1　新积分问题

Moulton（1914）探讨了其他积分是否可能存在的问题。他指出，Bruns 证明了当选择直角坐标作为因变量时，不存在新的代数积分。Moulton 评论说，这并不排除在使用其他变量时存在更多的代数积分的可能性。Moulton 报告说，庞加莱已经证明，三体问题不存在新的一致超越积分，即使在两个质量体与第三体的质量相比可以忽略不计的情况下也是如此。庞加莱使用天体的轨道根数作为因变量。Moulton 指出，当选择其他因变量时，并不能从庞加莱定理得出庞加莱所认为的其他积分不存在的结论。Moulton 最

后指出："那些已经忘记了定理成立条件的人，往往高估了 Bruns 和庞加莱定理的实际重要性。"

1.4　n 体问题的相对运动方程

在后续对一般摄动的发展中，我们看到，无论是太阳系中的行星，还是绕非球形行星的近距离卫星，都可以形成势函数 U，使得

$$U = U_0 + \mathcal{R} \qquad (1-62)$$

其中，U_0 是由于质点二体问题而产生的势函数，$\mathcal{R}$ 是任何其他力引起的势函数，这些力可能源自系统中的其他吸引质量体或绕其旋转的行星的扁率。

$\mathcal{R}$ 项被称为"扰动函数"，通常比二体质点势函数 U_0 小一个数量级。在这些条件下，可以采用一般摄动法或特殊摄动法。

让我们考虑式（1-33）描述的 n 体问题的相对运动方程，在没有外力时（设置 $\mathbf{F}_1 = \mathbf{F}_i = \mathbf{0}$）：

$$\ddot{\mathbf{r}}^{P_1 P_i} = \sum_{j=2}^{n} \frac{Gm_j}{|\mathbf{r}^{P_i P_j}|^3} \mathbf{r}^{P_i P_j} - \frac{Gm_1}{|\mathbf{r}^{P_1 P_i}|^3} \mathbf{r}^{P_1 P_i} - \sum_{j=2}^{n} \frac{Gm_j}{|\mathbf{r}^{P_1 P_j}|^3} \mathbf{r}^{P_1 P_j}, \quad i = 2, 3, \cdots, n$$
$$(1-63)$$

我们注意到，式（1-63）中的第一个求和项必然有 $j \neq i$，因为质点不能对自己施加力（即 $\mathbf{f}_{ii} = \mathbf{0}$），但第二个求和项可能包含 $j = i$。另一方面，我们可以从最后一个求和项中提取 m_i 项，并指定 $j \neq i$；然后，将 m_i 项与 $Gm_1 \mathbf{r}^{P_1 P_i}$ 项合并。

为了理解如何从求和中去掉 m_i 项，我们以 $i = 3$ 的情况为例。那么式（1-63）变为

$$\begin{aligned}
\ddot{\mathbf{r}}^{P_1 P_3} &= \sum_{j=2}^{n} \frac{Gm_j}{|\mathbf{r}^{P_3 P_j}|^3} \mathbf{r}^{P_3 P_j} - \frac{Gm_1}{|\mathbf{r}^{P_1 P_3}|^3} \mathbf{r}^{P_1 P_3} \\
&\quad - \frac{Gm_2}{|\mathbf{r}^{P_1 P_2}|^3} \mathbf{r}^{P_1 P_2} - \frac{Gm_3}{|\mathbf{r}^{P_1 P_3}|^3} \mathbf{r}^{P_1 P_3} - \frac{Gm_4}{|\mathbf{r}^{P_1 P_4}|^3} \mathbf{r}^{P_1 P_4} - \cdots \qquad (1-64) \\
&= \sum_{j=2}^{n} \frac{Gm_j}{|\mathbf{r}^{P_3 P_j}|^3} \mathbf{r}^{P_3 P_j} - \frac{G(m_1 + m_3)}{|\mathbf{r}^{P_1 P_3}|^3} \mathbf{r}^{P_1 P_3} - \sum_{j=2}^{n} \frac{Gm_j}{|\mathbf{r}^{P_1 P_j}|^3} \mathbf{r}^{P_1 P_j}
\end{aligned}$$

其中，我们强调一个关键区别，即在式（1-64）的任何一个求和项中均有 $j \neq i$ [与式（1-63）不同，该式第二个求和项可能包含 $j = i$]。因此，从式（1-63）的第二个求和项中提取出 m_i，可以写出

$$\ddot{\mathbf{r}}^{P_1 P_i} = \sum_{j=2}^{n} \frac{Gm_j}{|\mathbf{r}^{P_i P_j}|^3} \mathbf{r}^{P_i P_j} - \frac{G(m_1 + m_i)}{|\mathbf{r}^{P_1 P_i}|^3} \mathbf{r}^{P_1 P_i} - \sum_{j=2}^{n} \frac{Gm_j}{|\mathbf{r}^{P_1 P_j}|^3} \mathbf{r}^{P_1 P_j} \qquad (1-65)$$
$$j \neq i, \quad i = 2, 3, \cdots, n$$

这里，我们再次注意到式（1-63）和式（1-65）之间的重要区别：式（1-63）在最后一个求和项中包括 $i = j$，而式（1-65）不包含。重新排列式（1-65），我们得到

$$\ddot{\mathbf{r}}^{P_1P_i} + \frac{G(m_1 + m_i)}{|\mathbf{r}^{P_1P_i}|^3} \mathbf{r}^{P_1P_i} = G \sum_{j=2}^{n} m_j \left(\frac{\mathbf{r}^{P_iP_j}}{|\mathbf{r}^{P_iP_j}|^3} - \frac{\mathbf{r}^{P_1P_j}}{|\mathbf{r}^{P_1P_j}|^3} \right) \qquad (1-66)$$

$$j \neq i, \quad i = 2, 3, \cdots, n$$

式（1-66）与 Roy（2005）中的结果在含义上相同（命名上也相似）。

我们对式（1-66）做如下说明：

1）它定义了质量为 m_i 的质点 P_i 相对于质量为 m_1 的质点 P_1 的运动。

2）如果其他质点 $P_j(j \neq i)$ 不存在（或非常小），则右侧为零，式（1-66）简化为 P_i 绕 P_1 的二体运动。

3）右侧由 P_i 围绕 P_1 的轨道上的 $P_j(j \neq i)$ 的扰动组成。以太阳系为例，m_1 为太阳的质量，m_j/m_1 不大于 10^{-3}（即使木星也是如此），因此右侧的影响很小。

4）对于人造地球轨道卫星，主要的摄动效应来自地球的非球形、大气阻力、月球引力和太阳引力。

1.5　扰动函数

令标量函数 $\mathcal{R}$ 定义为

$$\mathcal{R} \equiv G \sum_{j=2}^{n} m_j \left(\frac{1}{|\mathbf{r}^{P_iP_j}|} - \frac{\mathbf{r}^{P_1P_i} \cdot \mathbf{r}^{P_1P_j}}{|\mathbf{r}^{P_1P_j}|^3} \right), \quad j \neq i, \quad i = 2, 3, \cdots, n \qquad (1-67)$$

其中

$$
\begin{aligned}
&\mathbf{r}^{P_1P_i} = x_i \mathbf{e}_1 + y_i \mathbf{e}_2 + z_i \mathbf{e}_3 \\
&\mathbf{r}^{P_1P_j} = x_j \mathbf{e}_1 + y_j \mathbf{e}_2 + z_j \mathbf{e}_3 \\
&|\mathbf{r}^{P_iP_j}| = [(x_j - x_i)^2 + (y_j - y_i)^2 + (z_j - z_i)^2]^{1/2} \\
&|\mathbf{r}^{P_1P_j}|^3 = [x_j^2 + y_j^2 + z_j^2]^{3/2}
\end{aligned}
\qquad (1-68)
$$

我们用 $\mathcal{R}_i$ 来表示第 i 个天体的势函数。接下来，我们证明 $\nabla\mathcal{R}_i$ 等于式（1-66）的右侧，其中符号 ∇（读作"nabla"或"del"）表示梯度算子，它产生如下的矢量：

$$\nabla \equiv \mathrm{grad} = \mathbf{e}_1 \frac{\partial}{\partial x_i} + \mathbf{e}_2 \frac{\partial}{\partial y_i} + \mathbf{e}_3 \frac{\partial}{\partial z_i} \qquad (1-69)$$

我们注意到，对第 i 个天体

$$\nabla \frac{1}{|\mathbf{r}^{P_iP_j}|} = \nabla \left[(x_j - x_i)^2 + (y_j - y_i)^2 + (z_j - z_i)^2 \right]^{-1/2}$$

$$= \mathbf{e}_1 \frac{\partial}{\partial x_i} \left[(x_j - x_i)^2 + (y_j - y_i)^2 + (z_j - z_i)^2 \right]^{-1/2}$$

$$+ \mathbf{e}_2 \frac{\partial}{\partial y_i} \left[(x_j - x_i)^2 + (y_j - y_i)^2 + (z_j - z_i)^2 \right]^{-1/2}$$

$$+ \mathbf{e}_3 \frac{\partial}{\partial z_i} \left[(x_j - x_i)^2 + (y_j - y_i)^2 + (z_j - z_i)^2 \right]^{-1/2}$$

$$= \mathbf{e}_1 \left(-\frac{1}{2} \right) \left[(x_j - x_i)^2 + (y_j - y_i)^2 + (z_j - z_i)^2 \right]^{-3/2} 2(x_j - x_i)(-1)$$

$$+ \mathbf{e}_2 \left(-\frac{1}{2} \right) \left[(x_j - x_i)^2 + (y_j - y_i)^2 + (z_j - z_i)^2 \right]^{-3/2} 2(y_j - y_i)(-1)$$

$$+ \mathbf{e}_3 \left(-\frac{1}{2} \right) \left[(x_j - x_i)^2 + (y_j - y_i)^2 + (z_j - z_i)^2 \right]^{-3/2} 2(z_j - z_i)(-1)$$

$$= |\mathbf{r}^{P_iP_j}|^{-3} \left[(x_j - x_i)\mathbf{e}_1 + (y_j - y_i)\mathbf{e}_2 + (z_j - z_i)\mathbf{e}_3 \right]$$

$$(1-70)$$

或者，写为更紧凑的形式：

$$\nabla \frac{1}{|\mathbf{r}^{P_iP_j}|} = \frac{\mathbf{r}^{P_iP_j}}{|\mathbf{r}^{P_iP_j}|^3} \qquad (1-71)$$

我们还注意到

$$\mathbf{e}_1 \frac{\partial}{\partial x_i} \left[\frac{-\mathbf{r}^{P_1P_i} \cdot \mathbf{r}^{P_1P_j}}{|\mathbf{r}^{P_1P_j}|^3} \right] = \mathbf{e}_1 \frac{\partial}{\partial x_i} \left[\frac{-(x_i\mathbf{e}_1 + y_i\mathbf{e}_2 + z_i\mathbf{e}_3) \cdot (x_j\mathbf{e}_1 + y_j\mathbf{e}_2 + z_j\mathbf{e}_3)}{(x_j^2 + y_j^2 + z_j^2)^{3/2}} \right]$$

$$= \mathbf{e}_1 \frac{\partial}{\partial x_i} \left[\frac{-x_i x_j - y_i y_j - z_i z_j}{(x_j^2 + y_j^2 + z_j^2)^{3/2}} \right]$$

$$= \mathbf{e}_1 \left(\frac{-x_j}{|\mathbf{r}^{P_1P_j}|^3} \right)$$

$$(1-72)$$

其中分母不受导数运算的影响，因为它只包含 j 的项而不包含 i 的项。与式（1-72）类似，我们有

$$\mathbf{e}_2 \frac{\partial}{\partial y_i} \left[\frac{-\mathbf{r}^{P_1P_i} \cdot \mathbf{r}^{P_1P_j}}{|r^{P_1P_j}|^3} \right] = \mathbf{e}_2 \left(\frac{-y_j}{|\mathbf{r}^{P_1P_j}|^3} \right) \qquad (1-73)$$

$$\mathbf{e}_3 \frac{\partial}{\partial z_i} \left[\frac{-\mathbf{r}^{P_1P_i} \cdot \mathbf{r}^{P_1P_j}}{|\mathbf{r}^{P_1P_j}|^3} \right] = \mathbf{e}_3 \left(\frac{-z_j}{|\mathbf{r}^{P_1P_j}|^3} \right) \qquad (1-74)$$

将式（1-72）～式（1-74）相加，得到

$$\nabla \left[\frac{-\mathbf{r}^{P_1P_i} \cdot \mathbf{r}^{P_1P_j}}{|\mathbf{r}^{P_1P_j}|^3} \right] = -\frac{\mathbf{r}^{P_1P_j}}{|\mathbf{r}^{P_1P_j}|^3} \qquad (1-75)$$

因此，根据式（1-71）和式（1-75），可以将第 i 个天体的扰动函数的梯度写为

$$\nabla \mathcal{R}_i = G \sum_{j=2}^{n} m_j \left(\frac{\mathbf{r}^{P_i P_j}}{|\mathbf{r}^{P_i P_j}|^3} - \frac{\mathbf{r}^{P_1 P_j}}{|\mathbf{r}^{P_1 P_j}|^3} \right), \quad j \neq i \qquad (1-76)$$

我们观察到，式（1-76）的右侧与式（1-66）的右侧相同。所以，可以将 P_i 相对于 P_1 的运动方程写为

$$\ddot{\mathbf{r}}^{P_1 P_i} = \nabla(U_i + \mathcal{R}_i) \qquad (1-77)$$

其中

$$U_i = \frac{G(m_1 + m_i)}{|\mathbf{r}^{P_1 P_i}|} \qquad (1-78)$$

由式（1-71）可知，式（1-77）中的 ∇U_i 项给出了式（1-66）左侧的第二项：

$$\nabla U_i = G(m_1 + m_i) \nabla \frac{1}{|\mathbf{r}^{P_1 P_i}|} = \frac{G(m_1 + m_i)\mathbf{r}^{P_1 P_i}}{|\mathbf{r}^{P_1 P_i}|^3} \qquad (1-79)$$

由于式（1-78）的分子不依赖位置坐标 x_i、y_i 或 z_i，因此我们可以将其移至 ∇ 算子前。对扰动函数 $\mathcal{R}$ 的处理，是一般摄动中的主要问题，将在后续各章中详细讨论。当然，每个质量为 m_i 的质点 P_i 都有一个不同的扰动函数 $\mathcal{R}_i$，该函数由式（1-67）定义。

参 考 文 献

Greenwood，D. T. (1988) . *Principles of dynamics* (2nd ed.). Englewood Cliffs：Prentice Hall.

Moulton，F. R. (1914). *An introduction to celestial mechanics* (2nd ed.). New York：The Macmillan Company.

Roy，A. E. (2005). *Orbital motion* (4th ed.). New York：Taylor & Francis Group.

Tragesser，S. G. , & Longuski，J. M. (1999). Modeling issues concerning motion of the Saturnian satellites. *Journal of the Astronautical Sciences* , 47 (3 and 4)，275 - 294.

第 2 章　二体问题

2.1　两个质点的特例

现在我们考虑二体问题。这个特殊的、未受摄动的情况为本书后续部分阐述受摄运动提供了一个出发点。

回到没有外力的 n 体问题的相对运动方程，即式（1-63），设 $n=2$，并用 A 和 B 表示 P_1 和 P_2 点的质量，我们有

$$\ddot{\mathbf{r}}^{AB} = -\frac{Gm_1}{|\mathbf{r}^{AB}|^3}\mathbf{r}^{AB} - \frac{Gm_2}{|\mathbf{r}^{AB}|^3}\mathbf{r}^{AB} \tag{2-1}$$

可简化为

$$\ddot{\mathbf{r}}^{AB} = -\frac{G(m_1+m_2)}{|\mathbf{r}^{AB}|^3}\mathbf{r}^{AB} \tag{2-2}$$

式（2-2）描述了以 A 为原点的质点 B 的运动。该矢量二阶微分方程的通解需要六个独立的积分常数。

2.1.1　角动量：前三个积分常数

将 $\mathbf{r}$ 与式（2-2）进行叉乘（去掉上标 A 和 B），我们注意到，新的量可以写为比角动量（即每单位质量的角动量）的时间导数

$$\mathbf{r} \times \ddot{\mathbf{r}} = \frac{\mathrm{d}}{\mathrm{d}t}(\mathbf{r} \times \dot{\mathbf{r}}) = \dot{\mathbf{h}} = \mathbf{0} \tag{2-3}$$

对式（2-3）进行积分，可得一个常数矢量，即 B 相对于 A 运动的比角动量矢量，在一些合适的非旋转直角参考系下可写为

$$\mathbf{h} = c_1\mathbf{e}_1 + c_2\mathbf{e}_2 + c_3\mathbf{e}_3 \tag{2-4}$$

其中 c_1，c_2 和 c_3 为二体问题运动的前三个常数。关系式

$$\mathbf{r} \times \dot{\mathbf{r}} = \mathbf{h} \tag{2-5}$$

表示位置矢量 $\mathbf{r}$ 始终与 $\mathbf{h}$ 正交。由于 $\mathbf{h}$ 为常数矢量，因此 B 的运动发生在空间的一个固定平面内，该平面包含位于 A 处的原点，并以 $\mathbf{h}$ 为其法矢量。这个固定平面称为轨道平面。

2.1.2　轨道平面的空间方位

我们定义轨道平面的方位，以便解释三维空间中式（2-2）中的运动。轨道平面是相对于原点为 A 的直角参考坐标系给出的。令 $\mathbf{i}$、$\mathbf{j}$ 和 $\mathbf{k}$ 表示起始惯性参考系的正交基，分别对应 x、y 和 z 轴。在上述过程中，未指定该起始参考系相对于空间的方位；因此，人们

可以自由地定义其方位，以方便解决当前的问题。

对于地球轨道卫星问题，一个常见选择是将基本的 $x-y$ 平面选为地球的赤道平面，该系统被称为赤道系统。相比之下，如果研究地球围绕太阳的轨道，则将地球的运动平面当作基本平面。第二种情况被称为黄道系统。在太阳由南向北穿过赤道面时，黄道面和赤道面之间的交线定义了春分点（北半球春分点）。回到赤道系统，X 轴指向特定历元的春分点，Z 轴与地球自转轴对齐并指向北方，Y 轴由正交的右手准则定义。

当轨道平面与 $x-y$ 平面不平行时，轨道平面与 $x-y$ 平面的交线被定义为节线（图 $2-1$）。

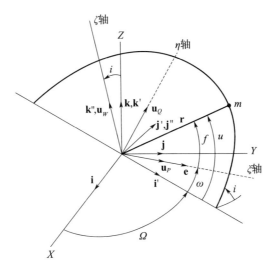

图 $2-1$　惯性空间中轨道平面的方位

从惯性单位矢量 $\mathbf{i}$、$\mathbf{j}$、$\mathbf{k}$ 开始，我们考虑以下三个旋转序列（包括 $3-1-3$ 欧拉角序列），如图 $2-2$ 所示。

1）绕 $\mathbf{k}$ 旋转角度 Ω，得到 $\mathbf{i}'$、$\mathbf{j}'$、$\mathbf{k}'$ 坐标系。设 Ω 的定义域为 $[0, 2\pi]$，并在绕 z 轴（或 $\mathbf{k}$ 单位矢量）逆时针旋转时定义为正。

2）接下来，绕 $\mathbf{i}'$ 旋转角度 i，得到 $\mathbf{i}''$、$\mathbf{j}''$、$\mathbf{k}''$ 坐标系。设 i 的定义域为 $[0, \pi]$，并在绕 $\mathbf{i}'$ 方向逆时针旋转时定义为正。

3）最后，绕 $\mathbf{k}''$ 旋转角度 ω，得到 $\mathbf{u}_P$、$\mathbf{u}_Q$、$\mathbf{u}_W$ 坐标系。设 ω 的定义域为 $[0, 2\pi]$，并在绕 $\mathbf{k}''$ 方向逆时针旋转时定义为正（我们注意到，逆时针也称为右手定则）。

如果原坐标系中的 x、y、z 分量分别用新坐标系中的 ξ、η、ζ 分量表示，则坐标变换为

$$\begin{Bmatrix} \xi \\ \eta \\ \zeta \end{Bmatrix} = \begin{bmatrix} \cos\omega & \sin\omega & 0 \\ -\sin\omega & \cos\omega & 0 \\ 0 & 0 & 1 \end{bmatrix} \begin{bmatrix} 1 & 0 & 0 \\ 0 & \cos i & \sin i \\ 0 & -\sin i & \cos i \end{bmatrix} \begin{bmatrix} \cos\Omega & \sin\Omega & 0 \\ -\sin\Omega & \cos\Omega & 0 \\ 0 & 0 & 1 \end{bmatrix} \begin{Bmatrix} x \\ y \\ z \end{Bmatrix} \quad (2-6)$$

式（$2-6$）可写为

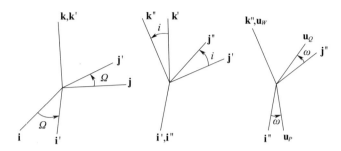

图 2-2　从惯性单位矢量 $\mathbf{i}$、$\mathbf{j}$、$\mathbf{k}$ 开始的三个旋转序列

$$\begin{Bmatrix} \xi \\ \eta \\ \zeta \end{Bmatrix} = [l] \begin{Bmatrix} x \\ y \\ z \end{Bmatrix} \tag{2-7}$$

其中，将式（2-6）中的三个方向余弦矩阵相乘，得到

$$[l] = \begin{bmatrix} C_\omega C_\Omega - C_i S_\omega S_\Omega & C_\omega S_\Omega + S_\omega C_i C_\Omega & S_\omega S_i \\ -S_\omega C_\Omega - C_\omega C_i S_\Omega & -S_\omega S_\Omega + C_\omega C_i C_\Omega & C_\omega S_i \\ S_i S_\Omega & -S_i C_\Omega & C_i \end{bmatrix} \tag{2-8}$$

其中，我们采用简写符号 C 表示 cos，S 表示 sin。

根据式（2-4）和式（2-8），我们有

$$h\mathbf{u}_W = c_1\mathbf{i} + c_2\mathbf{j} + c_3\mathbf{k} = h\sin i \sin\Omega\,\mathbf{i} - h\sin i\cos\Omega\,\mathbf{j} + h\cos i\,\mathbf{k} \tag{2-9}$$

因此上式的三个分量可分离为

$$\sin i \sin\Omega = \frac{c_1}{h} \tag{2-10}$$

$$\sin i \cos\Omega = -\frac{c_2}{h} \tag{2-11}$$

$$\cos i = \frac{c_3}{h} \tag{2-12}$$

其中

$$h = \sqrt{c_1^2 + c_2^2 + c_3^2}$$

由于我们采用 $0 \leqslant i \leqslant \pi$ 的约定，因此角度 i 可以从式（2-12）中唯一得到，这里使用的是反余弦的主值。计算出 i 的值后，可将其代入式（2-10）和式（2-11）。然后，可以使用 $\sin\Omega$ 和 $\cos\Omega$ 的符号来唯一确定 Ω 所在的象限，其值可取 $0 \leqslant \Omega \leqslant 2\pi$。我们将 i 称为轨道相对于 $x-y$ 平面的倾角，将 Ω 称为升交点赤经，两者如图 2-1 所示。

2.1.3　开普勒面积定律

根据 Fitzpatrick（1970），我们注意到矢量 $\mathbf{h}$ 的几何意义。从原点 O 到移动点 P 的半径矢量扫过的二维表面的速率称为相对于原点 O 的面速度。

设 $\Delta\mathbf{A}$ 为一个矢量，表示半径矢量在时间 Δt 内扫过的小三角形 OPP' 的面积，如图 2-3

所示。$\Delta \mathbf{A}$ 的含义由下式给出：

$$\Delta \mathbf{A} = \frac{1}{2}\left[\mathbf{r} \times (\mathbf{r} + \Delta \mathbf{r})\right] = \frac{1}{2}\mathbf{r} \times \Delta \mathbf{r} \tag{2-13}$$

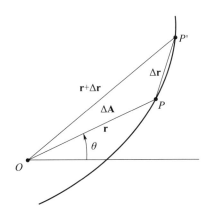

图 2-3　在时间 Δt 内扫过的面积 $\Delta \mathbf{A}$ 的矢量图

根据面速度的定义 $\dot{\mathbf{A}}$（即 $\lim\limits_{\Delta t \to \infty} \dfrac{\Delta \mathbf{A}}{\Delta t}$），我们得到

$$\dot{\mathbf{A}} = \frac{1}{2}\mathbf{r} \times \dot{\mathbf{r}} = \frac{1}{2}\mathbf{h} \tag{2-14}$$

因此，面速度（从 O 点观察，半径矢量 $\mathbf{r}$ 扫过的面积的速度）是一个常数，等于从 O 点观察的比角动量的一半。该结果验证了开普勒第二定律，即连接任何行星和太阳的半径矢量在相同的时间内扫过相同的面积。

我们可以将极坐标中的位置、速度和加速度表示为

$$\mathbf{r} = r\mathbf{u}_r$$

$$\dot{\mathbf{r}} = \dot{r}\mathbf{u}_r + r\dot{\theta}\mathbf{u}_\theta \tag{2-15}$$

$$\ddot{\mathbf{r}} = (\ddot{r} - r\dot{\theta}^2)\mathbf{u}_r + (r\ddot{\theta} + 2\dot{r}\dot{\theta})\mathbf{u}_\theta$$

其中，$\mathbf{u}_r = \mathbf{r}/r$，$\mathbf{u}_\theta$ 为轨道平面内的单位矢量，与 $\mathbf{u}_r$ 正交，并沿 θ 增加的方向。坐标系由 $\mathbf{u}_A = \mathbf{u}_r \times \mathbf{u}_\theta$ 来完成定义，其中，$\mathbf{u}_A$ 在 $\mathbf{h}$ 的方向上，并且垂直于轨道平面。那么每单位质量的角动量可以写为

$$\mathbf{h} = \mathbf{r} \times \dot{\mathbf{r}} = r\mathbf{u}_r \times (\dot{r}\mathbf{u}_r + r\dot{\theta}\mathbf{u}_\theta) = r^2\dot{\theta}\mathbf{u}_A = h\mathbf{u}_A \tag{2-16}$$

和

$$r^2\dot{\theta} = h \tag{2-17}$$

其中，$h = |\mathbf{h}|$ 为一个正常数，且 θ 的测量值应使 $\dot{\theta}$ 为正。

2.1.4　其余的积分常数

回到式（2-2），再次去掉上标，并定义 $\mu \equiv G(m_1 + m_2)$，我们有

$$\ddot{\mathbf{r}} = -\frac{\mu}{|\mathbf{r}|^3}\mathbf{r} \tag{2-18}$$

且有常值关系

$$\mathbf{h} = \mathbf{r} \times \dot{\mathbf{r}} \tag{2-19}$$

为将式（2-18）重新排列为可积分的形式，我们将其与常数矢量 $\mathbf{h}$ 叉乘：

$$\begin{aligned} \ddot{\mathbf{r}} \times \mathbf{h} &= -\frac{\mu}{r^3}\mathbf{r} \times \mathbf{h} \\ &= -\frac{\mu}{r^3}\mathbf{r} \times (\mathbf{r} \times \dot{\mathbf{r}}) \\ &= \frac{\mu}{r^3}[\dot{\mathbf{r}}(\mathbf{r} \cdot \mathbf{r}) - \mathbf{r}(\mathbf{r} \cdot \dot{\mathbf{r}})] \\ &= \mu\left(\frac{\dot{\mathbf{r}}}{r} - \frac{\mathbf{r}\dot{r}}{r^2}\right) \end{aligned} \tag{2-20}$$

其中，我们应用了矢量恒等式：$\mathbf{A} \times (\mathbf{B} \times \mathbf{C}) = (\mathbf{A} \cdot \mathbf{C})\mathbf{B} - (\mathbf{A} \cdot \mathbf{B})\mathbf{C}$，以及 $\mathbf{r} \cdot \dot{\mathbf{r}} = (r\mathbf{u}_r) \cdot (\dot{r}\mathbf{u}_r + r\dot{\theta}\mathbf{u}_\theta) = r\dot{r}$ 的事实［应用式（2-15）的极坐标表示平面运动是很方便的］。然后我们注意到，沿 $\mathbf{r}$ 的单位矢量的惯性时间导数可写为

$$\frac{\mathrm{d}}{\mathrm{d}t}\left(\frac{\mathbf{r}}{|\mathbf{r}|}\right) = \frac{\dot{\mathbf{r}}}{r} - \frac{\mathbf{r}\dot{r}}{r^2} \tag{2-21}$$

因此，式（2-20）可写为

$$\ddot{\mathbf{r}} \times \mathbf{h} = \mu\frac{\mathrm{d}}{\mathrm{d}t}\left(\frac{\mathbf{r}}{r}\right) \tag{2-22}$$

对上式积分，可得到

$$\dot{\mathbf{r}} \times \mathbf{h} = \mu\left(\frac{\mathbf{r}}{r} + \mathbf{e}\right) \tag{2-23}$$

其中，$\mathbf{e}$ 为位于轨道平面内的无量纲积分矢量常数。该矢量称为偏心率矢量，如图 2-1 所示。偏心率矢量定义了第三个旋转角 ω，即近拱点幅角。这个新常数是节线与偏心率矢量之间的角度，在轨道平面内测量，并定义其绕轨道法向矢量 $\mathbf{h}$ 右旋时为正。

将式（2-23）与 $\mathbf{r}$ 进行点积，得到标量方程：

$$\mathbf{r} \cdot (\dot{\mathbf{r}} \times \mathbf{h}) = \mathbf{r} \cdot \mu\left(\frac{\mathbf{r}}{r} + \mathbf{e}\right) \tag{2-24}$$

利用恒等式 $\mathbf{A} \cdot \mathbf{B} \times \mathbf{C} = \mathbf{C} \cdot \mathbf{A} \times \mathbf{B}$，我们可以写出

$$\begin{aligned} \mathbf{h} \cdot (\mathbf{r} \times \dot{\mathbf{r}}) = h^2 &= \mathbf{r} \cdot \mu\left(\frac{\mathbf{r}}{r} + \mathbf{e}\right) \\ &= \mu(r + \mathbf{r} \cdot \mathbf{e}) \\ &= \mu(r + re\cos f) \end{aligned} \tag{2-25}$$

其中，角度 f 称为真近点角。真近点角是矢量 $\mathbf{e}$ 和 $\mathbf{r}$ 之间的夹角，在轨道平面中的前进方向上取正值（或根据相对于角动量矢量 $\mathbf{h}$ 的右手规则）。求解 r 得到

$$r = \frac{h^2/\mu}{1 + e\cos f} \tag{2-26}$$

上式为圆锥曲线的极坐标方程，坐标原点为圆锥曲线的焦点，偏心率为 e。方程（2-26）也称为圆锥曲线方程。

回想一下，我们着手寻找六个独立的积分常数来确定式（2-2）中的运动，乍看起来我们已经成功地找到了 **h** 和 **e**。然而，由于 **h · e** = 0，我们目前只有五个独立常数。虽然我们找到了式（2-2）中的非线性运动方程的封闭解，但式（2-26）中的自变量不是时间，而是角度，即真近点角 f。因此，式（2-26）是对轨道的几何描述，如果已知 μ、h 和 e，我们可以确定所有 f 值对应的 r。在该几何描述中没有给出指定时刻的轨道质量体的位置。

在获得缺失的第六个常数之前，让我们先讨论一下圆锥曲线的不同情况。检查式（2-26），我们可以根据非负偏心率 e 可能的取值得出一些结论。当 $e = 0$ 时，半径 r 为常数且轨道是圆形的。对于椭圆轨道，$0 < e < 1$，如果 r 的值具有有限的最大半径，则分母对于任何 $0 \leq f < 2\pi$ 的取值都不为 0。圆形轨道只是椭圆轨道的一个特例。

若 $e = 1$，则式（2-26）表明当 f 接近 $\pm\pi$ 时，r 的值接近无穷大，其结果为抛物线轨道。若 $e > 1$，则轨道为双曲线，其中 r 的值沿着由 $e\cos f_\infty = -1$ 得到的 f 值定义的渐近线趋近于无穷大，其中渐近真近点角 $f_\infty < \pi$。因此，二体问题中的轨道运动遵循圆锥曲线的形式：椭圆、抛物线和双曲线。

2.1.5 椭圆轨道

开普勒第一定律断言，每颗行星的轨道都是一个以太阳为焦点的椭圆，这一点已通过式（2-26）得到验证，而且椭圆轨道也为行星相对于太阳的相对运动提供了一个解。椭圆的极坐标方程为

$$r = \frac{a(1 - e^2)}{1 + e\cos f} \tag{2-27}$$

其中 a 为椭圆的半长轴。

比较式（2-26）和式（2-27），我们可以将比角动量表示为这两个质量体半长轴和轨道偏心率的函数：

$$h = \sqrt{\mu a(1 - e^2)} \tag{2-28}$$

现在我们介绍轨道上三个受关注的特殊点。

设 $f = 0$，得到 r 的最小值，

$$r_p = a(1 - e) \tag{2-29}$$

在卫星与位于椭圆焦点的引力天体之间最接近的点上，卫星处于近拱点。对于绕地球运行的物体，该点称为近地点；对于绕太阳运行的物体，它被称为近日点。

设 $f = \pi/2$，得到 $r = a(1 - e^2)$。如图 2-4 所示，该距离称为椭圆的半通径或参数 p。因此，我们可以将式（2-27）写为

$$r = \frac{p}{1 + e\cos f} \qquad\qquad (2-30)$$

比较式（2-26）和式（2-30），比角动量与参数 p 的关系为

$$p = \frac{h^2}{\mu} = a(1 - e^2) \qquad\qquad (2-31)$$

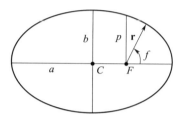

图 2-4　椭圆的几何形状，其中 $r = p/(1 + e\cos f)$

设 $f = \pi$，得到 r 的最大值

$$r_a = a(1 + e) \qquad\qquad (2-32)$$

在这个最远的分离点上，卫星处于远拱点［或远地点、远日点等，取决于它围绕哪个引力天体（attracting body）运行］。

对从式（2-14）中的矢量关系得到的标量方程进行积分

$$\frac{\mathrm{d}\mathbf{A}}{\mathrm{d}t} = \frac{1}{2}\mathbf{h}$$

得到

$$A = \frac{1}{2}ht + c \qquad\qquad (2-33)$$

其中 c 为积分常数。在某个初始时刻 t_0，设置 $A = 0$，我们得到

$$c = -\frac{1}{2}ht_0 \qquad\qquad (2-34)$$

在经过的时间 $t - t_0$ 内扫过的面积为

$$A(t) = \frac{1}{2}h(t - t_0) \qquad\qquad (2-35)$$

椭圆面积为 πab，因此我们可以将轨道周期 P（注：原文即为正体，译文未作改变），即完成椭圆路径一圈所需的时间表示为

$$P = \frac{\pi ab}{\dot{A}} = \frac{2\pi ab}{h} = \frac{2\pi a \cdot a\sqrt{(1 - e^2)}}{\sqrt{(\mu a)}\sqrt{(1 - e^2)}} = 2\pi\sqrt{\frac{a^3}{\mu}} \qquad (2-36)$$

其中，$b = a\sqrt{1 - e^2}$ 为椭圆的半短轴，且我们应用了式（2-14）和式（2-28）。式（2-36）验证了开普勒第三定律（行星轨道周期的平方与它们距太阳的平均距离的立方成正比），在行星质量远小于太阳质量的情况下，它是一个很好的近似值。对于质量可忽略不计的小物体围绕一个大质量吸引体运行（即 $m_2 \ll m_1$）的情况，μ 可以很好地近似为 $\mu \approx Gm_1$，而且卫星的质量 m_2 对轨道周期 P 没有影响，P 仅由 μ 和半长轴给出的轨道大小

决定。

2.1.6　能量守恒

卫星的总机械能是动能和势能的组合

$$T + V = \frac{mv^2}{2} - \frac{m\mu}{r} \qquad (2-37)$$

在目前的二体问题中，我们只有相互引力作用的保守力。因此，这个和是一个常数。将其除以卫星的质量，可以得到比能量

$$\mathcal{E} = \frac{v^2}{2} - \frac{\mu}{r} = 常数 \qquad (2-38)$$

为找到这个常数的值，我们考虑近拱点处的卫星，其（对于任何类型的二次曲线）半径和速度矢量是正交的，并且

$$h = |\mathbf{r} \times \mathbf{v}| = r_p v_p = \sqrt{\mu p} \qquad (2-39)$$

重新排列以分离出 v_p，并应用式（2-29）和式（2-31），得到

$$v_p = \frac{\sqrt{\mu p}}{r_p} = \frac{\sqrt{\mu p}}{a(1-e)} = \sqrt{\mu p}\,\frac{(1+e)}{p} = (1+e)\sqrt{\frac{\mu}{p}} \qquad (2-40)$$

因此，式（2-38）中的常数 $\mathcal{E}$，必须等于

$$\mathcal{E} = \frac{v^2}{2} - \frac{\mu}{r} = \frac{(1+e)^2 \mu}{2p} - \frac{(1+e)\mu}{p} \qquad (2-41)$$

我们注意到，对于抛物线轨道（$e=1$，$p \neq 0$），能量为 $\mathcal{E}=0$。对于椭圆和双曲线轨道，我们代入式（2-31）中的关系 $p = a(1-e^2)$，得到

$$\begin{aligned}
\mathcal{E} &= \frac{(1+e)^2 \mu}{2a(1-e^2)} - \frac{(1+e)\mu}{a(1-e^2)} \\
&= \frac{(1+2e+e^2)\mu}{2a(1-e^2)} - \frac{2(1+e)\mu}{2a(1-e^2)} \\
&= -\frac{\mu}{2a}
\end{aligned} \qquad (2-42)$$

对于所有圆锥轨道，总比能量仅取决于轨道的半长轴和引力参数 μ。我们将双曲线轨道的半长轴视为负值（$a < 0$），因此圆锥曲线方程的形式在椭圆和双曲线轨道之间保持不变。结合式（2-38）和式（2-42）并重新排列，可得给定半径处的速度的活力公式

$$v^2 = \mu\left(\frac{2}{r} - \frac{1}{a}\right) \qquad (2-43)$$

对于双曲线轨道，通常不用半长轴来表示总能量，而是以无限半径处的速度，或双曲线超速 v_∞ 来表示。根据式（2-43），设 $r = \infty$，我们得到

$$v_\infty = \sqrt{-\frac{\mu}{a}} \qquad (2-44)$$

上式为一个实数值，因为我们取双曲线轨道的 a 为负值。表 2-1 总结了三种类型圆锥轨道的特性。

表 2 - 1　圆锥的类型

轨道类型	偏心率	能量	半长轴
椭圆	$0 \leqslant e < 1$	$\varepsilon < 0$	$a > 0$
抛物线	$e = 1$	$\varepsilon = 0$	$a = \infty$
双曲线	$e > 1$	$\varepsilon > 0$	$a < 0$

为建立一般圆锥轨道的偏心率的表达式，我们对式（2-26）进行另一种推导。回顾式（2-17）和式（2-38）

$$h = r^2 \dot{\theta}$$

$$\varepsilon = \frac{v^2}{2} - \frac{\mu}{r}$$

由式（2-15）可得

$$|\dot{\mathbf{r}}|^2 = v^2 = \dot{r}^2 + r^2 \dot{\theta}^2$$

因此，我们有关于 r 和 θ 的两个一阶微分方程：

$$h = r^2 \dot{\theta}$$

$$\varepsilon = \frac{1}{2}(\dot{r}^2 + r^2 \dot{\theta}^2) - \frac{\mu}{r}$$

求解第一个方程中的 $\mathrm{d}t$，得到

$$\mathrm{d}t = \frac{r^2}{h} \mathrm{d}\theta$$

并代入第二个微分方程，得到

$$\varepsilon = \frac{1}{2} \left[\left(\frac{h}{r^2} \frac{\mathrm{d}r}{\mathrm{d}\theta} \right)^2 + r^2 \left(\frac{h}{r^2} \right)^2 \right] - \frac{\mu}{r}$$

$$= \frac{1}{2} \left[\left(\frac{h}{r^2} \frac{\mathrm{d}r}{\mathrm{d}\theta} \right)^2 + \frac{h^2}{r^2} \right] - \frac{\mu}{r}$$

重新排列，得到微分方程：

$$\frac{2}{h^2} \left(\varepsilon + \frac{\mu}{r} \right) = \frac{1}{r^2} + \frac{1}{r^4} \left(\frac{\mathrm{d}r}{\mathrm{d}\theta} \right)^2$$

接下来，我们引入变量的变换，以方便积分，定义

$$\rho = \frac{1}{r} = r^{-1}$$

$$\frac{\mathrm{d}\rho}{\mathrm{d}\theta} = -r^{-2} \frac{\mathrm{d}r}{\mathrm{d}\theta}$$

(2 - 45)

将其代入微分方程，可得

$$\frac{2}{h^2}(\varepsilon + \mu\rho) = \rho^2 + \left(\frac{\mathrm{d}\rho}{\mathrm{d}\theta} \right)^2$$

求解 $\mathrm{d}\rho/\mathrm{d}\theta$，得到

$$\frac{\mathrm{d}\rho}{\mathrm{d}\theta} = \pm \sqrt{\frac{2}{h^2}(\mathcal{E} + \mu\rho) - \rho^2}$$

分离 $\mathrm{d}\theta$ ，得到

$$\mathrm{d}\theta = \frac{\mathrm{d}\rho}{\pm \sqrt{\dfrac{2}{h^2}(\mathcal{E} + \mu\rho) - \rho^2}}$$

上式可以通过查阅积分表来求解，从而得到

$$\theta = \cos^{-1}\left(\frac{\rho - \dfrac{\mu}{h^2}}{\sqrt{\dfrac{\mu^2}{h^4} + \dfrac{2\mathcal{E}}{h^2}}} \right) + w$$

其中 w 是与轨道平面中的近拱点方向有关的积分常数。

重新排列后，得到

$$\rho = \frac{1}{r} = \frac{\mu}{h^2} + \sqrt{\frac{\mu^2}{h^4} + \frac{2\mathcal{E}}{h^2}} \cos(\theta - w)$$

我们对 r 进行求解，得到

$$r = \frac{h^2/\mu}{1 + \sqrt{1 + \dfrac{2\mathcal{E}h^2}{\mu^2}} \cos(\theta - \omega)} \tag{2-46}$$

其中，我们把节线作为测量 θ 的参考方向，使得 $\theta = u$ 和 $w = \omega$（近拱点幅角），如图 2-5 所示。

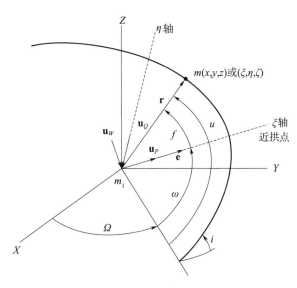

图 2-5　近焦点坐标系，其中 $\mathbf{u}_P$ 指向近地点

比较式（2-26）和式（2-46），我们注意到

$$f = u - \omega \tag{2-47}$$

$$e = \sqrt{1 + \frac{2\mathcal{E}h^2}{\mu^2}} \qquad (2-48)$$

式（2-48）提供了任何圆锥轨道的偏心率的一般表达式。

现在我们总结迄今为止获得的五个常数的物理解释。在图 2-5 所示的 PQW 系统中，基本平面是卫星的轨道平面，原点位于中心天体（例如行星或太阳）的中心。

我们记得，$\mathbf{u}_P$ 为近拱点方向的单位矢量，$\mathbf{u}_Q$ 为在 $f = 90°$（轨道平面上的真近点角）方向上的单位矢量，$\mathbf{u}_W$ 为垂直于轨道平面的单位矢量，即

$$\mathbf{u}_W = \mathbf{u}_P \times \mathbf{u}_Q \qquad (2-49)$$

接下来，我们根据惯性单位矢量 $\mathbf{i}$，$\mathbf{j}$，$\mathbf{k}$，求出近焦点系单位矢量 $\mathbf{u}_P$，$\mathbf{u}_Q$，$\mathbf{u}_W$。

根据式（2-7），我们可用惯性单位矢量来写出近焦点系单位矢量：

$$\begin{aligned}
\mathbf{u}_P &= P_1\mathbf{i} + P_2\mathbf{j} + P_3\mathbf{k} \\
\mathbf{u}_Q &= Q_1\mathbf{i} + Q_2\mathbf{j} + Q_3\mathbf{k} \\
\mathbf{u}_W &= W_1\mathbf{i} + W_2\mathbf{j} + W_3\mathbf{k}
\end{aligned} \qquad (2-50)$$

其中，P_i，Q_i，W_i 为式（2-8）中方向余弦矩阵的对应元素：

$$\begin{aligned}
P_1 &= \cos\omega\cos\Omega - \cos i \sin\omega\sin\Omega \\
P_2 &= \cos\omega\sin\Omega + \sin\omega\cos i \cos\Omega \\
P_3 &= \sin\omega\sin i \\
Q_1 &= -\sin\omega\cos\Omega - \cos\omega\cos i \sin\Omega \\
Q_2 &= -\sin\omega\sin\Omega + \cos\omega\cos i \cos\Omega \\
Q_3 &= \cos\omega\sin i \\
W_1 &= \sin i \sin\Omega \\
W_2 &= -\sin i \cos\Omega \\
W_3 &= \cos i
\end{aligned} \qquad (2-51)$$

到目前为止，我们使用比角动量矢量 $\mathbf{h}$ 和偏心率矢量 $\mathbf{e}$ 确定的五个常数可以概括为 a、e、i、Ω 和 ω。半长轴用 a 表示，偏心率用 e 表示。轨道倾角用 i 表示，升交点赤经（RAAN）用 Ω 表示，近拱点幅角用 ω 表示。在赤道系中，我们使用 RAAN，而在黄道系中，Ω 是升交点的经度，因为该角度是在不同的基本平面中测量的。在我们的推导中，方程具有一般性，根据不同的应用可以使用 RAAN 或升交点的经度，我们将 Ω 称为"升交点角"。

关于双曲线和抛物线轨道的进一步讨论，请参阅 Vallado（2013）或 Prussing 和 Conway（2013）。在本书的其余部分，我们主要关注椭圆轨道。

2.1.7　轨道位置随时间的变化

现在回到运动的第六个常数的问题。一个方便的选择是 T，即通过近拱点后的时间。这就完整定义了轨道所需的六个常数的集合；然而，我们尚未解决在给定时间确定轨道质量体（orbiting mass）在轨道上的位置的问题。

2.1.7.1　偏近点角、平近点角和开普勒方程

根据 McCuskey（1963），我们考虑一个半长轴为 a 的椭圆轨道和一个半径等于 a 的辅助圆。

质量 m_1 在焦点 F 处，且轨道上的质量 m_2 沿椭圆逆时针运动，其瞬时位置由点 H 表示。C 是圆和椭圆的共同中心，D 是椭圆上的近拱点（离焦点 F 最近）。H 的位置由极坐标给出：径向位置 r 和真近点角 f。线段 BA 垂直于 CD 并通过 H（即 m_2 的位置）。我们定义辅助角 E（即偏近点角），如图 $2-6$ 所示。当真近点角在 2π 弧度范围内变化时，E 也随之变化。

根据椭圆的性质和图 $2-6$，

$$\xi = r\cos f = a\cos E - ae \tag{2-52}$$

$$\eta = r\sin f = a\sin E - HA \tag{2-53}$$

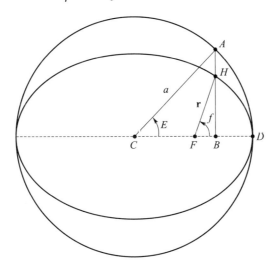

图 $2-6$　椭圆轨道和辅助圆、辅助角 E（即偏近点角）

可以证明（第一个等式可通过初等几何学证明）

$$\frac{\triangle BDH}{\triangle BDA} = \frac{BH}{BA} = \frac{b}{a} = \sqrt{1-e^2} \tag{2-54}$$

其中 b 为椭圆的半短轴。因此我们有

$$HA = BA - BH = BA(1 - \sqrt{1-e^2}) \tag{2-55}$$

式（$2-53$）可写为

$$\eta = r\sin f = a\sin E \sqrt{1-e^2} \tag{2-56}$$

将式（$2-52$）和式（$2-56$）的平方相加并简化，得到

$$r = a(1 - e\cos E) \tag{2-57}$$

在式（$2-57$）中，我们有了 r 的表达式，前提是我们可以确定 E 为时间 t 的函数。我们使用几何参数来求得这个表达式，并注意到

$$\triangle BDH = \triangle DFH - \triangle BFH \tag{2-58}$$

$$\triangle BDA = \triangle DCA - \triangle BCA \tag{2-59}$$

根据开普勒第二定律，在 $t-T$ 时间内扫过的 DFH 面积［积分式（2-14）并代入式（2-28）］为

$$\triangle DFH = \frac{1}{2} n a^2 \sqrt{1-e^2}(t-T) \tag{2-60}$$

其中 n 为平均运动（卫星的平均角速率），由下式给出

$$n = \frac{2\pi}{\mathrm{P}} = \left(\frac{\mu}{a^3}\right)^{1/2} \tag{2-61}$$

因此，我们可以将式（2-54）写为

$$\sqrt{1-e^2} = \frac{\frac{1}{2} n a^2 \sqrt{1-e^2}(t-T) - \frac{1}{2} r^2 \sin f \cos f}{\frac{1}{2} a^2 E - \frac{1}{2} a^2 \sin E \cos E} \tag{2-62}$$

利用式（2-52）和式（2-56），我们得到

$$\sqrt{1-e^2} = \frac{\frac{1}{2} n a^2 \sqrt{1-e^2}(t-T) - \frac{1}{2} a \sin E \sqrt{1-e^2}(a\cos E - ae)}{\frac{1}{2} a^2 E - \frac{1}{2} a^2 \sin E \cos E} \tag{2-63}$$

通过一些代数操作，上式可简化为

$$n(t-T) = E - e\sin E \tag{2-64}$$

那么我们可以写出

$$M = n(t-T) = M_0 + nt = E - e\sin E \tag{2-65}$$

其中，我们定义 M 为平近点角。平近点角为半径矢量以平均角速度 $2\pi/\mathrm{P}$ 匀速运动所经过的角度。M_0 是某初始时刻 t_0 的平近点角，不一定与近拱点通过时刻 T 相对应。

式（2-65）为开普勒方程，它将椭圆轨道的时间与位置（由偏近点角描述）联系起来。对于给定的椭圆轨道，可以直接计算轨道上物体处于特定位置（即 E 值）时所对应的时间。然而，确定物体在指定时刻的位置并不那么容易，因为开普勒方程在变量 E 中是超越的。Prussing 和 Conway（2013）指出，开普勒方程对 E 的解存在且唯一，因此可以采用可靠的迭代方法对偏近点角进行数值求解。

我们之前已经使用偏近点角建立了半径矢量的表达式。通常情况下，使用真近点角 f 在几何学上更直观，所以我们现在用 E 来表示 f。

根据式（2-52），我们可以写出

$$a\cos E = ae + r\cos f \tag{2-66}$$

并根据轨道的极坐标方程［式（2-27）］

$$r = \frac{a(1-e^2)}{1+e\cos f} \tag{2-67}$$

将这两个表达式结合起来，可以得到

$$\cos E = \frac{e + \cos f}{1 + e\cos f} \tag{2-68}$$

因此，我们有

$$1 - \cos E = 1 - \frac{e + \cos f}{1 + e \cos f}$$

$$= \frac{1 + e \cos f - e - \cos f}{1 + e \cos f} \qquad (2-69)$$

$$= \frac{(1-e)(1-\cos f)}{1 + e \cos f}$$

和

$$1 + \cos E = 1 + \frac{e + \cos f}{1 + e \cos f}$$

$$= \frac{1 + e \cos f + e + \cos f}{1 + e \cos f} \qquad (2-70)$$

$$= \frac{(1+e)(1+\cos f)}{1 + e \cos f}$$

相除得到

$$\frac{1 - \cos E}{1 + \cos E} = \frac{(1-e)(1-\cos f)}{(1+e)(1+\cos f)} \qquad (2-71)$$

应用三角恒等式

$$\tan^2 \theta = \frac{1 - \cos \theta}{1 + \cos \theta} \qquad (2-72)$$

得到

$$\tan^2 \frac{E}{2} = \frac{1-e}{1+e} \tan^2 \frac{f}{2} \qquad (2-73)$$

我们有

$$\tan \frac{E}{2} = \left(\frac{1-e}{1+e} \right)^{1/2} \tan \frac{f}{2} \qquad (2-74)$$

由于 $\tan(f/2)$ 和 $\tan(E/2)$ 的正负号始终相同，所以平方根的正负号没有歧义。式（2-74）可以实现真近点角和偏近点角的转换。

接下来，我们需要将 $\sin E$ 表示为真近点角的函数，并将 $\sin f$ 和 $\cos f$ 表示为偏近点角的函数，我们在此进行推导。根据式（2-56），可以写出

$$\sin E = \frac{r \sin f}{a \sqrt{1 - e^2}}$$

代入式（2-30）和式（2-31），我们得到

$$\sin E = \frac{\sin f \sqrt{1 - e^2}}{1 + e \cos f} \qquad (2-75)$$

根据图 2-6 和式（2-54）、式（2-56）和式（2-57），我们可以写出

$$\cos f = \frac{BF}{r} = \frac{\cos E - e}{1 - e \cos E} \qquad (2-76)$$

$$\sin f = \frac{BH}{r} = \frac{\sin E \sqrt{1-e^2}}{1-e\cos E} \qquad (2-77)$$

2.2　二体问题的总结

现在我们总结几个有用的椭圆轨道根数的公式，包括来自 Fitzpatrick（1970）的一些公式（其推导过程留给读者作为练习）。这些方程提供了一种有条不紊、循序渐进的方法，可以用来将位置和速度矢量转换为轨道根数。

$$\mathbf{h} = \mathbf{r} \times \dot{\mathbf{r}} = c_1\mathbf{i} + c_2\mathbf{j} + c_3\mathbf{k} \qquad (2-78)$$

$$\sin i \sin \Omega = \frac{c_1}{h} \qquad (2-79)$$

$$\sin i \cos \Omega = -\frac{c_2}{h} \qquad (2-80)$$

$$\cos i = \frac{c_3}{h} \qquad (2-81)$$

$$a = \frac{r}{2 - \dfrac{r\dot{r}^2}{\mu}} \qquad (2-82)$$

$$e = \left[1 - \frac{r\dot{r}^2}{\mu}\left(2 - \frac{r\dot{r}^2}{\mu}\right)\sin^2\gamma \right]^{1/2} \qquad (2-83)$$

$$\cos E = \frac{a-r}{ae} \qquad (2-84)$$

$$\mathbf{e} = \frac{\dot{\mathbf{r}} \times \mathbf{h}}{\mu} - \frac{\dot{\mathbf{r}}}{r} \qquad (2-85)$$

$$\mathbf{i}' = \cos\Omega\,\mathbf{i} + \sin\Omega\,\mathbf{j} \qquad (2-86)$$

$$\cos\omega = \mathbf{i}' \cdot \mathbf{e} \qquad (2-87)$$

$$M = E - e\sin E \qquad (2-88)$$

$$T = t - M\left(\frac{a^3}{\mu}\right)^{1/2} \qquad (2-89)$$

$$\mathrm{P} = 2\pi\sqrt{\frac{a^3}{\mu}} \qquad (2-90)$$

$$n = \frac{2\pi}{\mathrm{P}} = \left(\frac{\mu}{a^3}\right)^{1/2} \qquad (2-91)$$

$$v^2 = \mu\left(\frac{2}{r} - \frac{1}{a}\right) \qquad (2-92)$$

其中 γ 为 $\mathbf{r}$ 和 $\dot{\mathbf{r}}$ 之间的角度。

六个轨道根数〔a、e、i、Ω、ω 和 T 或（M_0）〕在数值上等效于位置和速度矢量中的六个参数。位置和速度矢量提供了轨道状态的瞬时图像（但无法想象轨道的大小、形状和方向），而六个轨道根数的集合则给出了直观的几何描述。两组六个数字可用于不同的目的。事实上，还有其他的轨道根数集，如春分点根数，可用于减轻此处介绍的经典开普勒根数的某些限制。

现在我们已经找到了六个运动常数（轨道根数），它们提供了二体问题的精确解。接下来，我们将注意力转向二体运动的摄动。

参 考 文 献

Fitzpatrick，P. M. （1970）. *Principles of celestial mechanics* . New York：Academic Press.

McCuskey，S. W. （1963）. *Introduction to celestial mechanics* . Reading：Addison - Wesley Publishing Company.

Prussing，J. E. ，& Conway，B. A. （2013）. *Orbital mechanics* (2nd ed.). New York：Oxford University Press.

Vallado，D. A. （2013）. *Fundamentals of astrodynamics and applications* （4th ed. ）. El Segundo：Microcosm Press.

第 3 章　一般摄动

太阳系是 n 体问题的典型例子。太阳是地球轨道运动的主导力，而其他行星引力引起的摄动则会导致地球偏离二体运动。另一个例子是地球轨道上的人造卫星，主导力中心是地球，摄动来自太阳和月球的引力、地球非球面（扁圆）形状、大气阻力、太阳辐射压力和广义相对论效应。

3.1　一般摄动与特殊摄动

一般摄动法利用了一个事实，即主导势项 U_0 引起的二体轨道在扰动函数 $\mathcal{R}$［见式 (1-62)］下仅发生缓慢的变化。一般摄动法用于（在可能的情况下）建立由于 $\mathcal{R}$ 导致的轨道根数变化的解析表达式。这些表达式在一定的时间区间内有效。一般摄动法的主要局限是：1）并非总能为重要的摄动找到合适的解析表达式；2）解析表达式通常比特殊摄动所需的力模型更难确定。

特殊摄动法是以某种形式对运动方程进行数值积分，特别是在无法推导出一般摄动理论时。在该方法中，我们可以包含所有已知力在较短的时间间隔内对物体的影响。特殊摄动法存在数值积分的舍入误差和选择适当的积分方法的问题。此外，特殊摄动法通常不能清楚地揭示摄动导致的系统的基本行为。

3.2　一般摄动（摄动理论）

本书的研究重点是一般摄动。摄动理论使我们能够研究摄动对轨道根数的影响。虽然特殊摄动的数值技术可能会产生很高的精度，但此类方法并不能提供太多关于质点轨道定性行为的信息，因为其输出通常是快速变化的位置和速度矢量。如果改用轨道根数来表达轨道行为，我们将能够研究摄动对轨道大小、形状和方向随时间缓慢变化的影响，参见 Vallado（2013）。

3.3　常数变易法

我们假设所关注物体（行星、航天器等）的位置的笛卡儿坐标为

$$x = x(t, c_1, c_2, c_3, c_4, c_5, c_6)$$
$$y = y(t, c_1, c_2, c_3, c_4, c_5, c_6)$$
$$z = z(t, c_1, c_2, c_3, c_4, c_5, c_6)$$

或者，以矢量形式表示为

$$\mathbf{r} = \mathbf{r}(t, c_1, c_2, c_3, c_4, c_5, c_6)$$
$$= x\mathbf{i} + y\mathbf{j} + z\mathbf{k}$$

(3-1)

其中，$c_k(k=1,2,\cdots,6)$ 为由于扰动而缓慢变化的函数，例如开普勒轨道根数 a，e，i，ω，Ω 和 T（或 M_0）。我们可以认为，定义了密切轨道的 c_k 在任一时刻是固定的，此时物体在未受摄模型和受摄轨道中都具有相同的轨道状态。

3.4 例子：受第三体扰动的二体运动

我们现在考虑在质量为 m_3 的第三体 P_3 的摄动影响下，质量为 m_2 的点 P_2 围绕质量为 m_1 的中心点 P_1 的运动。根据式（1-77）和式（1-78），我们有

$$\ddot{\mathbf{r}}^{P_1 P_2} - \nabla \frac{G(m_1 + m_2)}{|\mathbf{r}^{P_1 P_2}|} = \nabla \mathcal{R}_3$$

(3-2)

其中 $\mathcal{R}_3$ 为由于第三体的影响而产生的扰动函数。左侧第二项是二体问题的势函数的梯度，而右侧项是与第三体相关的扰动函数的梯度。根据式（1-66）（$i=2$），可得

$$\ddot{\mathbf{r}}^{P_1 P_2} + \frac{G(m_1 + m_2)\mathbf{r}^{P_1 P_2}}{|\mathbf{r}^{P_1 P_2}|^3} = \nabla \mathcal{R}_3$$

(3-3)

其中，根据式（1-67）（$i=2$ 和 $j=3$），我们有

$$\mathcal{R}_3 = Gm_3 \left(\frac{1}{|\mathbf{r}^{P_2 P_3}|} - \frac{\mathbf{r}^{P_1 P_2} \cdot \mathbf{r}^{P_1 P_3}}{|\mathbf{r}^{P_1 P_3}|^3} \right)$$

(3-4)

让我们将符号简化如下：

$$\mathbf{r} = \mathbf{r}^{P_1 P_2} = x\mathbf{i} + y\mathbf{j} + z\mathbf{k}$$
$$\mathbf{r}_3 = \mathbf{r}^{P_1 P_3} = x_3\mathbf{i} + y_3\mathbf{j} + z_3\mathbf{k}$$
$$\boldsymbol{\rho} = \mathbf{r}^{P_2 P_3} = (x_3 - x)\mathbf{i} + (y_3 - y)\mathbf{j} + (z_3 - z)\mathbf{k}$$

(3-5)

和

$$r^3 = |\mathbf{r}|^3 = |\mathbf{r}^{P_1 P_2}|^3$$
$$r_3^3 = |\mathbf{r}_3|^3 = |\mathbf{r}^{P_1 P_3}|^3$$
$$\rho^3 = |\boldsymbol{\rho}|^3 = |\mathbf{r}^{P_2 P_3}|^3$$

(3-6)

其中，我们将惯性 $\mathbf{ijk}$ 坐标系的原点置于中心质量 m_1 的中心。将式（3-5）和式（3-6）中的符号应用于式（3-3），我们得到物体 m_2 相对于中心体 m_1 的运动方程，该方程包括来自 m_3 的扰动：

$$\ddot{\mathbf{r}} + \frac{G(m_1 + m)\mathbf{r}}{r^3} = \nabla \mathcal{R}_3$$

(3-7)

其中，我们去掉了表示 $i=2$ 的下标。方程（3-4）可以写为

$$\mathcal{R}_3 = Gm_3 \left[\frac{1}{\rho} - \frac{(x_3 x + y_3 y + z_3 z)}{r_3^3} \right]$$

(3-8)

3.4.1　简单的量级计算

在对式（3-7）进行一般讨论之前，我们考虑以下情况：m 和 m_3 分别以半径 a 和 a_3（$a_3 > a$）绕中心体 m_1 做圆周运动（图 3-1）。

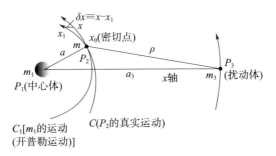

图 3-1　m 围绕中心体的密切轨道，扰动体为 m_3。一个典型的例子是木星对围绕太阳的小行星

轨道的摄动 [改编自 McCuskey（1963）]

在此示例中，我们仅考虑 m 运动的 x 分量。对于较短的时间间隔，我们有

$$x = x_0 + \left(\frac{\mathrm{d}x}{\mathrm{d}t}\right)_0 \tau + \left(\frac{\mathrm{d}^2 x}{\mathrm{d}t^2}\right)_0 \frac{\tau^2}{2} + \cdots, \quad （真实）$$
$$x_1 = x_0 + \left(\frac{\partial x}{\partial t}\right)_0 \tau + \left(\frac{\partial^2 x}{\partial t^2}\right)_0 \frac{\tau^2}{2} + \cdots, \quad （密切）$$

$$(3-9)$$

其中，我们用下标 0 来表示在密切点处计算的项。如果不存在摄动质量 m_3，所关注的物体 m 将沿密切轨道 C_1 运动。由 m_3 引起的摄动为

$$x - x_1 \equiv \delta x = \left[\left(\frac{\mathrm{d}x}{\mathrm{d}t}\right)_0 - \left(\frac{\partial x}{\partial t}\right)_0\right] \tau + \left[\left(\frac{\mathrm{d}^2 x}{\mathrm{d}t^2}\right)_0 - \left(\frac{\partial^2 x}{\partial t^2}\right)_0\right] \frac{\tau^2}{2} \quad (3-10)$$

其中，我们去掉了高于 2 阶的项。为了区分全导数和偏导数，我们注意到全导数指的是真实轨道，并考虑了变化的轨道根数 $c_k(t)$：

$$\frac{\mathrm{d}x}{\mathrm{d}t} = \frac{\partial x}{\partial t} + \sum_{k=1}^{6} \frac{\partial x}{\partial c_k} \dot{c}_k \quad (3-11)$$

而偏导数指的是密切轨道（其中 c_k 被视为常数）。换句话说，在密切轨道的偏导数中，c_k 被视为常数，但在真实轨道中，我们将它们视为时间的实时函数。

根据密切轨道的定义，在密切点 x_0 处，真实轨道与密切轨道的速度相同

$$\left(\frac{\mathrm{d}x}{\mathrm{d}t}\right)_0 = \left(\frac{\partial x}{\partial t}\right)_0 \quad (3-12)$$

根据式（3-7），我们有如下真实轨道的 x 分量

$$\left(\frac{\mathrm{d}^2 x}{\mathrm{d}t^2}\right)_0 + \frac{\mu x_0}{r_0^3} = \left(\frac{\partial \mathcal{R}}{\partial x}\right)_0 \quad (3-13)$$

而对于密切轨道，假定密切轨道不受干扰函数的影响

$$\left(\frac{\partial^2 x}{\partial t^2}\right)_0 + \frac{\mu x_0}{r_0^3} = 0 \quad (3-14)$$

其中我们定义了

$$\mu = G(m_1 + m) \tag{3-15}$$

从式（3-13）中减去式（3-14），可得

$$\left(\frac{\mathrm{d}^2 x}{\mathrm{d} t^2}\right)_0 - \left(\frac{\partial^2 x}{\partial t^2}\right)_0 = \left(\frac{\partial \mathcal{R}}{\partial x}\right)_0 \tag{3-16}$$

我们可以对式（3-16）的右侧进行如下计算。根据式（3-8），我们有

$$
\begin{aligned}
\frac{\partial \mathcal{R}}{\partial x} &= Gm_3 \frac{\partial}{\partial x}\left[(\rho^2)^{-1/2} - \frac{(x_3 x + y_3 y + z_3 z)}{r_3^3}\right] \\
&= Gm_3\left[-\frac{1}{2}(\rho^2)^{-3/2}\frac{\partial(\rho^2)}{\partial x} - \frac{x_3}{r_3^3}\right] \\
&= Gm_3\left\{-\frac{1}{2\rho^3}\frac{\partial}{\partial x}\left[(x_3 - x)^2 + (y_3 - y)^2 + (z_3 - z)^2\right] - \frac{x_3}{r_3^3}\right\} \\
&= Gm_3\left[-\frac{1}{2\rho^3}2(x_3 - x)(-1) - \frac{x_3}{r_3^3}\right] \\
&= Gm_3\left[\frac{(x_3 - x)}{\rho^3} - \frac{x_3}{r_3^3}\right]
\end{aligned}
\tag{3-17}
$$

式（3-17）可以用式（1-66）的右侧来验证。将式（3-12）、式（3-16）和式（3-17）代入摄动方程［式（3-10）］，可得

$$\delta x = \frac{1}{2}\tau^2\left(\frac{\partial \mathcal{R}}{\partial x}\right)_0 = \frac{1}{2}\tau^2 Gm_3\left[\frac{(x_3 - x)}{\rho^3} - \frac{x_3}{r_3^3}\right]_0 \tag{3-18}$$

假设质量点近似对齐，则

$$x_3 - x \approx a_3 - a \tag{3-19}$$

忽略 y 和 z 分量的扰动。根据关于轨道周期 P 的开普勒第三定律：

$$\mathrm{P}^2 = \frac{4\pi^2 a^3}{Gm_1}, \quad (m_1 \gg m) \tag{3-20}$$

因此我们可以将万有引力常数写为

$$G = \frac{4\pi^2 a^3}{\mathrm{P}^2 m_1} \tag{3-21}$$

将式（3-19）和式（3-21）代入式（3-18），我们得到简化方法中的摄动为

$$\delta x = 2\pi^2 a^3\left(\frac{m_3}{m_1}\right)\left(\frac{\tau}{\mathrm{P}}\right)^2\left[\frac{1}{(a_3 - a)^2} - \frac{1}{a_3^2}\right] \tag{3-22}$$

3.4.2　简化方法说明

作为一个数值示例，我们考虑木星对一颗小行星产生的摄动，该小行星的周期是木星周期的一半。我们做以下定义：

$$m_1 = m_{Sun}$$

$$m = m_{asteroid}$$

$$m_3 = m_{Jupiter} \qquad (3-23)$$

$$P = \frac{1}{2} P_{Jupiter}$$

根据轨道周期的开普勒定律［式（3 - 20）］

$$\frac{P^2}{P_{Jupiter}^2} = \frac{1}{4} = \frac{a^3}{a_{Jupiter}^3} \qquad (3-24)$$

根据式（3 - 24），我们有

$$a = (1/4)^{1/3} a_{Jupiter} = 0.63(5.2 \text{ AU}) = 3.3 \text{ AU} \qquad (3-25)$$

和

$$\frac{m_3}{m_1} = \frac{m_{Jupiter}}{m_{Sun}} = 0.001 \qquad (3-26)$$

为简单起见，我们假设摄动的有效作用持续 0.1 个小行星周期：

$$\tau = 0.1P \qquad (3-27)$$

将式（3 - 25）～式（3 - 27）代入式（3 - 22），得到

$$\delta x = 2\pi^2 (3.3 \text{ AU})^3 (0.001)(0.1)^2 \left[\frac{1}{(5.2 \text{ AU} - 3.3 \text{ AU})^2} - \frac{1}{(5.2 \text{ AU})^2} \right] \qquad (3-28)$$

$$\approx 1.7 \times 10^{-3} \text{ AU}$$

$$\approx 250\,000 \text{ km}$$

其中

$$1 \text{ AU} = 1.496 \times 10^8 \text{ km} \qquad (3-29)$$

这个例子说明，来自遥远行星的摄动会导致小行星位置发生显著偏差。来自木星的此类摄动会造成小行星带中的柯克伍德（Kirkwood）间隙。土卫一的引力以类似的方式导致土星环中的卡西尼缝（Cassini division）。

3.5　摄动方程的一般讨论

现在我们回顾摄动方程，即式（3 - 7），并将其一般化，其中 **F** 为每单位质量的力：

$$\ddot{\mathbf{r}} + \frac{G(m_1 + m)\mathbf{r}}{r^3} = \mathbf{F} \qquad (3-30)$$

以及式（3 - 1）

$$\mathbf{r} = \mathbf{r}(t, c_1, c_2, c_3, c_4, c_5, c_6)$$

其中，c_k 为轨道根数。

在采用常数变易法并遵循 Fitzpatrick（1970）的结论时，我们假设 c_k 是随时间缓慢变化的函数。根据式（3 - 1），我们得到全时间导数：

$$\dot{\mathbf{r}} = \frac{\partial \mathbf{r}}{\partial t} + \sum_{k=1}^{6} \frac{\partial \mathbf{r}}{\partial c_k} \dot{c}_k \quad （真实轨道） \qquad (3-31)$$

上式描述了真实轨道在任何时刻（比如 t_0）的行为。然而，在同一时刻 t_0，存在一个特定的密切轨道（具有特定的 c_k 值），使得

$$\dot{\mathbf{r}}_{t_0} = \frac{\partial \mathbf{r}}{\partial t} \quad (密切轨道) \tag{3-32}$$

在 t_0 时刻，密切轨道上某点的速度与同一点处的真实轨道速度相同。对于真实轨道上的每一点，在同一点处都有一个密切轨道满足式（3-32）。由于式（3-31）和式（3-32）在每个时刻必须同时成立，因此在所有时间内我们必须有

$$\sum_{k=1}^{6} \frac{\partial \mathbf{r}}{\partial c_k} \dot{c}_k = \mathbf{0} \tag{3-33}$$

式（3-33）是对轨道根数 c_k 微分方程的矢量约束。对式（3-31）求全时间导数，得到

$$\ddot{\mathbf{r}} = \frac{\partial^2 \mathbf{r}}{\partial t^2} + \sum_{k=1}^{6} \frac{\partial^2 \mathbf{r}}{\partial c_k \partial t} \dot{c}_k \tag{3-34}$$

将式（3-34）中的 $\ddot{\mathbf{r}}$ 代入式（3-30），得到以下真实轨道的运动方程

$$\frac{\partial^2 \mathbf{r}}{\partial t^2} + \frac{\mu \mathbf{r}}{r^3} + \sum_{k=1}^{6} \frac{\partial^2 \mathbf{r}}{\partial c_k \partial t} \dot{c}_k = \mathbf{F} \tag{3-35}$$

其中，我们定义引力参数为

$$\mu = G(m_1 + m) \tag{3-36}$$

然而，对于密切轨道，扰动函数不存在，所以 $\mathbf{F} = \mathbf{0}$ 和 c_k 为常数，我们有

$$\frac{\partial^2 \mathbf{r}}{\partial t^2} + \frac{\mu \mathbf{r}}{r^3} = \mathbf{0} \tag{3-37}$$

从式（3-35）中减去式（3-37），得到矢量方程：

$$\sum_{k=1}^{6} \frac{\partial^2 \mathbf{r}}{\partial c_k \partial t} \dot{c}_k = \mathbf{F} \tag{3-38}$$

式（3-33）和式（3-38）可用于计算轨道根数的时间变化率 $\dot{c}_k$。在接下来的研究中，我们将展示这些方程如何直接引出拉格朗日行星方程（经过一些代数运算后）。

3.6 拉格朗日括号

我们可以通过改变偏导数的顺序来简化式（3-38），并写为

$$\frac{\partial^2 \mathbf{r}}{\partial t \partial c_k} = \frac{\partial}{\partial c_k} \left(\frac{\partial \mathbf{r}}{\partial t} \right) = \frac{\partial \dot{\mathbf{r}}}{\partial c_k} \tag{3-39}$$

因此，式（3-38）变为

$$\sum_{k=1}^{6} \frac{\partial \dot{\mathbf{r}}}{\partial c_k} \dot{c}_k = \mathbf{F} \tag{3-40}$$

我们寻求式（3-33）和式（3-40）关于 $\dot{c}_k$ 的解。也就是说，我们试图分离 $\dot{c}_k$，以得到轨道根数的六个一阶微分方程。该过程可以通过引入拉格朗日括号而变得简单。

我们将式（3-40）与 $\partial \mathbf{r}/\partial c_j$ 的标量积减去式（3-33）与 $\partial \dot{\mathbf{r}}/\partial c_j$ 的标量积，并重排

得到六个标量方程：

$$\sum_{k=1}^{6}\left[\frac{\partial \mathbf{r}}{\partial c_j}\cdot\frac{\partial \dot{\mathbf{r}}}{\partial c_k}-\frac{\partial \mathbf{r}}{\partial c_k}\cdot\frac{\partial \dot{\mathbf{r}}}{\partial c_j}\right]\dot{c}_k=\mathbf{F}\cdot\frac{\partial \mathbf{r}}{\partial c_j},\quad j=1,2,\cdots,6 \tag{3-41}$$

由式（3-33）可知，式（3-41）中方括号内的第二项在乘以 $\dot{c}_k$ 并求和后为零。式（3-41）中方括号内的量被称为拉格朗日括号，用 $[c_j,c_k]$ 表示。

就其笛卡儿分量而言，拉格朗日括号可写为

$$[c_j,c_k]=\frac{\partial(x,\dot{x})}{\partial(c_j,c_k)}+\frac{\partial(y,\dot{y})}{\partial(c_j,c_k)}+\frac{\partial(z,\dot{z})}{\partial(c_j,c_k)} \tag{3-42}$$

其中，我们用雅可比行列式来写出两个标量积的分量之差

$$J^x\equiv\frac{\partial(x,\dot{x})}{\partial(c_j,c_k)}\equiv\begin{vmatrix}\dfrac{\partial x}{\partial c_j}&\dfrac{\partial x}{\partial c_k}\\[2mm]\dfrac{\partial \dot{x}}{\partial c_j}&\dfrac{\partial \dot{x}}{\partial c_k}\end{vmatrix} \tag{3-43}$$

y 和 z 也有类似的项。式（3-43）被称为" x 相对于 c_j 和 c_k 的雅可比行列式"。

我们回顾式（1-69）中梯度算子的定义，对于笛卡儿坐标

$$\nabla \mathcal{R}=\frac{\partial \mathcal{R}}{\partial x}\mathbf{i}+\frac{\partial \mathcal{R}}{\partial y}\mathbf{j}+\frac{\partial \mathcal{R}}{\partial z}\mathbf{k} \tag{3-44}$$

于是

$$\begin{aligned}\nabla \mathcal{R}\cdot\frac{\partial \mathbf{r}}{\partial c_j}&=\left(\frac{\partial \mathcal{R}}{\partial x}\mathbf{i}+\frac{\partial \mathcal{R}}{\partial y}\mathbf{j}+\frac{\partial \mathcal{R}}{\partial z}\mathbf{k}\right)\cdot\left(\frac{\partial x}{\partial c_j}\mathbf{i}+\frac{\partial y}{\partial c_j}\mathbf{j}+\frac{\partial z}{\partial c_j}\mathbf{k}\right)\\[2mm]&=\frac{\partial \mathcal{R}}{\partial x}\frac{\partial x}{\partial c_j}+\frac{\partial \mathcal{R}}{\partial y}\frac{\partial y}{\partial c_j}+\frac{\partial \mathcal{R}}{\partial z}\frac{\partial z}{\partial c_j}\\[2mm]&=\frac{\partial \mathcal{R}}{\partial c_j}\end{aligned} \tag{3-45}$$

如果力可以从标量势中导出，则 $\mathbf{F}=\nabla \mathcal{R}$。因此，式（3-41）可以用拉格朗日括号写为［应用式（3-42）和式（3-45）］：

$$\sum_{k=1}^{6}[c_j,c_k]\dot{c}_k=\frac{\partial \mathcal{R}}{\partial c_j},\quad j=1,2,\cdots,6 \tag{3-46}$$

式（3-46）提供了六个方程，我们必须求解 $\dot{c}_k$ 以获得拉格朗日行星方程。

3.6.1　示例

作为示例，我们考虑一维线性振荡器来演示拉格朗日括号的使用［后续分析请参阅 McCuskey（1963）和 Szebehely（1989）］。受迫振荡器的运动方程为

$$\ddot{x}+x=R(t) \tag{3-47}$$

当激励函数 $R(t)=0$ 时，解为

$$x(t)=c_1\sin t+c_2\cos t \tag{3-48}$$

现在，如果令 c_1 和 c_2 为时间函数，则全时间导数为

$$\dot{x}=(c_1\cos t-c_2\sin t)+(\dot{c}_1\sin t+\dot{c}_2\cos t) \tag{3-49}$$

我们可以观察到如何应用式（3-31）得到相同的结果：

$$\dot{\mathbf{r}} = \frac{\partial \mathbf{r}}{\partial t} + \sum_{k=1}^{2} \frac{\partial \mathbf{r}}{\partial c_k} \dot{c}_k$$

右侧的第一项为

$$\frac{\partial r}{\partial t} = \frac{\partial x}{\partial t} = c_1 \cos t - c_2 \sin t \qquad (3-50)$$

第二项为

$$\sum_{k=1}^{2} \frac{\partial r}{\partial c_k} \dot{c}_k = \sum_{k=1}^{2} \frac{\partial x}{\partial c_k} \dot{c}_k = \dot{c}_1 \sin t + \dot{c}_2 \cos t \qquad (3-51)$$

这与式（3-49）中的全时间导数相同。根据式（3-33），有

$$\sum_{k=1}^{2} \frac{\partial r}{\partial c_k} \dot{c}_k = 0$$

因此式（3-51）等于零 ［即式（3-49）的第二个括号项为零］：

$$\dot{c}_1 \sin t + \dot{c}_2 \cos t = 0 \qquad (3-52)$$

　　式（3-52）可以看作类似于没有摄动的密切轨道。

　　式（3-49）简化为

$$\dot{x} = c_1 \cos t - c_2 \sin t \qquad (3-53)$$

并再次微分，可直接得到

$$\ddot{x} = (-c_1 \sin t - c_2 \cos t) + (\dot{c}_1 \cos t - \dot{c}_2 \sin t) \qquad (3-54)$$

　　如果我们现在应用式（3-34）且 $x = r$，我们将得到与式（3-54）相同的结果：

$$\ddot{\mathbf{x}} = \frac{\partial^2 \mathbf{x}}{\partial t^2} + \sum_{k=1}^{6} \frac{\partial^2 \mathbf{x}}{\partial c_k \partial t} \dot{c}_k = (-c_1 \sin t - c_2 \cos t) + (\dot{c}_1 \cos t - \dot{c}_2 \sin t)$$

其中

$$\frac{\partial^2 \mathbf{x}}{\partial t^2} = -c_1 \sin t - c_2 \cos t \qquad (3-55)$$

$$\sum_{k=1}^{6} \frac{\partial^2 \mathbf{x}}{\partial c_k \partial t} \dot{c}_k = \dot{c}_1 \cos t - \dot{c}_2 \sin t \qquad (3-56)$$

将式（3-48）和式（3-54）代入式（3-47）中的微分方程，可得

$$(-c_1 \sin t - c_2 \cos t) + (\dot{c}_1 \cos t - \dot{c}_2 \sin t) + (c_1 \sin t + c_2 \cos t) = R(t) \qquad (3-57)$$

或

$$\dot{c}_1 \cos t - \dot{c}_2 \sin t = R(t) \qquad (3-58)$$

　　方程（3-58）类似于真实轨道，我们需要同时求解方程（3-52）和（3-58）中的 $\dot{c}_1$ 和 $\dot{c}_2$：

$$\dot{c}_1 \sin t + \dot{c}_2 \cos t = 0$$
$$\dot{c}_1 \cos t - \dot{c}_2 \sin t = R(t) \qquad (3-59)$$

　　在使用拉格朗日括号求解之前，我们现在重写式（3-59）。根据式（3-39）和式（3-49）［或式（3-53）］，我们有

$$\frac{\partial^2 x}{\partial t \partial c_1} = \frac{\partial}{\partial c_1}\left(\frac{\partial x}{\partial t}\right) = \frac{\partial \dot{x}}{\partial c_1} = \cos t$$

$$\frac{\partial^2 x}{\partial t \partial c_2} = \frac{\partial}{\partial c_2}\left(\frac{\partial x}{\partial t}\right) = \frac{\partial \dot{x}}{\partial c_2} = -\sin t$$

(3－60)

根据式（3－48）可知

$$\frac{\partial x}{\partial c_1} = \sin t$$

$$\frac{\partial x}{\partial c_2} = \cos t$$

(3－61)

为了与式（3－33）和式（3－40）进行比较，式（3－59）可以写为如下形式。根据式（3－33），有

$$\sum_{k=1}^{2} \frac{\partial x}{\partial c_k}\dot{c}_k = \frac{\partial x}{\partial c_1}\dot{c}_1 + \frac{\partial x}{\partial c_2}\dot{c}_2 = 0$$

(3－62)

并由式（3－40）得出

$$\sum_{k=1}^{2} \frac{\partial \dot{x}}{\partial c_k}\dot{c}_k = \frac{\partial \dot{x}}{\partial c_1}\dot{c}_1 + \frac{\partial \dot{x}}{\partial c_2}\dot{c}_2 = R(t)$$

(3－63)

通过观察，我们可知，将式（3－60）和式（3－61）中的偏导数代入式（3－62）和式（3－63）中，即可恢复式（3－59）。

将式（3－63）乘以 $\partial x/\partial c_j$，将式（3－62）乘以 $-\partial \dot{x}/\partial c_j$，并将结果相加，我们得到

$$\dot{c}_1\left[\frac{\partial x}{\partial c_j}\frac{\partial \dot{x}}{\partial c_1} - \frac{\partial x}{\partial c_1}\frac{\partial \dot{x}}{\partial c_j}\right] + \dot{c}_2\left[\frac{\partial x}{\partial c_j}\frac{\partial \dot{x}}{\partial c_2} - \frac{\partial x}{\partial c_2}\frac{\partial \dot{x}}{\partial c_j}\right] = \frac{\partial x}{\partial c_j}R(t), \quad j=1,2 \quad (3-64)$$

引入拉格朗日括号［式（3－42）］，我们可以将式（3－64）更紧凑地写为

$$[c_j,c_1]\dot{c}_1 + [c_j,c_2]\dot{c}_2 = R(t)\frac{\partial x}{\partial c_j}, \quad j=1,2$$

(3－65)

或

$$\sum_{k=1}^{2}[c_j,c_k]\dot{c}_k = R(t)\frac{\partial x}{\partial c_j}, \quad j=1,2$$

(3－66)

上式与式（3－41）类似。

现在我们证明，对于这个特殊的问题，拉格朗日括号具有以下性质：

$$[c_1,c_1] = [c_2,c_2] = 0$$

(3－67)

$$[c_1,c_2] = -1$$

(3－68)

$$[c_2,c_1] = 1$$

(3－69)

为了验证式（3－67），我们在式（3－42）和式（3－43）中设 $i=j=k$：

$$[c_i,c_i] = \frac{\partial x}{\partial c_i}\frac{\partial \dot{x}}{\partial c_i} - \frac{\partial \dot{x}}{\partial c_i}\frac{\partial x}{\partial c_i} = 0$$

(3－70)

对于 $[c_i,c_i]$，雅可比项均为零，式（3－70）验证了 $i=1$ 和 $i=2$ 时的式（3－67）。对于式（3－68），我们有

$$[c_1, c_2] = \frac{\partial x}{\partial c_1} \frac{\partial \dot{x}}{\partial c_2} - \frac{\partial x}{\partial c_2} \frac{\partial \dot{x}}{\partial c_1} \qquad (3-71)$$

将式（3-60）和式（3-61）代入式（3-71），我们得到

$$[c_1, c_2] = \sin t(-\sin t) - \cos t(\cos t) = -1 \qquad (3-72)$$

类似地，对于式（3-69）：

$$[c_2, c_1] = \frac{\partial x}{\partial c_2} \frac{\partial \dot{x}}{\partial c_1} - \frac{\partial x}{\partial c_1} \frac{\partial \dot{x}}{\partial c_2} = \cos t(\cos t) - \sin t(-\sin t) = 1 \qquad (3-73)$$

式（3-72）和式（3-73）分别验证了式（3-68）和式（3-69）。我们还注意到

$$[c_1, c_2] = -[c_2, c_1] \qquad (3-74)$$

因此，在求出式（3-67）~式（3-69）中的四个拉格朗日括号后，我们发现对于 $j = 1$，2，式（3-65）

$$[c_1, c_1]\dot{c}_1 + [c_1, c_2]\dot{c}_2 = \frac{\partial x}{\partial c_1} R(t) \qquad (3-75)$$

$$[c_2, c_1]\dot{c}_1 + [c_2, c_2]\dot{c}_2 = \frac{\partial x}{\partial c_2} R(t) \qquad (3-76)$$

简化为

$$0 + (-1)\dot{c}_2 = (\sin t)R(t)$$

$$(1)\dot{c}_1 + 0 = (\cos t)R(t)$$

因此，McCuskey（1963）和 Szebehely（1989）给出了以下解

$$\dot{c}_1 = R(t)\cos t \qquad (3-77)$$

$$\dot{c}_2 = R(t)\sin t \qquad (3-78)$$

在 $R(t)$ 已知时，可通过积分直接得到函数 $c_1(t)$ 和 $c_2(t)$ 的精确解。稍后，我们会做一个简化的假设，即摄动至少比中心体的引力小一个数量级，但在这个例子中我们没有做这样的假设。

3.6.2 拉格朗日括号的性质

这里介绍的前两个性质适用于任何摄动力。我们可以根据其定义证明拉格朗日括号具有以下性质：

$$[c_j, c_j] = 0 \qquad (3-79)$$

$$[c_k, c_j] = -[c_j, c_k] \qquad (3-80)$$

其中，我们记得 c_k 是六个轨道根数，假设它们随时间缓慢变化。根据式（3-42），我们可以得到惯性笛卡儿坐标下拉格朗日括号的定义

$$[c_j, c_k] \equiv \frac{\partial(x, \dot{x})}{\partial(c_j, c_k)} + \frac{\partial(y, \dot{y})}{\partial(c_j, c_k)} + \frac{\partial(z, \dot{z})}{\partial(c_j, c_k)} \qquad (3-81)$$

为验证式（3-79），我们在式（3-81）中设 $k = j$：

$$[c_j, c_j] = \frac{\partial(x, \dot{x})}{\partial(c_j, c_j)} + \frac{\partial(y, \dot{y})}{\partial(c_j, c_j)} + \frac{\partial(z, \dot{z})}{\partial(c_j, c_j)} \qquad (3-82)$$

其中，根据式（3-43），可知 x 和 $\dot{x}$ 关于 c_j 和 c_k 的雅可比行列式为

$$\frac{\partial(x,\dot{x})}{\partial(c_j,c_k)} \equiv \begin{vmatrix} \dfrac{\partial x}{\partial c_j} & \dfrac{\partial x}{\partial c_k} \\[2mm] \dfrac{\partial \dot{x}}{\partial c_j} & \dfrac{\partial \dot{x}}{\partial c_k} \end{vmatrix} \qquad (3-83)$$

y 和 z 的表达式类似。计算式（3-82）右侧的第一项，我们得到

$$\frac{\partial(x,\dot{x})}{\partial(c_j,c_j)} = \frac{\partial x}{\partial c_j}\frac{\partial \dot{x}}{\partial c_j} - \frac{\partial x}{\partial c_j}\frac{\partial \dot{x}}{\partial c_j} = 0 \qquad (3-84)$$

式（3-82）中 y 和 z 的其余项也为零，因此

$$[c_j,c_j] = 0$$

则式（3-79）得到了验证。

为证明式（3-80），我们应用拉格朗日括号的定义，并注意到

$$\frac{\partial(x,\dot{x})}{\partial(c_k,c_j)} = \frac{\partial x}{\partial c_k}\frac{\partial \dot{x}}{\partial c_j} - \frac{\partial \dot{x}}{\partial c_k}\frac{\partial x}{\partial c_j} \qquad (3-85)$$

和

$$\frac{\partial(x,\dot{x})}{\partial(c_j,c_k)} = \frac{\partial x}{\partial c_j}\frac{\partial \dot{x}}{\partial c_k} - \frac{\partial \dot{x}}{\partial c_j}\frac{\partial x}{\partial c_k} \qquad (3-86)$$

比较式（3-85）和式（3-86），我们可知

$$\frac{\partial(x,\dot{x})}{\partial(c_k,c_j)} = -\frac{\partial(x,\dot{x})}{\partial(c_j,c_k)} \qquad (3-87)$$

由于 y 和 z 有类似的表达式，我们有式（3-80）中的性质：

$$[c_k,c_j] = -[c_j,c_k]$$

即交换拉格朗日括号中的角标会导致符号改变。

3.6.3　时间无关性（可从标量势函数导出的力）

拉格朗日括号的另一个重要性质仅适用于可从标量势函数导出的力。在这种情况下，拉格朗日括号并不显式依赖于时间。我们可以将该性质表述为

$$\frac{\partial}{\partial t}[c_j,c_k] = 0 \qquad (3-88)$$

上式意味着 $[c_j,c_k]$ 与时间显式无关。式（3-88）表明，拉格朗日括号可以在任何方便的历元（例如，在近日点）进行计算，并且此后它们相对时间保持不变。

为证明式（3-88），我们用 $[p,q]$ 表示涉及两个一般轨道根数的任一括号，用 $J^x[(x,\dot{x})/(p,q)]$ 表示其中一个雅可比行列式〔来自式（3-83）〕，则有

$$\frac{\partial J^x}{\partial t} = \frac{\partial}{\partial t}\left(\frac{\partial x}{\partial p}\frac{\partial \dot{x}}{\partial q} - \frac{\partial x}{\partial q}\frac{\partial \dot{x}}{\partial p}\right) = \frac{\partial^2 x}{\partial t\partial p}\frac{\partial \dot{x}}{\partial q} - \frac{\partial^2 x}{\partial t\partial q}\frac{\partial \dot{x}}{\partial p} + \frac{\partial^2 \dot{x}}{\partial t\partial q}\frac{\partial x}{\partial p} - \frac{\partial^2 \dot{x}}{\partial t\partial p}\frac{\partial x}{\partial q}$$

$$(3-89)$$

根据密切轨道的定义，我们有 $\partial x/\partial t = \dot{x}$，因此式（3-89）右侧前两项的和为零。式（3-89）右侧的剩余项可写为

$$\frac{\partial}{\partial q}\left(\frac{\partial \dot{x}}{\partial t}\right)\frac{\partial x}{\partial p} - \frac{\partial}{\partial p}\left(\frac{\partial \dot{x}}{\partial t}\right)\frac{\partial x}{\partial q} \tag{3-90}$$

现在，根据密切轨道的运动方程［见式（3-14）］，我们有

$$\frac{\partial \dot{x}}{\partial t} \equiv \frac{\partial^2 x}{\partial t^2} = -\frac{\mu x}{r^3} = \frac{\partial U}{\partial x} \tag{3-91}$$

其中势函数为

$$U = \frac{\mu}{r} \tag{3-92}$$

因此，我们可以利用式（3-90）～式（3-92）将式（3-89）写为

$$\frac{\partial J^x}{\partial t} = \frac{\partial}{\partial q}\left(\frac{\partial U}{\partial x}\right)\frac{\partial x}{\partial p} - \frac{\partial}{\partial p}\left(\frac{\partial U}{\partial x}\right)\frac{\partial x}{\partial q} \tag{3-93}$$

对于 y 和 z，也可以给出类似的表达式。势函数 $U(x, y, z)$ 是连续的，并且在除原点外的所有点上都连续可导。加上 y 和 z 的项［类比式（3-93）］，我们得到整个拉格朗日括号的导数：

$$\begin{aligned}
\frac{\partial J}{\partial t} &= \frac{\partial J^x}{\partial t} + \frac{\partial J^y}{\partial t} + \frac{\partial J^z}{\partial t} \\
&= \frac{\partial}{\partial t}[p, q] \\
&= \left(\frac{\partial U_q}{\partial x}\frac{\partial x}{\partial p} + \frac{\partial U_q}{\partial y}\frac{\partial y}{\partial p} + \frac{\partial U_q}{\partial z}\frac{\partial z}{\partial p}\right) - \left(\frac{\partial U_p}{\partial x}\frac{\partial x}{\partial q} + \frac{\partial U_p}{\partial y}\frac{\partial y}{\partial q} + \frac{\partial U_p}{\partial z}\frac{\partial z}{\partial q}\right)
\end{aligned} \tag{3-94}$$

其中

$$\begin{aligned}
U_p &\equiv \frac{\partial U}{\partial p} \\
U_q &\equiv \frac{\partial U}{\partial q}
\end{aligned} \tag{3-95}$$

根据式（3-94），由于偏导数的顺序无关紧要，可以明显看出

$$\frac{\partial J}{\partial t} = \frac{\partial U_q}{\partial p} - \frac{\partial U_p}{\partial q} = \frac{\partial[p, q]}{\partial t} = 0 \tag{3-96}$$

式（3-96）证实了式（3-88）中所述的拉格朗日括号性质：对于可从标量势函数导出的力，拉格朗日括号与时间无关。

参 考 文 献

Fitzpatrick，P. M. (1970). *Principles of celestial mechanics* . New York：Academic Press.

McCuskey，S. W. (1963). *Introduction to celestial mechanics* . Reading：Addison – Wesley Publishing Company.

Szebehely，V. G. (1989). *Adventures in celestial mechanics，a first course in the theory of orbits* . Austin：University of Texas Press.

Vallado，D. A. (2013). *Fundamentals of astrodynamics and applications* (4th ed.). El Segundo：Microcosm Press.

第4章 拉格朗日括号的计算

拉格朗日括号 $[c_j, c_k]$，必须根据轨道根数和特定的坐标系来计算，以便

$$\sum_{k=1}^{6}[c_j, c_k]\dot{c}_k = \mathbf{F} \cdot \frac{\partial \mathbf{r}}{\partial c_j}, \quad j=1,2,\cdots,6 \tag{4-1}$$

可以针对 $\dot{c}_k$ 求解（即求微分方程），参见式（3-41）。

其他作者通过假设括号不显式依赖于时间，来推导拉格朗日括号的公式。这种时间无关性允许在任何方便的点上（例如近拱点）进行计算，从而大大简化了拉格朗日括号的推导过程。

可以证明，如果摄动力可从标量势导出，则括号中不显式包含时间。然而，在这种限制性假设下得出的括号不能有效地用于建立非保守力的摄动方程。尽管如此，McCuskey（1963年，第145页）仍将其基于势的拉格朗日括号应用于一般力，而没有说明这样做的理由。此外，Battin（1999年，第484页）指出，"虽然拉格朗日变分方程是针对扰动加速度被表示为扰动函数梯度的特殊情况推导的，但这种限制完全没有必要。"遗憾的是，他没有引用任何参考资料，也没有为这种说法提供任何依据。

我们尚未发现任何已发表的结果可以证明前人的这一假设。因此，我们对拉格朗日括号进行了仔细和全面的一般推导，证明它们不存在任何显式的时间依赖性。

4.1 近焦点坐标系 PQW

描述卫星运动最方便的坐标系之一是第2章中介绍的近焦点坐标系，用 PQW 表示。根据式（2-50）和式（2-51），$\mathbf{u}_P$，$\mathbf{u}_Q$，$\mathbf{u}_W$ 仅取决于轨道根数 Ω，ω 和 i，它们确定轨道在惯性空间中的方位，而不取决于 a（或 n），e 和 M_0，后者确定轨道的形状和卫星在轨道平面中的位置。

轨道根数 c_k 分为两组：

$$\begin{aligned}\alpha_1 &= n \\ \alpha_2 &= e \\ \alpha_3 &= M_0\end{aligned} \tag{4-2}$$

给出了轨道的形状和卫星在轨道中的位置，以及

$$\begin{aligned}\beta_1 &= \Omega \\ \beta_2 &= \omega \\ \beta_3 &= i\end{aligned} \tag{4-3}$$

给出了轨道在惯性空间中的方位。因此，拉格朗日括号可以分为三类：$[\alpha_r, \alpha_s]$，$[\alpha_r,$

β_s] 和[β_r ， β_s]，其中 r ， $s=1$ ， 2 ， 3 ，对于第一类和第三类， $r \neq s$ 。这些类别共产生 15 个需要研究的独特方程。

4.1.1　因变量和自变量

因变量和自变量是我们必须要理解的最重要的概念之一。我们已经证明，卫星的运动可以由六个自变量来描述，例如，位置和速度的直角坐标分量或某一组轨道根数。

如果我们选择前面确定的那组轨道根数，那么我们必须强烈地意识到，只有这六个根数是相互独立的。当我们在研究中使用这组根数时，可能需要引入一些辅助变量，如半长轴和近点角（平、偏和真）。

在处理这些变量时，我们必须始终记住它们依赖于自变量集的一个或多个变量。在进行任何进一步的推导步骤之前，必须明确地确定可能使用的任何辅助变量的依赖关系。

对于我们所使用的自变量集，我们考虑开普勒方程［式（2-65）］

$$M = M_0 + nt = E - e \sin E$$

可以看到，任何一个辅助角度变量都与平均运动和偏心率有关。我们确定辅助变量的以下依赖关系：

$$a = f_1(n)$$
$$E = f_2(n, e, M_0)$$
$$M = f_3(n, e, M_0)$$
$$f = f_4(n, e, M_0)$$

其中， f_i 函数由式（2-61）、式（2-65）和式（2-74）中给出的定义确定。

我们选择平均运动而不是半长轴作为六个自变量之一是有原因的。自然的选择似乎是半长轴，它有明确的物理意义，是描述椭圆大小和形状的一对参数之一。但是，我们应该始终牢记我们为什么要建立这些摄动方程。我们希望应用它们来模拟现实世界的摄动，并且希望能够为这组六个一阶微分方程推导出解析解。

假设我们使用半长轴作为自变量，进一步假设我们能够开发出半长轴随时间变化的显式表达式。让我们想象一下，这个表达式是时间多项式，其中可能包含卫星真近点角的一些三角函数项。

有了半长轴的解，我们现在将注意力转向寻找平近点角的解。平近点角速率的第一项是平均运动。因此，我们必须对平均运动进行时间积分。当我们把半长轴的封闭方程代入平均运动时，将得到一个时间多项式和三角函数项，它们幂次都提高到-3/2次方。

在我们的研究中，使用平均运动而不是半长轴作为自变量，因此可以更容易地对其关于时间积分。使用何种自变量的这一简单选择，可能会带来显著的回报。在着手处理摄动问题时，我们应该始终提前思考。因此，我们与其他作者不同，选择平均运动作为拉格朗日行星方程的自变量。

4.2　拉格朗日括号 $[\alpha_r，\alpha_s]$ 的计算

我们现在计算第一类拉格朗日括号 $[\alpha_r，\alpha_s]$，其中涉及三个轨道根数，它们提供了轨道的形状和天体在轨道中的位置。半径矢量可以写为

$$\mathbf{r}=x\mathbf{i}+y\mathbf{j}+z\mathbf{k}=\xi\mathbf{u}_P＋\eta\mathbf{u}_Q \tag{4-4}$$

其中，ξ 和 η 是轨道平面上的近焦点直角坐标。惯性速度为

$$\dot{\mathbf{r}}=\dot{x}\mathbf{i}+\dot{y}\mathbf{j}+\dot{z}\mathbf{k}=\dot{\xi}\mathbf{u}_P+\dot{\eta}\mathbf{u}_Q+\xi\dot{\mathbf{u}}_P+\eta\dot{\mathbf{u}}_Q \tag{4-5}$$

但是，根据密切轨道的定义：

$$\dot{\mathbf{r}}=\frac{\partial\mathbf{r}}{\partial t}$$

因此

$$\xi\dot{\mathbf{u}}_P+\eta\dot{\mathbf{u}}_Q=0 \tag{4-6}$$

式（4-5）简化为

$$\dot{\mathbf{r}}=\dot{\xi}\mathbf{u}_P+\dot{\eta}\mathbf{u}_Q \tag{4-7}$$

通过另一种推理，我们可以观察到 $\dot{\mathbf{u}}_P=\dot{\mathbf{u}}_Q=0$，因为 P_i 和 Q_i 是方位角 Ω，ω 和 i 的常值函数，所有这些在密切轨道上都是常数。

根据式（3-42），拉格朗日括号 $[\alpha_r，\alpha_s]$ 为

$$\begin{aligned}[\alpha_r,\alpha_s]&=\frac{\partial(x,\dot{x})}{\partial(\alpha_r,\alpha_s)}+\frac{\partial(y,\dot{y})}{\partial(\alpha_r,\alpha_s)}+\frac{\partial(z,\dot{z})}{\partial(\alpha_r,\alpha_s)}\\&=\begin{vmatrix}\frac{\partial x}{\partial\alpha_r}&\frac{\partial x}{\partial\alpha_s}\\\frac{\partial\dot{x}}{\partial\alpha_r}&\frac{\partial\dot{x}}{\partial\alpha_s}\end{vmatrix}+\begin{vmatrix}\frac{\partial y}{\partial\alpha_r}&\frac{\partial y}{\partial\alpha_s}\\\frac{\partial\dot{y}}{\partial\alpha_r}&\frac{\partial\dot{y}}{\partial\alpha_s}\end{vmatrix}+\begin{vmatrix}\frac{\partial z}{\partial\alpha_r}&\frac{\partial z}{\partial\alpha_s}\\\frac{\partial\dot{z}}{\partial\alpha_r}&\frac{\partial\dot{z}}{\partial\alpha_s}\end{vmatrix}\end{aligned} \tag{4-8}$$

为代替（$\partial x/\partial\alpha_r$）、（$\partial\dot{x}/\partial\alpha_r$）等项，应用式（4-4）和式（4-7）以及链式法则，我们可以写出

$$\frac{\partial x}{\partial\alpha_r}=\frac{\partial x}{\partial\xi}\frac{\partial\xi}{\partial\alpha_r}+\frac{\partial x}{\partial\eta}\frac{\partial\eta}{\partial\alpha_r}$$
$$\frac{\partial\dot{x}}{\partial\alpha_r}=\frac{\partial\dot{x}}{\partial\dot{\xi}}\frac{\partial\dot{\xi}}{\partial\alpha_r}+\frac{\partial\dot{x}}{\partial\dot{\eta}}\frac{\partial\dot{\eta}}{\partial\alpha_r} \tag{4-9}$$

以及 y 和 z 的相应项（以及关于 α_s 的偏导数）。此外，根据式（4-4）和式（2-50）

$$\mathbf{r}=\xi(P_1\mathbf{i}+P_2\mathbf{j}+P_3\mathbf{k})+\eta(Q_1\mathbf{i}+Q_2\mathbf{j}+Q_3\mathbf{k}) \tag{4-10}$$

所以我们有

$$\frac{\partial x}{\partial\xi}=P_1$$
$$\frac{\partial x}{\partial\eta}=Q_1 \tag{4-11}$$

根据式（4 - 7）和式（2 - 50）

$$\dot{\mathbf{r}} = \dot{\xi}(P_1\mathbf{i} + P_2\mathbf{j} + P_3\mathbf{k}) + \dot{\eta}(Q_1\mathbf{i} + Q_2\mathbf{j} + Q_3\mathbf{k}) \tag{4-12}$$

我们有

$$\frac{\partial \dot{x}}{\partial \dot{\xi}} = P_1$$

$$\frac{\partial \dot{x}}{\partial \dot{\eta}} = Q_1 \tag{4-13}$$

我们可以写出与式（4 - 11）和式（4 - 13）对应的 y 和 z 的类似项。因此，我们得到

$$\frac{\partial x}{\partial \alpha_r} = P_1 \frac{\partial \xi}{\partial \alpha_r} + Q_1 \frac{\partial \eta}{\partial \alpha_r} \tag{4-14}$$

$$\frac{\partial y}{\partial \alpha_r} = P_2 \frac{\partial \xi}{\partial \alpha_r} + Q_2 \frac{\partial \eta}{\partial \alpha_r} \tag{4-15}$$

$$\frac{\partial z}{\partial \alpha_r} = P_3 \frac{\partial \xi}{\partial \alpha_r} + Q_3 \frac{\partial \eta}{\partial \alpha_r} \tag{4-16}$$

$$\frac{\partial \dot{x}}{\partial \alpha_r} = P_1 \frac{\partial \dot{\xi}}{\partial \alpha_r} + Q_1 \frac{\partial \dot{\eta}}{\partial \alpha_r} \tag{4-17}$$

$$\frac{\partial \dot{y}}{\partial \alpha_r} = P_2 \frac{\partial \dot{\xi}}{\partial \alpha_r} + Q_2 \frac{\partial \dot{\eta}}{\partial \alpha_r} \tag{4-18}$$

$$\frac{\partial \dot{z}}{\partial \alpha_r} = P_3 \frac{\partial \dot{\xi}}{\partial \alpha_r} + Q_3 \frac{\partial \dot{\eta}}{\partial \alpha_r} \tag{4-19}$$

对于式（4 - 8）的第一个行列式，我们有

$$\begin{vmatrix} \dfrac{\partial x}{\partial \alpha_r} & \dfrac{\partial x}{\partial \alpha_s} \\ \dfrac{\partial \dot{x}}{\partial \alpha_r} & \dfrac{\partial \dot{x}}{\partial \alpha_s} \end{vmatrix} = \begin{vmatrix} \left(P_1 \dfrac{\partial \xi}{\partial \alpha_r} + Q_1 \dfrac{\partial \eta}{\partial \alpha_r}\right) & \left(P_1 \dfrac{\partial \xi}{\partial \alpha_s} + Q_1 \dfrac{\partial \eta}{\partial \alpha_s}\right) \\ \left(P_1 \dfrac{\partial \dot{\xi}}{\partial \alpha_r} + Q_1 \dfrac{\partial \dot{\eta}}{\partial \alpha_r}\right) & \left(P_1 \dfrac{\partial \dot{\xi}}{\partial \alpha_s} + Q_1 \dfrac{\partial \dot{\eta}}{\partial \alpha_s}\right) \end{vmatrix} \tag{4-20}$$

为获得 y 和 z 的类似行列式，我们只需将下标 1 分别更改为 2 和 3。将式（4 - 20）中的行列式元素相乘，得到

$$P_1^2 \frac{\partial \xi}{\partial \alpha_r} \frac{\partial \dot{\xi}}{\partial \alpha_s} + Q_1^2 \frac{\partial \eta}{\partial \alpha_r} \frac{\partial \dot{\eta}}{\partial \alpha_s} + P_1 Q_1 \left(\frac{\partial \xi}{\partial \alpha_r} \frac{\partial \dot{\eta}}{\partial \alpha_s} + \frac{\partial \eta}{\partial \alpha_r} \frac{\partial \dot{\xi}}{\partial \alpha_s}\right)$$

$$- P_1^2 \frac{\partial \dot{\xi}}{\partial \alpha_r} \frac{\partial \xi}{\partial \alpha_s} - Q_1^2 \frac{\partial \dot{\eta}}{\partial \alpha_r} \frac{\partial \eta}{\partial \alpha_s} - P_1 Q_1 \left(\frac{\partial \dot{\xi}}{\partial \alpha_r} \frac{\partial \eta}{\partial \alpha_s} + \frac{\partial \dot{\eta}}{\partial \alpha_r} \frac{\partial \xi}{\partial \alpha_s}\right) \tag{4-21}$$

我们可得类似的关于 y 和 z 的行列式，只是下标 1 分别替换为 2 和 3。

我们注意到，方向余弦矩阵的元素具有以下性质，使得我们可以简化三个行列式之和：

$$P_1^2 + P_2^2 + P_3^2 = 1 \tag{4-22}$$

$$Q_1^2 + Q_2^2 + Q_3^2 = 1 \tag{4-23}$$

$$P_1 Q_1 + P_2 Q_2 + P_3 Q_3 = 0 \tag{4-24}$$

因此，我们可以将式（4-8）中对应于 x、y 和 z 的三个行列式相加，得到

$$
\begin{aligned}
\left[\alpha_r, \alpha_s\right] &= \frac{\partial \xi}{\partial \alpha_r} \frac{\partial \dot{\xi}}{\partial \alpha_s} - \frac{\partial \dot{\xi}}{\partial \alpha_r} \frac{\partial \xi}{\partial \alpha_s} + \frac{\partial \eta}{\partial \alpha_r} \frac{\partial \dot{\eta}}{\partial \alpha_s} - \frac{\partial \dot{\eta}}{\partial \alpha_r} \frac{\partial \eta}{\partial \alpha_s} \\
&= \begin{vmatrix} \dfrac{\partial \xi}{\partial \alpha_r} & \dfrac{\partial \xi}{\partial \alpha_s} \\ \dfrac{\partial \dot{\xi}}{\partial \alpha_r} & \dfrac{\partial \dot{\xi}}{\partial \alpha_s} \end{vmatrix} + \begin{vmatrix} \dfrac{\partial \eta}{\partial \alpha_r} & \dfrac{\partial \eta}{\partial \alpha_s} \\ \dfrac{\partial \dot{\eta}}{\partial \alpha_r} & \dfrac{\partial \dot{\eta}}{\partial \alpha_s} \end{vmatrix} \\
&= \frac{\partial(\xi, \dot{\xi})}{\partial(\alpha_r, \alpha_s)} + \frac{\partial(\eta, \dot{\eta})}{\partial(\alpha_r, \alpha_s)}
\end{aligned}
\tag{4-25}
$$

其中，根据式（4-24），所有的 PQ 项在求和中消去了。

为计算式（4-25）中的括号，我们需要几个偏导数。由于存在前面提到的依赖关系，我们首先要为这些依赖关系定义链式规则关系。平均运动和半长轴之间的关系为

$$
n^2 a^3 = \mu \tag{4-26}
$$

则

$$
2na^3 \frac{\partial n}{\partial n} + 3n^2 a^2 \frac{\partial a}{\partial n} = 0
$$

于是

$$
\frac{\partial a}{\partial n} = -\frac{2a}{3n} \tag{4-27}
$$

我们引入一个辅助变量

$$
\beta^2 = 1 - e^2 \tag{4-28}
$$

则

$$
\frac{\partial}{\partial e} \beta^2 = -2e \tag{4-29}
$$

和

$$
\frac{\partial \beta}{\partial e} = -\frac{e}{\beta} \tag{4-30}
$$

为了确定依赖关系，我们从开普勒方程开始

$$
M = M_0 + nt = E - e\sin E \tag{4-31}
$$

则

$$
\frac{\partial M}{\partial n} \frac{\partial n}{\partial} + \frac{\partial M}{\partial M_0} \frac{\partial M_0}{\partial} = \frac{\partial E}{\partial} - \frac{\partial e}{\partial} \sin E - e\cos E \frac{\partial E}{\partial}
$$

可简化为

$$
t \frac{\partial n}{\partial} + \frac{\partial M_0}{\partial} = \frac{\partial E}{\partial} - \frac{\partial e}{\partial} \sin E - e\cos E \frac{\partial E}{\partial} \tag{4-32}
$$

式（4-32）提供了关于我们选择的任意自变量的偏导数的一般公式。仔细推导和应用这个公式是正确处理因变量和自变量的关键。

我们将式（4-32）应用于关于 e 的偏导数。考虑到自变量的独立性，我们发现

$$0 = \frac{\partial E}{\partial e} - \sin E - e \cos E \frac{\partial E}{\partial e}$$

然后求解 $\partial E / \partial e$，得到

$$\frac{\partial E}{\partial e} = \frac{\sin E}{1 - e \cos E} \tag{4-33}$$

我们将式（4-32）应用于关于 n 的偏导数，发现

$$t = \frac{\partial E}{\partial n} - e \cos E \frac{\partial E}{\partial n}$$

然后求解 $\partial E / \partial n$，得到

$$\frac{\partial E}{\partial n} = t \frac{1}{1 - e \cos E} \tag{4-34}$$

我们将式（4-32）应用于关于 M_0 的偏导数，发现

$$1 = \frac{\partial E}{\partial M_0} - e \cos E \frac{\partial E}{\partial M_0}$$

然后求解 $\partial E / \partial M_0$，得到

$$\frac{\partial E}{\partial M_0} = \frac{1}{1 - e \cos E} \tag{4-35}$$

式（4-35）完成了基于假设的六个自变量的偏导数的初步推导。如果希望使用一组不同的六个自变量，则必须为新选择的自变量完成等效推导。

轨道平面上的坐标由式（2-52）和式（2-56）给出

$$\xi = a(\cos E - e) \tag{4-36}$$

$$\eta = a\beta \sin E = a \sin E \sqrt{1 - e^2} \tag{4-37}$$

由式（4-33）～式（4-35）可以推导出位置和速度的偏导数。

ξ 关于 n 的偏导数为

$$\frac{\partial \xi}{\partial n} = -\frac{2a}{3n}(\cos E - e) - a \sin E \frac{\partial E}{\partial n}$$

简化为

$$\frac{\partial \xi}{\partial n} = -\frac{2a}{3n}(\cos E - e) - at \frac{\sin E}{1 - e \cos E} \tag{4-38}$$

$$= -\frac{2r}{3n}\cos f - \frac{a}{\beta}t \sin f$$

ξ 关于 e 的偏导数为

$$\frac{\partial \xi}{\partial e} = -a \sin E \frac{\partial E}{\partial e} - a$$

简化为

$$\frac{\partial \xi}{\partial e} = -a\left[1 + \left(\frac{\sin^2 E}{1 - e \cos E}\right)\right] \tag{4-39}$$

$$= -a - \frac{r}{\beta^2}\sin^2 f$$

ξ 关于 M_0 的偏导数为

$$\frac{\partial \xi}{\partial M_0} = -a \sin E \frac{\partial E}{\partial M_0}$$

简化为

$$\frac{\partial \xi}{\partial M_0} = -\frac{a \sin E}{1 - e \cos E} \tag{4-40}$$

$$= -\frac{a}{\beta} \sin f$$

η 关于 n 的偏导数为

$$\frac{\partial \eta}{\partial n} = -\frac{2a\beta}{3n} \sin E + a\beta \cos E \frac{\partial E}{\partial n}$$

简化为

$$\frac{\partial \eta}{\partial n} = -\frac{2a\beta}{3n} \sin E + (a\beta)t \frac{\cos E}{1 - e \cos E} \tag{4-41}$$

$$= -\frac{2r}{3n} \sin f + \frac{a}{\beta} t (\cos f + e)$$

η 关于 e 的偏导数为

$$\frac{\partial \eta}{\partial e} = -\frac{ae}{\beta} \sin E + a\beta \cos E \frac{\partial E}{\partial e}$$

简化为

$$\frac{\partial \eta}{\partial e} = \frac{a}{\beta} \frac{\sin E}{1 - e \cos E} (\cos E - e) \tag{4-42}$$

$$= \frac{r}{\beta^2} \sin f \cos f$$

η 关于 M_0 的偏导数为

$$\frac{\partial \eta}{\partial M_0} = a\beta \cos E \frac{\partial E}{\partial M_0}$$

简化为

$$\frac{\partial \eta}{\partial M_0} = a\beta \frac{\cos E}{1 - e \cos E} \tag{4-43}$$

$$= \frac{a}{\beta} (\cos f + e)$$

通过对式（4-36）和式（4-37）进行微分，得到轨道平面中的速度分量

$$\dot{\xi} = -a \sin E (\dot{E}) \tag{4-44}$$

$$\dot{\eta} = a\beta \cos E (\dot{E}) \tag{4-45}$$

我们可以通过微分来确定偏近点角速率

$$\sin E = \frac{\beta \sin f}{1 + e \cos f}$$

然后

$$\cos E\,(\dot{E}) = \beta\,\frac{\cos E}{1+e\cos f}(\dot{f}) \tag{4-46}$$

应用式（2-17）和式（2-28），并分别代入式（2-61）和式（4-28）得到的 $\sqrt{\mu a}$ 和 $\sqrt{(1-e^2)}$ 表达式，我们可以写出

$$\dot{f} = \frac{na^2\beta}{r^2} \tag{4-47}$$

代入式（4-46）并求解 $\dot{E}$，可得

$$\dot{E} = \frac{na}{r} \tag{4-48}$$

将式（4-48）代入式（4-44）和式（4-45），并应用式（2-57）、式（2-76）和式（2-77），可得

$$\dot{\xi} = -na\,\frac{\sin E}{1-e\cos E} = -\frac{na}{\beta}\sin f \tag{4-49}$$

$$\dot{\eta} = na\beta\,\frac{\cos E}{1-e\cos E} = \frac{na}{\beta}(\cos f + e) \tag{4-50}$$

$\dot{\xi}$ 关于 n 的偏导数为

$$\frac{\partial\dot{\xi}}{\partial n} = \left(-\frac{a}{3}\right)\frac{\sin E}{1-e\cos E} - na\,\frac{(1-e\cos E)\cos E - e\sin^2 E}{(1-e\cos E)^2}\frac{\partial E}{\partial n}$$

简化为

$$\frac{\partial\dot{\xi}}{\partial n} = -\frac{a}{3\beta}\sin f - \frac{na^3}{r^2}t\cos f \tag{4-51}$$

我们注意到时间 t 的显式出现。在接下来的几页中，我们将证明时间项会全部消去，拉格朗日括号实际上是与时间无关的。

$\dot{\xi}$ 关于 e 的偏导数为

$$\frac{\partial\dot{\xi}}{\partial e} = -na\,\frac{(1-e\cos E)\cos E\,\dfrac{\partial E}{\partial e} - \sin E\left(e\sin E\,\dfrac{\partial E}{\partial e} - \cos E\right)}{(1-e\cos E)^2}$$

简化为

$$\frac{\partial\dot{\xi}}{\partial e} = -\frac{na}{\beta^3}\sin f(e + 2\cos f + e\cos^2 f) \tag{4-52}$$

$\dot{\xi}$ 关于 M_0 的偏导数为

$$\frac{\partial\dot{\xi}}{\partial M_0} = -na\,\frac{(1-e\cos E)\cos E - e\sin^2 E}{(1-e\cos E)^2}\frac{\partial E}{\partial M_0}$$

简化为

$$\frac{\partial\dot{\xi}}{\partial M_0} = -\frac{na^3}{r^2}\cos f \tag{4-53}$$

$\dot{\eta}$ 关于 n 的偏导数为

$$\frac{\partial \dot{\eta}}{\partial n} = \frac{a\beta}{3} \frac{\cos E}{1 - e\cos E} + na\beta \frac{(-\sin E + e\cos E\sin E - e\cos E\sin E)}{(1 - e\cos E)^2} \frac{\partial E}{\partial n}$$

简化为

$$\frac{\partial \dot{\eta}}{\partial n} = \frac{a}{3\beta}(e + \cos f) - \frac{na^3}{r^2} t\sin f \qquad (4-54)$$

$\dot{\eta}$ 关于于 e 的偏导数为

$$\frac{\partial \dot{\eta}}{\partial e} = -na \frac{e}{\beta} \frac{\cos E}{1 - e\cos E}$$

$$+ na\beta \frac{-(1 - e\cos E)\sin E \dfrac{\partial E}{\partial e} - \cos E \left(-\cos E + e\sin E \dfrac{\partial E}{\partial e}\right)}{(1 - e\cos E)^2}$$

简化为

$$\frac{\partial \dot{\eta}}{\partial e} = \frac{na}{\beta^3}(1 - 2\sin^2 f + e\cos^3 f) \qquad (4-55)$$

$\dot{\eta}$ 关于 M_0 的偏导数为

$$\frac{\partial \dot{\eta}}{\partial M_0} = na\beta \frac{-(1 - e\cos E)\sin E - e\cos E\sin E}{(1 - e\cos E)^2} \frac{\partial E}{\partial M_0}$$

简化为

$$\frac{\partial \dot{\eta}}{\partial M_0} = -\frac{na^3}{r^2}\sin f \qquad (4-56)$$

这样就完成了位置和速度的椭圆分量关于自变量的偏导数的推导，它们在轨道上的任何一点都是有效的。

4.2.1　[n，e] 的计算

让我们计算平均运动和偏心率的拉格朗日括号：

$$[\alpha_r, \alpha_s] = [n, e] \qquad (4-57)$$

我们现在可以计算雅可比行列式

$$[n, e] = \frac{\partial \xi}{\partial n} \frac{\partial \dot{\xi}}{\partial e} - \frac{\partial \xi}{\partial e} \frac{\partial \dot{\xi}}{\partial n} + \frac{\partial \eta}{\partial n} \frac{\partial \dot{\eta}}{\partial e} - \frac{\partial \eta}{\partial e} \frac{\partial \dot{\eta}}{\partial n}$$

应用式（4-38），式（4-39），式（4-41），式（4-42），式（4-51），式（4-52），式（4-54）和式（4-55），得到

$$[n,e] = \left[-\frac{2r}{3n}\cos f - \frac{a}{\beta}t\sin f\right]\left[-\frac{na}{\beta^3}\sin f(e + 2\cos f + e\cos^2 f)\right]$$
$$- \left[-a - \frac{r}{\beta^2}\sin^2 f\right]\left[-\frac{a}{3\beta}\sin f - \frac{na^3}{r^2}t\cos f\right] \tag{4-58}$$
$$+ \left[-\frac{2r}{3n}\sin f + \frac{a}{\beta}t(\cos f + e)\right]\left[\frac{na}{\beta^3}(1 - 2\sin^2 f + e\cos^3 f)\right]$$
$$- \left[\frac{r}{\beta^2}\sin f\cos f\right]\left[\frac{a}{3\beta}(e + \cos f) - \frac{na^3}{r^2}t\sin f\right]$$

我们鼓励读者验证长期项是否会消去，从而证明拉格朗日括号 $[n , e]$ 是常数。经过大量的代数运算，我们得到

$$[n,e] = 0 \tag{4-59}$$

4.2.2　$[n , M_0]$ 的计算

让我们计算平均运动和平近点角的拉格朗日括号：

$$[\alpha_r , \alpha_s] = [n , M_0] \tag{4-60}$$

我们现在可以计算雅可比行列式

$$[n , M_0] = \frac{\partial \xi}{\partial n}\frac{\partial \dot{\xi}}{\partial M_0} - \frac{\partial \xi}{\partial M_0}\frac{\partial \dot{\xi}}{\partial n} + \frac{\partial \eta}{\partial n}\frac{\partial \dot{\eta}}{\partial M_0} - \frac{\partial \eta}{\partial M_0}\frac{\partial \dot{\eta}}{\partial n}$$

应用式（4-38），式（4-40），式（4-41），式（4-43），式（4-51），式（4-53），式（4-54）和式（4-56），得到

$$[n , M_0] = \left[\frac{2r}{3n}\cos f + \frac{a}{\beta}t\sin f\right]\left[\frac{na^3}{r^2}\cos f\right]$$
$$- \left[\frac{a}{\beta}\sin f\right]\left[\frac{a}{3\beta}\sin f + \frac{na^3}{r^2}t\cos f\right] \tag{4-61}$$
$$+ \left[-\frac{2r}{3n}\sin f + \frac{a}{\beta}t(\cos f + e)\right]\left[-\frac{na^3}{r^2}\sin f\right]$$
$$- \left[\frac{a}{\beta}(\cos f + e)\right]\left[\frac{a}{3\beta}(e + \cos f) - \frac{na^3}{r^2}t\sin f\right]$$

经过大量的代数运算，我们得到

$$[n , M_0] = \frac{a^2}{3} \tag{4-62}$$

4.2.3　$[e , M_0]$ 的计算

让我们计算偏心率和平近点角的拉格朗日括号：

$$[\alpha_r , \alpha_s] = [e , M_0] \tag{4-63}$$

我们现在可以计算雅可比行列式

$$[e , M_0] = \frac{\partial \xi}{\partial e}\frac{\partial \dot{\xi}}{\partial M_0} - \frac{\partial \xi}{\partial M_0}\frac{\partial \dot{\xi}}{\partial e} + \frac{\partial \eta}{\partial e}\frac{\partial \dot{\eta}}{\partial M_0} - \frac{\partial \eta}{\partial M_0}\frac{\partial \dot{\eta}}{\partial e}$$

应用式（4 - 39），式（4 - 40），式（4 - 42），式（4 - 43），式（4 - 52），式（4 - 53），式（4 - 55）和式（4 - 56），得到

$$
\begin{aligned}
[e, M_0] =& \left[-a - \frac{r}{\beta^2}\sin^2 f\right]\left[-\frac{na^3}{r^2}\cos f\right] \\
& - \left[-\frac{a}{\beta}\sin f\right]\left[-\frac{na}{\beta^3}\sin f(e + 2\cos f + e\cos^2 f)\right] \\
& - \left[\frac{r}{\beta^2}\sin f\cos f\right]\left[-\frac{na^3}{r^2}\sin f\right] \\
& - \left[\frac{a}{\beta}(\cos f + e)\right]\left[\frac{na}{\beta^3}(1 - 2\sin^2 f + e\cos^3 f)\right]
\end{aligned}
\tag{4 - 64}
$$

经过大量的代数运算，我们得到

$$
[e, M_0] = 0 \tag{4 - 65}
$$

4.3　拉格朗日括号 $[\beta_r, \beta_s]$ 的计算

考虑到：

$$
\begin{aligned}
x &= \xi P_1 + \eta Q_1 \\
y &= \xi P_2 + \eta Q_2 \\
z &= \xi P_3 + \eta Q_3
\end{aligned}
\tag{4 - 66}
$$

以及 $\dot{x}$、$\dot{y}$ 和 $\dot{z}$ 的相应表达式，我们将证明

$$
[\beta_r, \beta_s] = (\xi\dot{\eta} - \eta\dot{\xi})\left[\frac{\partial(P_1, Q_1)}{\partial(\beta_r, \beta_s)} + \frac{\partial(P_2, Q_2)}{\partial(\beta_r, \beta_s)} + \frac{\partial(P_3, Q_3)}{\partial(\beta_r, \beta_s)}\right] \tag{4 - 67}
$$

其中我们注意到，这些雅可比行列式（与先前的 $[\alpha_r, \alpha_s]$ 拉格朗日括号不同）涉及关于轨道根数 Ω、ω 和 i 的偏导数。这三个根数提供了轨道在惯性空间的方位。

根据拉格朗日括号的定义：

$$
[\beta_r, \beta_s] = \frac{\partial(x, \dot{x})}{\partial(\beta_r, \beta_s)} + \frac{\partial(y, \dot{y})}{\partial(\beta_r, \beta_s)} + \frac{\partial(z, \dot{z})}{\partial(\beta_r, \beta_s)} \tag{4 - 68}
$$

其中

$$
\frac{\partial(x, \dot{x})}{\partial(\beta_r, \beta_s)} = \begin{vmatrix} \dfrac{\partial x}{\partial \beta_r} & \dfrac{\partial x}{\partial \beta_s} \\[2mm] \dfrac{\partial \dot{x}}{\partial \beta_r} & \dfrac{\partial \dot{x}}{\partial \beta_s} \end{vmatrix} \tag{4 - 69}
$$

y 和 z 也有类似的表达式。我们假设方向余弦为方向 $P(\Omega, \omega, i)$，$Q(\Omega, \omega, i)$ 的函数，并且 $\beta_r = \Omega$，ω 或 i。

现在我们可以通过链式法则并应用式（4 - 4）写出：

$$
\frac{\partial x}{\partial \beta_r} = \frac{\partial x}{\partial P_1}\frac{\partial P_1}{\partial \beta_r} + \frac{\partial x}{\partial Q_1}\frac{\partial Q_1}{\partial \beta_r} = \xi\frac{\partial P_1}{\partial \beta_r} + \eta\frac{\partial Q_1}{\partial \beta_r} \tag{4 - 70}
$$

并应用式（4 - 7）

$$\frac{\partial \dot{x}}{\partial \beta_r} = \frac{\partial \dot{x}}{\partial P_1} \frac{\partial P_1}{\partial \beta_r} + \frac{\partial \dot{x}}{\partial Q_1} \frac{\partial Q_1}{\partial \beta_r} = \dot{\xi} \frac{\partial P_1}{\partial \beta_r} + \dot{\eta} \frac{\partial Q_1}{\partial \beta_r} \tag{4-71}$$

关于 β_s 的偏导数具有类似的项。因此，根据式（4-69）～式（4-71），我们有

$$\frac{\partial(x, \dot{x})}{\partial(\beta_r, \beta_s)} = \begin{vmatrix} \left(\xi \frac{\partial P_1}{\partial \beta_r} + \eta \frac{\partial Q_1}{\partial \beta_r} \right) & \left(\xi \frac{\partial P_1}{\partial \beta_s} + \eta \frac{\partial Q_1}{\partial \beta_s} \right) \\ \left(\dot{\xi} \frac{\partial P_1}{\partial \beta_r} + \dot{\eta} \frac{\partial Q_1}{\partial \beta_r} \right) & \left(\dot{\xi} \frac{\partial P_1}{\partial \beta_s} + \dot{\eta} \frac{\partial Q_1}{\partial \beta_s} \right) \end{vmatrix}$$

$$\tag{4-72}$$

$$= \xi \dot{\xi} \frac{\partial P_1}{\partial \beta_r} \frac{\partial P_1}{\partial \beta_s} + \eta \dot{\eta} \frac{\partial Q_1}{\partial \beta_r} \frac{\partial Q_1}{\partial \beta_s} + \xi \dot{\eta} \frac{\partial P_1}{\partial \beta_r} \frac{\partial Q_1}{\partial \beta_s} + \eta \dot{\xi} \frac{\partial Q_1}{\partial \beta_r} \frac{\partial P_1}{\partial \beta_s}$$

$$- \xi \dot{\xi} \frac{\partial P_1}{\partial \beta_s} \frac{\partial P_1}{\partial \beta_r} - \eta \dot{\eta} \frac{\partial Q_1}{\partial \beta_s} \frac{\partial Q_1}{\partial \beta_r} - \xi \dot{\eta} \frac{\partial P_1}{\partial \beta_s} \frac{\partial Q_1}{\partial \beta_r} - \eta \dot{\xi} \frac{\partial Q_1}{\partial \beta_s} \frac{\partial P_1}{\partial \beta_r}$$

我们注意到，$\xi \dot{\xi}$ 和 $\eta \dot{\eta}$ 项相互抵消，但混合项并没抵消，因为当 $r \neq s$ 时，$\partial P_1 / \partial \beta_r \neq \partial P_1 / \partial \beta_s$。

式（4-72）的右侧变为

$$(\xi \dot{\eta} - \dot{\xi} \eta) \frac{\partial P_1}{\partial \beta_r} \frac{\partial Q_1}{\partial \beta_s} + (\eta \dot{\xi} - \xi \dot{\eta}) \frac{\partial P_1}{\partial \beta_s} \frac{\partial Q_1}{\partial \beta_r} = (\xi \dot{\eta} - \eta \dot{\xi}) \left[\frac{\partial P_1}{\partial \beta_r} \frac{\partial Q_1}{\partial \beta_s} - \frac{\partial P_1}{\partial \beta_s} \frac{\partial Q_1}{\partial \beta_r} \right]$$

$$= (\xi \dot{\eta} - \eta \dot{\xi}) \begin{vmatrix} \dfrac{\partial P_1}{\partial \beta_r} & \dfrac{\partial P_1}{\partial \beta_s} \\ \dfrac{\partial Q_1}{\partial \beta_r} & \dfrac{\partial Q_1}{\partial \beta_s} \end{vmatrix}$$

$$\tag{4-73}$$

根据式（4-73），我们可以写出

$$\frac{\partial(x, \dot{x})}{\partial(\beta_r, \beta_s)} = (\xi \dot{\eta} - \eta \dot{\xi}) \frac{\partial(P_1, Q_1)}{\partial(\beta_r, \beta_s)} \tag{4-74}$$

由于 y 和 z 的表达式是通过将下标分别从 1 改成 2 和从 1 改成 3 而求得的，将这三个表达式相加后，我们得到

$$[\beta_r, \beta_s] = (\xi \dot{\eta} - \eta \dot{\xi}) \left[\frac{\partial(P_1, Q_1)}{\partial(\beta_r, \beta_s)} + \frac{\partial(P_2, Q_2)}{\partial(\beta_r, \beta_s)} + \frac{\partial(P_3, Q_3)}{\partial(\beta_r, \beta_s)} \right] \tag{4-75}$$

这验证了式（4-67）。

接下来，我们计算首项 $\xi \dot{\eta} - \eta \dot{\xi}$。根据式（4-36），式（4-37），式（4-49）和式（4-50），我们有

$$\xi\dot{\eta} - \eta\dot{\xi} = a(\cos E - e)\frac{na^2\beta}{r}\cos E + a\beta\sin E\frac{na^2}{r}\sin E$$

$$= \frac{na^3\beta}{r}(\cos E - e)\cos E + \frac{na^3\beta}{r}\sin E\sin E$$

$$= \frac{na^3\beta}{r}(\cos^2 E - e\cos E + \sin^2 E) \tag{4-76}$$

$$= \frac{na^3\beta}{a(1 - e\cos E)}(1 - e\cos E)$$

$$= na^2\beta$$

$$= na^2\sqrt{1 - e^2}$$

计算 $[\beta_r, \beta_s]$ 括号的其余部分需要方向余弦相对于 Ω、ω、i 的偏导数。一旦我们计算出这些导数，就可以通过简单的代入和简化来计算该括号。

根据式（2-51）

$$P_1 = \cos\omega\cos\Omega - \cos i\sin\omega\sin\Omega \tag{4-77}$$

我们有

$$\frac{\partial P_1}{\partial\Omega} = -\cos\omega\sin\Omega - \cos i\sin\omega\cos\Omega \tag{4-78}$$

$$\frac{\partial P_1}{\partial\omega} = -\sin\omega\cos\Omega - \cos i\cos\omega\sin\Omega \tag{4-79}$$

$$\frac{\partial P_1}{\partial i} = \sin i\sin\omega\sin\Omega \tag{4-80}$$

根据式（2-51）

$$P_2 = \cos\omega\sin\Omega + \cos i\sin\omega\cos\Omega \tag{4-81}$$

我们得到

$$\frac{\partial P_2}{\partial\Omega} = \cos\omega\cos\Omega - \cos i\sin\omega\sin\Omega \tag{4-82}$$

$$\frac{\partial P_2}{\partial\omega} = -\sin\omega\sin\Omega + \cos i\cos\omega\cos\Omega \tag{4-83}$$

$$\frac{\partial P_2}{\partial i} = -\sin i\sin\omega\cos\Omega \tag{4-84}$$

根据式（2-51）

$$P_3 = \sin i\sin\omega \tag{4-85}$$

我们有

$$\frac{\partial P_3}{\partial\Omega} = 0 \tag{4-86}$$

$$\frac{\partial P_3}{\partial\omega} = \sin i\cos\omega \tag{4-87}$$

$$\frac{\partial P_3}{\partial i} = \cos i\sin\omega \tag{4-88}$$

根据式（2-51）

$$Q_1 = -\sin\omega\cos\Omega - \cos i\cos\omega\sin\Omega \qquad (4-89)$$

我们有

$$\frac{\partial Q_1}{\partial \Omega} = \sin\omega\sin\Omega - \cos i\cos\omega\cos\Omega \qquad (4-90)$$

$$\frac{\partial Q_1}{\partial \omega} = -\cos\omega\cos\Omega + \cos i\sin\omega\sin\Omega \qquad (4-91)$$

$$\frac{\partial Q_1}{\partial i} = \sin i\cos\omega\sin\Omega \qquad (4-92)$$

根据式（2-51）

$$Q_2 = -\sin\omega\sin\Omega + \cos i\cos\omega\cos\Omega \qquad (4-93)$$

我们得到

$$\frac{\partial Q_2}{\partial \Omega} = -\sin\omega\cos\Omega - \cos i\cos\omega\sin\Omega \qquad (4-94)$$

$$\frac{\partial Q_2}{\partial \omega} = -\cos\omega\sin\Omega - \cos i\sin\omega\cos\Omega \qquad (4-95)$$

$$\frac{\partial Q_2}{\partial i} = -\sin i\cos\omega\cos\Omega \qquad (4-96)$$

根据式（2-51）

$$Q_3 = \sin i\cos\omega \qquad (4-97)$$

我们有

$$\frac{\partial Q_3}{\partial \Omega} = 0 \qquad (4-98)$$

$$\frac{\partial Q_3}{\partial \omega} = -\sin i\sin\omega \qquad (4-99)$$

$$\frac{\partial Q_3}{\partial i} = \cos i\cos\omega \qquad (4-100)$$

4.3.1　[Ω，i] 的计算

接下来，我们计算拉格朗日括号 [Ω，i]。由式（4-75）可以看出，我们需要计算三个雅可比行列式，其中第一个为

$$\frac{\partial(P_1, Q_1)}{\partial(\Omega, i)} = \begin{vmatrix} \dfrac{\partial P_1}{\partial \Omega} & \dfrac{\partial P_1}{\partial i} \\[2mm] \dfrac{\partial Q_1}{\partial \Omega} & \dfrac{\partial Q_1}{\partial i} \end{vmatrix} \qquad (4-101)$$

应用式（4-78）、式（4-80）、式（4-90）和式（4-92），我们得到

$$\frac{\partial(P_1, Q_1)}{\partial(\Omega, i)} = -\cos^2\omega\sin^2\Omega\sin i - \sin\omega\cos\omega\sin\Omega\cos\Omega\sin i\cos i \qquad (4-102)$$

$$-\sin^2\omega\sin^2\Omega\sin i + \sin\omega\cos\omega\sin\Omega\cos\Omega\sin i\cos i$$

简化为

$$\frac{\partial(P_1, Q_1)}{\partial(\Omega, i)} = -\sin^2\Omega \sin i \qquad (4-103)$$

接下来，我们必须计算第二个雅可比行列式：

$$\frac{\partial(P_2, Q_2)}{\partial(\Omega, i)} = \begin{vmatrix} \dfrac{\partial P_2}{\partial\Omega} & \dfrac{\partial P_2}{\partial i} \\[2mm] \dfrac{\partial Q_2}{\partial\Omega} & \dfrac{\partial Q_2}{\partial i} \end{vmatrix} \qquad (4-104)$$

应用式（4-82）、式（4-84）、式（4-94）和式（4-96），我们得到

$$\frac{\partial(P_2, Q_2)}{\partial(\Omega, i)} = -\cos^2\omega \cos^2\Omega \sin i + \sin\omega \cos\omega \sin\Omega \cos\Omega \sin i \cos i \qquad (4-105)$$
$$-\sin^2\omega \cos^2\Omega \sin i - \sin\omega \cos\omega \sin\Omega \cos\Omega \sin i \cos i$$

简化为

$$\frac{\partial(P_2, Q_2)}{\partial(\Omega, i)} = -\cos^2\Omega \sin i \qquad (4-106)$$

以类似的方式，第三个雅可比行列式为

$$\frac{\partial(P_3, Q_3)}{\partial(\Omega, i)} = \begin{vmatrix} \dfrac{\partial P_3}{\partial\Omega} & \dfrac{\partial P_3}{\partial i} \\[2mm] \dfrac{\partial Q_3}{\partial\Omega} & \dfrac{\partial Q_3}{\partial i} \end{vmatrix} \qquad (4-107)$$

应用式（4-86）、式（4-88）、式（4-98）和式（4-100），我们得到

$$\frac{\partial(P_3, Q_3)}{\partial(\Omega, i)} = 0 \qquad (4-108)$$

根据式（4-76）、式（4-103）、式（4-106）和式（4-108），我们最终可以写出 Ω 与 i 的拉格朗日括号：

$$[\Omega, i] = na^2\sqrt{1-e^2}\,[-\sin^2\Omega \sin i - \cos^2\Omega \sin i + 0] \qquad (4-109)$$

简化后，我们得到第二类拉格朗日括号

$$[\Omega, i] = -na^2\sqrt{1-e^2}\sin i = -na^2\beta \sin i \qquad (4-110)$$

4.3.2 $[\Omega, \omega]$ 的计算

拉格朗日括号 $[\Omega, \omega]$（带有升交点角和近拱点幅角的括号）属于 $[\beta_r, \beta_s]$ 类型，涉及关于提供空间轨道方向的轨道根数（即 Ω，ω 和 i）的偏导数。正如我们从式（4-75）中看到的，我们需要计算三个雅可比行列式，其中第一个为

$$\frac{\partial(P_1, Q_1)}{\partial(\Omega, \omega)} = \begin{vmatrix} \dfrac{\partial P_1}{\partial\Omega} & \dfrac{\partial P_1}{\partial\omega} \\[2mm] \dfrac{\partial Q_1}{\partial\Omega} & \dfrac{\partial Q_1}{\partial\omega} \end{vmatrix} \qquad (4-111)$$

应用式（4-78）、式（4-79）、式（4-90）和式（4-91），我们得到

$$\frac{\partial(P_1,Q_1)}{\partial(\Omega,\omega)} = \cos^2\omega\sin\Omega\cos\Omega - \cos\omega\sin\omega\sin^2\Omega\cos i$$

$$+ \sin\omega\cos\omega\cos^2\Omega\cos i - \sin^2\omega\cos\Omega\sin\Omega\cos^2 i$$

$$+ \sin^2\omega\sin\Omega\cos\Omega + \sin\omega\cos\omega\sin^2\Omega\cos i$$

$$- \cos\omega\sin\omega\cos^2\Omega\cos i - \cos^2\omega\cos\Omega\sin\Omega\cos^2 i$$

$$= \sin\Omega\cos\Omega - \cos\omega\sin\omega\cos i + \cos\omega\sin\omega\cos i - \cos\Omega\sin\Omega\cos^2 i$$

$$= \sin\Omega\cos\Omega(1 - \cos^2 i)$$

$$(4-112)$$

因此，第一个雅可比行列式为

$$\frac{\partial(P_1,Q_1)}{\partial(\Omega,\omega)} = \sin\Omega\cos\Omega\sin^2 i \qquad (4-113)$$

以类似的方式，我们计算第二个雅可比行列式

$$\frac{\partial(P_2,Q_2)}{\partial(\Omega,\omega)} = \begin{vmatrix} \dfrac{\partial P_2}{\partial\Omega} & \dfrac{\partial P_2}{\partial\omega} \\ \dfrac{\partial Q_2}{\partial\Omega} & \dfrac{\partial Q_2}{\partial\omega} \end{vmatrix} \qquad (4-114)$$

应用式（4-82）、式（4-83）、式（4-94）和式（4-95），我们得到

$$\frac{\partial(P_2,Q_2)}{\partial(\Omega,\omega)} = -\cos^2\omega\cos\Omega\sin\Omega - \cos\omega\sin\omega\cos^2\Omega\cos i$$

$$+ \sin\omega\cos\omega\sin^2\Omega\cos i + \sin^2\omega\sin\Omega\cos\Omega\cos^2 i$$

$$- \sin^2\omega\cos\Omega\sin\Omega + \sin\omega\cos\omega\cos^2\Omega\cos i \qquad (4-115)$$

$$- \sin\omega\cos\omega\sin^2\Omega\cos i + \cos^2\omega\sin\Omega\cos\Omega\cos^2 i$$

$$= -\cos\Omega\sin\Omega + \cos\Omega\sin\Omega\cos^2 i$$

$$= -\cos\Omega\sin\Omega(1 - \cos^2 i)$$

所以第二个雅可比行列式为

$$\frac{\partial(P_2,Q_2)}{\partial(\Omega,\omega)} = -\sin\Omega\cos\Omega\sin^2 i \qquad (4-116)$$

第三个雅可比行列式为

$$\frac{\partial(P_3,Q_3)}{\partial(\Omega,\omega)} = \begin{vmatrix} \dfrac{\partial P_3}{\partial\Omega} & \dfrac{\partial P_3}{\partial\omega} \\ \dfrac{\partial Q_3}{\partial\Omega} & \dfrac{\partial Q_3}{\partial\omega} \end{vmatrix} \qquad (4-117)$$

应用式（4-86）、式（4-87）、式（4-98）和式（4-99），我们得到

$$\frac{\partial(P_3,Q_3)}{\partial(\Omega,\omega)} = 0 \qquad (4-118)$$

我们现在可以将式（4-113）、式（4-116）和式（4-118）中的三个雅可比行列式相加

$$\left[\frac{\partial(P_1,Q_1)}{\partial(\Omega,\omega)}+\frac{\partial(P_2,Q_2)}{\partial(\Omega,\omega)}+\frac{\partial(P_3,Q_3)}{\partial(\Omega,\omega)}\right]=\sin\Omega\cos\Omega\sin^2 i-\sin\Omega\cos\Omega\sin^2 i+0$$

$$=0$$

$$(4-119)$$

并将此结果代入式（4-75），计算 $[\Omega,\omega]$：

$$\lceil\Omega,\omega\rceil=0 \qquad\qquad (4-120)$$

4.3.3 $[i,\omega]$ 的计算

与之前一样，我们必须计算式（4-75）的三个雅可比行列式，其中第一个为

$$\frac{\partial(P_1,Q_1)}{\partial(i,\omega)}=\begin{vmatrix}\dfrac{\partial P_1}{\partial i} & \dfrac{\partial P_1}{\partial\omega}\\[2mm]\dfrac{\partial Q_1}{\partial i} & \dfrac{\partial Q_1}{\partial\omega}\end{vmatrix} \qquad (4-121)$$

应用式（4-79）、式（4-80）、式（4-91）和式（4-92），我们得到

$$\frac{\partial(P_1,Q_1)}{\partial(i,\omega)}=-\sin\omega\cos\omega\sin\Omega\cos\Omega\sin i+\sin^2\omega\sin^2\Omega\sin i\cos i \qquad (4-122)$$
$$+\sin\omega\cos\omega\sin\Omega\cos\Omega\sin i+\cos^2\omega\sin^2\Omega\sin i\cos i$$

简化为

$$\frac{\partial(P_1,Q_1)}{\partial(i,\omega)}=\sin^2\Omega\sin i\cos i \qquad (4-123)$$

为计算第二个雅可比行列式，我们应用式（4-83）、式（4-84）、式（4-95）和式（4-96），得到

$$\begin{vmatrix}\dfrac{\partial P_2}{\partial i} & \dfrac{\partial P_2}{\partial\omega}\\[2mm]\dfrac{\partial Q_2}{\partial i} & \dfrac{\partial Q_2}{\partial\omega}\end{vmatrix}=\sin\omega\cos\omega\cos\Omega\sin\Omega\sin i+\sin^2\omega\cos^2\Omega\sin i\cos i \qquad (4-124)$$

$$-\sin\omega\cos\omega\cos\Omega\sin\Omega\sin i+\cos^2\omega\cos^2\Omega\sin i\cos i$$

所以我们有

$$\frac{\partial(P_2,Q_2)}{\partial(i,\omega)}=\cos^2\Omega\sin i\cos i \qquad (4-125)$$

为计算第三个雅可比行列式，我们应用式（4-87）、式（4-88）、式（4-99）和式（4-100），得到

$$\begin{vmatrix}\dfrac{\partial P_3}{\partial i} & \dfrac{\partial P_3}{\partial\omega}\\[2mm]\dfrac{\partial Q_3}{\partial i} & \dfrac{\partial Q_3}{\partial\omega}\end{vmatrix}=-\sin^2\omega\cos i\sin i-\cos^2\omega\cos i\sin i \qquad (4-126)$$

简化为

$$\frac{\partial(P_3,Q_3)}{\partial(i,\omega)}=-\cos i\sin i \qquad (4-127)$$

将式（4 - 123）、式（4 - 125）和式（4 - 127）相加，我们得到

$$\frac{\partial(P_1,Q_1)}{\partial(i,\omega)} + \frac{\partial(P_2,Q_2)}{\partial(i,\omega)} + \frac{\partial(P_3,Q_3)}{\partial(i,\omega)} = \sin^2\Omega\sin i\cos i + \cos^2\Omega\sin i\cos i \tag{4-128}$$
$$- \sin i\cos i$$
$$= \sin i\cos i - \sin i\cos i = 0$$

所以我们有

$$[i,\omega] = 0 \tag{4-129}$$

4.4 拉格朗日括号 $[\alpha_r,\beta_s]$ 的计算

拉格朗日括号 $[\alpha_r,\beta_s]$ 包括来自 α_r 组（n，e，M_0）的一个轨道根数和来自 β_s 组（Ω，ω，i）的一个轨道根数。根据拉格朗日括号的定义［式（3 - 42）］

$$[\alpha_r,\beta_s] = \frac{\partial(x,\dot{x})}{\partial(\alpha_r,\beta_s)} + \frac{\partial(y,\dot{y})}{\partial(\alpha_r,\beta_s)} + \frac{\partial(z,\dot{z})}{\partial(\alpha_r,\beta_s)} \tag{4-130}$$

其中

$$\frac{\partial(x,\dot{x})}{\partial(\alpha_r,\beta_s)} = \begin{vmatrix} \dfrac{\partial x}{\partial\alpha_r} & \dfrac{\partial x}{\partial\beta_s} \\[2mm] \dfrac{\partial\dot{x}}{\partial\alpha_r} & \dfrac{\partial\dot{x}}{\partial\beta_s} \end{vmatrix} \tag{4-131}$$

其中，y 和 z 也有类似的项。我们回顾式（4 - 14）、式（4 - 17）、式（4 - 70）和式（4 - 71）：

$$\frac{\partial x}{\partial\alpha_r} = P_1\frac{\partial\xi}{\partial\alpha_r} + Q_1\frac{\partial\eta}{\partial\alpha_r}$$

$$\frac{\partial x}{\partial\beta_s} = \xi\frac{\partial P_1}{\partial\beta_s} + \eta\frac{\partial Q_1}{\partial\beta_s}$$

$$\frac{\partial\dot{x}}{\partial\alpha_r} = P_1\frac{\partial\dot{\xi}}{\partial\alpha_r} + Q_1\frac{\partial\dot{\eta}}{\partial\alpha_r} \tag{4-132}$$

$$\frac{\partial\dot{x}}{\partial\beta_s} = \dot{\xi}\frac{\partial P_1}{\partial\beta_s} + \dot{\eta}\frac{\partial Q_1}{\partial\beta_s}$$

将式（4 - 132）代入式（4 - 131），我们有

$$\frac{\partial(x,\dot{x})}{\partial(\alpha_r,\beta_s)} = \begin{vmatrix} \left(P_1\dfrac{\partial\xi}{\partial\alpha_r} + Q_1\dfrac{\partial\eta}{\partial\alpha_r}\right) & \left(\xi\dfrac{\partial P_1}{\partial\beta_s} + \eta\dfrac{\partial Q_1}{\partial\beta_s}\right) \\[3mm] \left(P_1\dfrac{\partial\dot{\xi}}{\partial\alpha_r} + Q_1\dfrac{\partial\dot{\eta}}{\partial\alpha_r}\right) & \left(\dot{\xi}\dfrac{\partial P_1}{\partial\beta_s} + \dot{\eta}\dfrac{\partial Q_1}{\partial\beta_s}\right) \end{vmatrix}$$

$$= P_1\dot{\xi}\frac{\partial\xi}{\partial\alpha_r}\frac{\partial P_1}{\partial\beta_s} + P_1\dot{\eta}\frac{\partial\xi}{\partial\alpha_r}\frac{\partial Q_1}{\partial\beta_s} + Q_1\dot{\xi}\frac{\partial\eta}{\partial\alpha_r}\frac{\partial P_1}{\partial\beta_s} + Q_1\dot{\eta}\frac{\partial\eta}{\partial\alpha_r}\frac{\partial Q_1}{\partial\beta_s}$$

$$- P_1\xi\frac{\partial\dot{\xi}}{\partial\alpha_r}\frac{\partial P_1}{\partial\beta_s} - P_1\eta\frac{\partial\dot{\xi}}{\partial\alpha_r}\frac{\partial Q_1}{\partial\beta_s} - Q_1\xi\frac{\partial\dot{\eta}}{\partial\alpha_r}\frac{\partial P_1}{\partial\beta_s} - Q_1\eta\frac{\partial\dot{\eta}}{\partial\alpha_r}\frac{\partial Q_1}{\partial\beta_s}$$

$$\tag{4-133}$$

通过将下标分别改为 2 和 3，我们得到 y 和 z 的类似项。将式（4-133）中对应于下标 1、2、3 的项相加，我们得到式（4-130）中 $[\alpha_r, \beta_s]$ 的表达式：

$$
\begin{aligned}
[\alpha_r, \beta_s] &= \frac{\partial(x, \dot{x})}{\partial(\alpha_r, \beta_s)} + \frac{\partial(y, \dot{y})}{\partial(\alpha_r, \beta_s)} + \frac{\partial(z, \dot{z})}{\partial(\alpha_r, \beta_s)} \\
&= \left(\sum_{i=1}^{3} P_i \frac{\partial P_i}{\partial \beta_s} \right) \left(\dot{\xi} \frac{\partial \xi}{\partial \alpha_r} - \xi \frac{\partial \dot{\xi}}{\partial \alpha_r} \right) \\
&\quad + \left(\sum_{i=1}^{3} P_i \frac{\partial Q_i}{\partial \beta_s} \right) \left(\dot{\eta} \frac{\partial \xi}{\partial \alpha_r} - \eta \frac{\partial \dot{\xi}}{\partial \alpha_r} \right) \\
&\quad + \left(\sum_{i=1}^{3} Q_i \frac{\partial P_i}{\partial \beta_s} \right) \left(\dot{\xi} \frac{\partial \eta}{\partial \alpha_r} - \xi \frac{\partial \dot{\eta}}{\partial \alpha_r} \right) \\
&\quad + \left(\sum_{i=1}^{3} Q_i \frac{\partial Q_i}{\partial \beta_s} \right) \left(\dot{\eta} \frac{\partial \eta}{\partial \alpha_r} - \eta \frac{\partial \dot{\eta}}{\partial \alpha_r} \right)
\end{aligned}
\tag{4-134}
$$

为方便计算这些拉格朗日括号，我们将式（4-134）中的各项标注如下：

$$
\begin{aligned}
[\alpha_r, \beta_s] &= \left(\sum_{i=1}^{3} P_i \frac{\partial P_i}{\partial \beta_s} \right) \left(\dot{\xi} \frac{\partial \xi}{\partial \alpha_r} - \xi \frac{\partial \dot{\xi}}{\partial \alpha_r} \right) && \text{Term 1} \\
&\quad + \left(\sum_{i=1}^{3} P_i \frac{\partial Q_i}{\partial \beta_s} \right) \left(\dot{\eta} \frac{\partial \xi}{\partial \alpha_r} - \eta \frac{\partial \dot{\xi}}{\partial \alpha_r} \right) && \text{Term 2} \\
&\quad + \left(\sum_{i=1}^{3} Q_i \frac{\partial P_i}{\partial \beta_s} \right) \left(\dot{\xi} \frac{\partial \eta}{\partial \alpha_r} - \xi \frac{\partial \dot{\eta}}{\partial \alpha_r} \right) && \text{Term 3} \\
&\quad + \left(\sum_{i=1}^{3} Q_i \frac{\partial Q_i}{\partial \beta_s} \right) \left(\dot{\eta} \frac{\partial \eta}{\partial \alpha_r} - \eta \frac{\partial \dot{\eta}}{\partial \alpha_r} \right) && \text{Term 4}
\end{aligned}
\tag{4-135}
$$

每个 Term 都是 β 元素和 α 元素的乘积，我们用 Term 这个术语来表示这些元素。

为计算 Term 1 中 β 元素关于 Ω 的偏导数，我们应用式（4-77），式（4-78），式（4-81），式（4-82），式（4-85）和式（4-86），得到

$$
\begin{aligned}
\sum_{i=1}^{3} P_i \frac{\partial P_i}{\partial \Omega} &= (\cos\omega \cos\Omega - \cos i \sin\omega \sin\Omega)(-\cos\omega \sin\Omega - \cos i \sin\omega \cos\Omega) \\
&\quad + (\cos\omega \sin\Omega + \cos i \sin\omega \cos\Omega)(\cos\omega \cos\Omega - \cos i \sin\omega \sin\Omega) \\
&= -\cos^2\omega \sin\Omega \cos\Omega + \cos i \sin\omega \cos\omega \sin^2\Omega - \cos i \sin\omega \cos\omega \cos^2\Omega \\
&\quad + \cos^2 i \sin^2\omega \sin\Omega \cos\Omega + \cos^2\omega \sin\Omega \cos\Omega - \cos i \sin\omega \cos\omega \sin^2\Omega \\
&\quad + \cos i \sin\omega \cos\omega \cos^2\Omega - \cos^2 i \sin^2\omega \sin\Omega \cos\Omega \\
&= 0
\end{aligned}
$$

$$\tag{4-136}$$

为计算 Term 2 中 β 元素关于 Ω 的偏导数，我们应用式（4-77），式（4-81），式（4-85），式（4-90），式（4-94）和式（4-98），得到

$$\sum_{i=1}^{3} P_i \frac{\partial Q_i}{\partial \Omega} = (\cos\omega\cos\Omega - \cos i \sin\omega\sin\Omega)(\sin\omega\sin\Omega - \cos i \cos\omega\cos\Omega)$$
$$+ (\cos\omega\sin\Omega + \cos i \sin\omega\cos\Omega)(-\sin\omega\cos\Omega - \cos i \cos\omega\sin\Omega)$$
$$+ (\sin i \sin\omega)(0)$$
$$= \sin\omega\cos\omega\sin\Omega\cos\Omega - \cos i \sin^2\omega\sin^2\Omega$$
$$- \cos i \cos^2\omega\cos^2\Omega + \cos^2 i \sin\omega\cos\omega\sin\Omega\cos\Omega$$
$$- \sin\omega\cos\omega\sin\Omega\cos\Omega - \cos i \sin^2\omega\cos^2\Omega$$
$$- \cos i \cos^2\omega\sin^2\Omega - \cos^2 i \sin\omega\cos\omega\sin\Omega\cos\Omega$$
$$= -\cos i$$

$$(4-137)$$

为计算 Term 3 中 β 元素关于 Ω 的偏导数，我们应用式（4-78）、式（4-82）、式（4-86）、式（4-89）、式（4-93）和式（4-97），得到

$$\sum_{i=1}^{3} Q_i \frac{\partial P_i}{\partial \Omega} = (-\sin\omega\cos\Omega - \cos i \cos\omega\sin\Omega)(-\cos\omega\sin\Omega - \cos i \sin\omega\cos\Omega)$$
$$+ (-\sin\omega\sin\Omega + \cos i \cos\omega\cos\Omega)(\cos\omega\cos\Omega - \cos i \sin\omega\sin\Omega)$$
$$= \sin\omega\cos\omega\sin\Omega\cos\Omega + \cos i \sin^2\omega\cos^2\Omega + \cos i \cos^2\omega\sin^2\Omega$$
$$+ \cos^2 i \sin\omega\cos\omega\sin\Omega\cos\Omega - \sin\omega\cos\omega\sin\Omega\cos\Omega + \cos i \sin^2\omega\sin^2\Omega$$
$$+ \cos i \cos^2\omega\cos^2\Omega - \cos^2 i \sin\omega\cos\omega\sin\Omega\cos\Omega$$
$$= \cos i$$

$$(4-138)$$

为计算 Term 4 中 β 元素关于 Ω 的偏导数，我们应用式（4-89）、式（4-90）、式（4-93）、式（4-94）、式（4-97）和式（4-98），得到

$$\sum_{i=1}^{3} Q_i \frac{\partial Q_i}{\partial \Omega} = (-\sin\omega\cos\Omega - \cos i \cos\omega\sin\Omega)(\sin\omega\sin\Omega - \cos i \cos\omega\cos\Omega)$$
$$+ (-\sin\omega\sin\Omega + \cos i \cos\omega\cos\Omega)(-\sin\omega\cos\Omega - \cos i \cos\omega\sin\Omega)$$
$$= -\sin^2\omega\sin\Omega\cos\Omega + \cos i \sin\omega\cos\omega\cos^2\Omega - \cos i \sin\omega\cos\omega\sin^2\Omega$$
$$+ \cos^2 i \cos^2\omega\sin\Omega\cos\Omega + \sin^2\omega\sin\Omega\cos\Omega + \cos i \sin\omega\cos\omega\sin^2\Omega$$
$$- \cos i \sin\omega\cos\omega\cos^2\Omega - \cos^2 i \cos^2\omega\sin\Omega\cos\Omega$$
$$= 0$$

$$(4-139)$$

为计算 Term 1 中 β 元素关于 ω 的偏导数，我们应用式（4-77）、式（4-79）、式（4-81）、式（4-83）、式（4-85）和式（4-87），得到

$$\sum_{i=1}^{3} P_i \frac{\partial P_i}{\partial \omega} = (\cos\omega\cos\Omega - \cos i\sin\omega\sin\Omega)(-\sin\omega\cos\Omega - \cos i\cos\omega\sin\Omega)$$

$$+ (\cos\omega\sin\Omega + \cos i\sin\omega\cos\Omega)(-\sin\omega\sin\Omega + \cos i\cos\omega\cos\Omega)$$

$$+ \sin\omega\sin i(\cos\omega\sin i)$$

$$= -\sin\omega\cos\omega\cos^2\Omega - \cos i\cos^2\omega\sin\Omega\cos\Omega + \cos i\sin^2\omega\sin\Omega\cos\Omega$$

$$+ \cos^2 i\sin\omega\cos\omega\sin^2\Omega - \sin\omega\cos\omega\sin^2\Omega + \cos i\cos^2\omega\sin\Omega\cos\Omega$$

$$- \cos i\sin^2\omega\sin\Omega\cos\Omega + \cos^2 i\sin\omega\cos\omega\cos^2\Omega + \sin\omega\cos\omega\sin^2 i$$

$$= 0$$

$$(4-140)$$

为计算 Term 2 中 β 元素关于 ω 的偏导数，我们应用式（4-77），式（4-81），式（4-85），式（4-91），式（4-95）和式（4-99），得到

$$\sum_{i=1}^{3} P_i \frac{\partial Q_i}{\partial \omega} = (\cos\omega\cos\Omega - \cos i\sin\omega\sin\Omega)(-\cos\omega\cos\Omega + \cos i\sin\omega\sin\Omega)$$

$$+ (\cos\omega\sin\Omega + \cos i\sin\omega\cos\Omega)(-\cos\omega\sin\Omega - \cos i\sin\omega\cos\Omega)$$

$$+ \sin i\sin\omega(-\sin\omega\sin i)$$

$$= -\cos^2\omega\cos^2\Omega + \cos i\sin\omega\cos\omega\sin\Omega\cos\Omega$$

$$+ \cos i\sin\omega\cos\omega\sin\Omega\cos\Omega - \cos^2 i\sin^2\omega\sin^2\Omega$$

$$- \cos^2\omega\sin^2\Omega - \cos i\sin\omega\cos\omega\sin\Omega\cos\Omega$$

$$- \cos i\sin\omega\cos\omega\sin\Omega\cos\Omega - \cos^2 i\sin^2\omega\cos^2\Omega - \sin^2 i\sin^2\omega$$

$$= -1$$

$$(4-141)$$

为计算 Term 3 中 β 元素关于 ω 的偏导数，我们应用式（4-79），式（4-83），式（4-87），式（4-89），式（4-93）和式（4-97），得到

$$\sum_{i=1}^{3} Q_i \frac{\partial P_i}{\partial \omega} = (-\sin\omega\cos\Omega - \cos i\cos\omega\sin\Omega)(-\sin\omega\cos\Omega - \cos i\cos\omega\sin\Omega)$$

$$+ (-\sin\omega\sin\Omega + \cos i\cos\omega\cos\Omega)(-\sin\omega\sin\Omega + \cos i\cos\omega\cos\Omega)$$

$$+ \sin i\cos\omega(\cos\omega\sin i)$$

$$= \sin^2\omega\cos^2\Omega$$

$$+ \cos i\sin\omega\cos\omega\sin\Omega\cos\Omega + \cos i\sin\omega\cos\omega\sin\Omega\cos\Omega$$

$$+ \cos^2 i\cos^2\omega\sin^2\Omega + \sin^2\omega\sin^2\Omega - \cos i\sin\omega\cos\omega\sin\Omega\cos\Omega$$

$$- \cos i\sin\omega\cos\omega\sin\Omega\cos\Omega + \cos^2 i\cos^2\omega\cos^2\Omega + \sin^2 i\cos^2\omega$$

$$= 1$$

$$(4-142)$$

为计算 Term 4 中 β 元素关于 ω 的偏导数，我们应用式（4-89），式（4-91），式（4-93），式（4-95），式（4-97）和式（4-99），得到

$$\sum_{i=1}^{3} Q_i \frac{\partial Q_i}{\partial \omega} = (-\sin\omega\cos\Omega - \cos i\cos\omega\sin\Omega)(-\cos\omega\cos\Omega + \cos i\sin\omega\sin\Omega)$$

$$+ (-\sin\omega\sin\Omega + \cos i\cos\omega\cos\Omega)(-\cos\omega\sin\Omega - \cos i\sin\omega\cos\Omega)$$

$$+ \cos\omega\sin i(-\sin\omega\sin i)$$

$$= \sin\omega\cos\omega\cos^2\Omega - \cos i\sin^2\omega\sin\Omega\cos\Omega + \cos i\cos^2\omega\sin\Omega\cos\Omega$$

$$- \cos^2 i\sin\omega\cos\omega\sin^2\Omega + \sin\omega\cos\omega\sin^2\Omega + \cos i\sin^2\omega\sin\Omega\cos\Omega$$

$$- \cos i\cos^2\omega\sin\Omega\cos\Omega - \cos^2 i\sin\omega\cos\omega\cos^2\Omega - \sin\omega\cos\omega\sin^2 i$$

$$= 0$$

$$(4-143)$$

为计算 Term 1 中 β 元素关于 i 的偏导数，我们应用式（4-77），式（4-80），式（4-81），式（4-84），式（4-85）和式（4-88），得到

$$\sum_{i=1}^{3} P_i \frac{\partial P_i}{\partial i} = (\cos\omega\cos\Omega - \cos i\sin\omega\sin\Omega)(\sin i\sin\omega\sin\Omega)$$

$$+ (\cos\omega\sin\Omega + \cos i\sin\omega\cos\Omega)(-\sin i\sin\omega\cos\Omega)$$

$$+ (\sin i\sin\omega)(\cos i\sin\omega)$$

$$= \sin i\sin\omega\cos\omega\sin\Omega\cos\Omega - \sin i\cos i\sin^2\omega\sin^2\Omega$$

$$- \sin i\sin\omega\cos\omega\sin\Omega\cos\Omega - \sin i\cos i\sin^2\omega\cos^2\Omega + \sin i\cos i\sin^2\omega$$

$$= 0$$

$$(4-144)$$

为计算 Term 2 中 β 元素关于 i 的偏导数，我们应用式（4-77），式（4-81），式（4-85），式（4-92），式（4-96）和式（4-100），得到

$$\sum_{i=1}^{3} P_i \frac{\partial Q_i}{\partial i} = (\cos\omega\cos\Omega - \cos i\sin\omega\sin\Omega)(\sin i\cos\omega\sin\Omega)$$

$$+ (\cos\omega\sin\Omega + \cos i\sin\omega\cos\Omega)(-\sin i\cos\omega\cos\Omega)$$

$$+ (\sin i\sin\omega)(\cos i\cos\omega)$$

$$= \sin i\cos^2\omega\sin\Omega\cos\Omega - \sin i\cos i\sin\omega\cos\omega\sin^2\Omega$$

$$- \sin i\cos^2\omega\sin\Omega\cos\Omega - \sin i\cos i\sin\omega\cos\omega\cos^2\Omega$$

$$+ \sin i\cos i\sin\omega\cos\omega$$

$$= 0$$

$$(4-145)$$

为计算 Term 3 中 β 元素关于 i 的偏导数，我们应用式（4-80），式（4-84），式（4-88），式（4-89），式（4-93）和式（4-97），得到

$$\sum_{i=1}^{3} Q_i \frac{\partial P_i}{\partial i} = (-\sin\omega\cos\Omega - \cos i\cos\omega\sin\Omega)(\sin i\sin\omega\sin\Omega)$$

$$+ (-\sin\omega\sin\Omega + \cos i\cos\omega\cos\Omega)(-\sin i\sin\omega\cos\Omega)$$

$$+ (\sin i\cos\omega)(\cos i\sin\omega) \qquad\qquad (4-146)$$

$$= -\sin i\sin^2\omega\sin\Omega\cos\Omega - \sin i\cos i\sin\omega\cos\omega\sin^2\Omega$$

$$+ \sin i\sin^2\omega\sin\Omega\cos\Omega - \sin i\cos i\sin\omega\cos\omega\cos^2\Omega$$

$$+ \sin i\cos i\sin\omega\cos\omega$$

$$= 0$$

为计算 Term 4 中 β 元素关于 i 的偏导数，我们应用式（4-89），式（4-92），式（4-93），式（4-96），式（4-97）和式（4-100），得到

$$\sum_{i=1}^{3} Q_i \frac{\partial Q_i}{\partial i} = (-\sin\omega\cos\Omega - \cos i\cos\omega\sin\Omega)(\sin i\cos\omega\sin\Omega)$$

$$+ (-\sin\omega\sin\Omega + \cos i\cos\omega\cos\Omega)(-\sin i\cos\omega\cos\Omega)$$

$$+ (\sin i\cos\omega)(\cos i\cos\omega) \qquad\qquad (4-147)$$

$$= -\sin i\sin\omega\cos\omega\sin\Omega\cos\Omega - \sin i\cos i\cos^2\omega\sin^2\Omega$$

$$+ \sin i\sin\omega\cos\omega\sin\Omega\cos\Omega - \sin i\cos i\cos^2\omega\cos^2\Omega$$

$$+ \sin i\cos i\cos^2\omega$$

$$= 0$$

4.4.1 $[n, \Omega]$ 的计算

应用式（4-135），让我们计算括号

$$[\alpha_r, \beta_s] = [n, \Omega] \qquad\qquad (4-148)$$

根据式（4-136）～式（4-139），我们可以得到每项的 β 元素：

$$\text{Term } 1\Omega \qquad \sum_{i=1}^{3} P_i \frac{\partial P_i}{\partial \Omega} = 0$$

$$\text{Term } 2\Omega \qquad \sum_{i=1}^{3} P_i \frac{\partial Q_i}{\partial \Omega} = -\cos i$$

$$\text{Term } 3\Omega \qquad \sum_{i=1}^{3} Q_i \frac{\partial P_i}{\partial \Omega} = \cos i$$

$$\text{Term } 4\Omega \qquad \sum_{i=1}^{3} Q_i \frac{\partial Q_i}{\partial \Omega} = 0$$

于是

$$[n, \Omega] = (\text{Term } 2\Omega)(\text{Term } 2n) + (\text{Term } 3\Omega)(\text{Term } 3n) \qquad (4-149)$$

其中

$$\text{Term } 2n = \left(\dot{\eta} \, \frac{\partial \xi}{\partial n} - \eta \, \frac{\partial \dot{\xi}}{\partial n} \right)$$

$$\text{Term } 3n = \left(\dot{\xi} \, \frac{\partial \eta}{\partial n} - \xi \, \frac{\partial \dot{\eta}}{\partial n} \right)$$

然后

$$[n, \Omega] = -\cos i (\text{Term } 2n) + \cos i (\text{Term } 3n) \tag{4-150}$$
$$= -\cos i \left[(\text{Term } 2n) - (\text{Term } 3n) \right]$$

接下来我们有

$$\text{Term } 2n = \left(\dot{\eta} \, \frac{\partial \xi}{\partial n} - \eta \, \frac{\partial \dot{\xi}}{\partial n} \right)$$

应用式（2 - 56），式（4 - 38），式（4 - 50）和式（4 - 51），我们可以写出

$$\left(\dot{\eta} \, \frac{\partial \xi}{\partial n} - \eta \, \frac{\partial \dot{\xi}}{\partial n} \right) = \frac{na}{\beta} (\cos f + e) \left[-\frac{2r}{3n} \cos f - \frac{a}{\beta} t \sin f \right]$$
$$- r \sin f \left[-\frac{a}{3\beta} \sin f - t \, \frac{na^3}{r^2} \cos f \right]$$

可简化为

$$\left(\dot{\eta} \, \frac{\partial \zeta}{\partial n} - \eta \, \frac{\partial \dot{\xi}}{\partial n} \right) = -\frac{2ar}{3\beta} (\cos f + e) \cos f - \frac{na^2}{\beta^2} t \sin f (\cos f + e)$$
$$+ \frac{ar}{3\beta} \sin^2 f + \frac{na^3}{r} t \sin f \cos f \tag{4-151}$$

然后

$$\text{Term } 3n = \left(\dot{\xi} \, \frac{\partial \eta}{\partial n} - \xi \, \frac{\partial \dot{\eta}}{\partial n} \right)$$

因此，应用式（2 - 52），式（4 - 41），式（4 - 49）和式（4 - 54），我们可以写出

$$\left(\dot{\xi} \, \frac{\partial \eta}{\partial n} - \xi \, \frac{\partial \dot{\eta}}{\partial n} \right) = -\left(\frac{na}{\beta} \sin f \right) \left(-\frac{2r}{3n} \sin f + \frac{a}{\beta} t (\cos f + e) \right)$$
$$- r \cos f \left(\frac{a}{3\beta} (e + \cos f) - \frac{na^3}{r^2} t \sin f \right)$$

可简化为

$$\left(\dot{\xi} \, \frac{\partial \eta}{\partial n} - \xi \, \frac{\partial \dot{\eta}}{\partial n} \right) = \frac{2ar}{3\beta} \sin^2 f - \frac{na^2}{\beta^2} t \sin f (\cos f + e) - \frac{ar}{3\beta} (e + \cos f) \cos f$$
$$+ \frac{na^3}{r} t \sin f \cos f \tag{4-152}$$

应用式（4 - 151）和式（4 - 152），我们得到

$$(\mathrm{Term}\ 2n - \mathrm{Term}\ 3n) = -\frac{2ar}{3\beta}(\cos f + e)\cos f - \frac{na^2}{\beta^2}t\sin f(\cos f + e)$$

$$+ \frac{ar}{3\beta}\sin^2 f + \frac{na^3}{r}t\sin f\cos f - \frac{2ar}{3\beta}\sin^2 f$$

$$+ \frac{na^2}{\beta^2}t\sin f(\cos f + e) + \frac{ar}{3\beta}(e + \cos f)\cos f$$

$$- \frac{na^3}{r}t\sin f\cos f$$

可简化为

$$(\mathrm{Term}\ 2n - \mathrm{Term}\ 3n) = -\frac{a^2\beta}{3} \tag{4-153}$$

在式（4-150）中应用式（4-153），我们得到

$$[n, \Omega] = \frac{a^2\beta}{3}\cos i \tag{4-154}$$

4.4.2　$[e, \Omega]$ 的计算

应用式（4-135），让我们计算括号

$$[\alpha_r, \beta_s] = [e, \Omega] \tag{4-155}$$

根据式（4-149），我们可知 $[e, \Omega]$ 和 $[n, \Omega]$ 之间的唯一区别是 α 元素，因此可以立即写出

$$[e, \Omega] = (\mathrm{Term}\ 2\Omega)(\mathrm{Term}\ 2e) + (\mathrm{Term}\ 3\Omega)(\mathrm{Term}\ 3e)$$

其中

$$\mathrm{Term}\ 2e = \left(\dot{\eta}\frac{\partial\xi}{\partial e} - \eta\frac{\partial\dot{\xi}}{\partial e}\right)$$

$$\mathrm{Term}\ 3e = \left(\dot{\xi}\frac{\partial\eta}{\partial e} - \xi\frac{\partial\dot{\eta}}{\partial e}\right)$$

和

$$[e, \Omega] = -\cos i(\mathrm{Term}\ 2e) + \cos i(\mathrm{Term}\ 3e) \tag{4-156}$$
$$= -\cos i[(\mathrm{Term}\ 2e) - (\mathrm{Term}\ 3e)]$$

我们首先计算

$$\mathrm{Term}\ 2e = \left(\dot{\eta}\frac{\partial\xi}{\partial e} - \eta\frac{\partial\dot{\xi}}{\partial e}\right)$$

应用式 .（2-56），式（4-39），式（4-50）和式（4-52），我们可以写出

$$\left(\dot{\eta}\frac{\partial\xi}{\partial e} - \eta\frac{\partial\dot{\xi}}{\partial e}\right) = \frac{na}{\beta}(\cos f + e)\left(-a - \frac{r}{\beta^2}\sin^2 f\right)$$

$$+ r\sin f\frac{na}{\beta^3}\sin f(e + 2\cos f + e\cos^2 f)$$

可简化为

$$\text{Term } 2e = -\frac{na^2}{\beta}(e + \cos^3 f) \tag{4-157}$$

和

$$\text{Term } 3e = \left(\dot{\xi} \frac{\partial \eta}{\partial e} - \xi \frac{\partial \dot{\eta}}{\partial e} \right)$$

因此，应用式（2-52），式（4-42），式（4-49）和式（4-55），我们可以写出

$$\left(\dot{\xi} \frac{\partial \eta}{\partial e} - \xi \frac{\partial \dot{\eta}}{\partial e} \right) = \left[-\frac{na}{\beta} \sin f \right] \left[\frac{r}{\beta^2} \sin f \cos f \right]$$
$$- \left[r \cos f \right] \left[\frac{na}{\beta^3} (1 - 2\sin^2 f + e \cos^3 f) \right]$$

可简化为

$$\text{Term } 3e = -\frac{na^2}{\beta} \cos^3 f \tag{4-158}$$

应用式（4-157）和式（4-158），我们得到

$$(\text{Term } 2e - \text{Term } 3e) = -\frac{na^2}{\beta}(e + \cos^3 f) + \frac{na^2}{\beta} \cos^3 f$$

可简化为

$$(\text{Term } 2e - \text{Term } 3e) = -\frac{na^2 e}{\beta} \tag{4-159}$$

在式（4-156）中应用式（4-159），我们得到

$$[e, \Omega] = \frac{na^2 e}{\beta} \cos i \tag{4-160}$$

4.4.3　$[M_0, \Omega]$ 的计算

应用式（4-135），让我们计算括号

$$[\alpha_r, \beta_s] = [M_0, \Omega] \tag{4-161}$$

根据式（4-149），我们可知 $[M_0, \Omega]$ 和 $[n, \Omega]$ 之间的唯一区别是 α 元素，因此可以立即写出

$$[M_0, \Omega] = (\text{Term } 2\Omega)(\text{Term } 2M_0) + (\text{Term } 3\Omega)(\text{Term } 3M_0)$$

其中

$$\text{Term } 2M_0 = \dot{\eta} \frac{\partial \xi}{\partial M_0} - \eta \frac{\partial \dot{\xi}}{\partial M_0}$$

$$\text{Term } 3M_0 = \dot{\xi} \frac{\partial \eta}{\partial M_0} - \xi \frac{\partial \dot{\eta}}{\partial M_0}$$

则

$$[M_0, \Omega] = -\cos i (\text{Term } 2M_0) + \cos i (\text{Term } 3M_0) \tag{4-162}$$
$$= -\cos i \left[(\text{Term } 2M_0) - (\text{Term } 3M_0) \right]$$

和

$$\text{Term } 2M_0 = \dot{\eta}\,\frac{\partial \xi}{\partial M_0} - \eta\,\frac{\partial \dot{\xi}}{\partial M_0}$$

应用式（2-56），式（4-40），式（4-50）和式（4-53），我们可以写出

$$\dot{\eta}\,\frac{\partial \xi}{\partial M_0} - \eta\,\frac{\partial \dot{\xi}}{\partial M_0} = -\frac{na^2}{\beta^2}(\cos f + e)\sin f + \frac{na^3}{r}\cos f \sin f \quad \text{可简化为}$$

$$\text{Term } 2M_0 = -\frac{na^2 e}{\beta^2}\sin^3 f \qquad (4-163)$$

和

$$\text{Term } 3M_0 = \dot{\xi}\,\frac{\partial \eta}{\partial M_0} - \xi\,\frac{\partial \dot{\eta}}{\partial M_0}$$

因此，应用式（2-52），式（4-43），式（4-49）和式（4-56），我们可以写出

$$\dot{\xi}\,\frac{\partial \eta}{\partial M_0} - \xi\,\frac{\partial \dot{\eta}}{\partial M_0} = -\frac{na^2}{\beta^2}\sin f(\cos f + e) + \frac{na^3}{r}\sin f \cos f$$

可简化为

$$\text{Term } 3M_0 = -\frac{na^2 e}{\beta^2}\sin^3 f \qquad (4-164)$$

应用式（4-163）和式（4-164），我们得到

$$(\text{Term } 2M_0 - \text{Term } 3M_0) = -\cos i\left[-\frac{na^2 e}{\beta^2}\sin^3 f + \frac{na^2 e}{\beta^2}\sin^3 f\right]$$

可简化为

$$(\text{Term } 2M_0 - \text{Term } 3M_0) = 0 \qquad (4-165)$$

在式（4-162）中应用式（4-165），我们得到

$$[M_0, \Omega] = 0 \qquad (4-166)$$

4.4.4　$[n, \omega]$ 的计算

应用式（4-135），让我们计算括号

$$[\alpha_r, \beta_s] = [n, \omega] \qquad (4-167)$$

根据式（4-140）～式（4-143），我们可以得到每项的 β 元素：

$$\text{Term } 1\omega \quad \sum_{i=1}^{3} P_i\,\frac{\partial P_i}{\partial \omega} = 0$$

$$\text{Term } 2\omega \quad \sum_{i=1}^{3} P_i\,\frac{\partial Q_i}{\partial \omega} = -1$$

$$\text{Term } 3\omega \quad \sum_{i=1}^{3} Q_i\,\frac{\partial P_i}{\partial \omega} = 1$$

$$\text{Term } 4\omega \quad \sum_{i=1}^{3} Q_i\,\frac{\partial Q_i}{\partial \omega} = 0$$

因此

$$[n,\omega] = (\text{Term } 2\omega)(\text{Term } 2n) + (\text{Term } 3\omega)(\text{Term } 3n) \qquad (4-168)$$

其中

$$\text{Term } 2n = \left(\dot{\eta}\,\frac{\partial\xi}{\partial n} - \eta\,\frac{\partial\dot{\xi}}{\partial n}\right)$$

$$\text{Term } 3n = \left(\dot{\xi}\,\frac{\partial\eta}{\partial n} - \xi\,\frac{\partial\dot{\eta}}{\partial n}\right)$$

因此

$$[n,\omega] = -(\text{Term } 2n) + (\text{Term } 3n) \qquad (4-169)$$
$$= -[(\text{Term } 2n) - (\text{Term } 3n)]$$

在式（4-169）中应用式（4-153），我们得到

$$[n,\omega] = \frac{a^2\beta}{3} \qquad (4-170)$$

4.4.5　$[e,\omega]$ 的计算

应用式（4-135），让我们计算括号

$$[\alpha_r,\beta_s] = [e,\omega] \qquad (4-171)$$

根据式（4-168），我们可知 $[e,\omega]$ 和 $[n,\omega]$ 之间的唯一区别是 α 元素，所以可以立即写出

$$[e,\omega] = (\text{Term } 2\omega)(\text{Term } 2e) + (\text{Term } 3\omega)(\text{Term } 3e)$$

其中

$$\text{Term } 2e = \left(\dot{\eta}\,\frac{\partial\xi}{\partial e} - \eta\,\frac{\partial\dot{\xi}}{\partial e}\right)$$

$$\text{Term } 3e = \left(\dot{\xi}\,\frac{\partial\eta}{\partial e} - \xi\,\frac{\partial\dot{\eta}}{\partial e}\right)$$

因此

$$[e,\omega] = -(\text{Term } 2e) + (\text{Term } 3e) \qquad (4-172)$$
$$= -[(\text{Term } 2e) - (\text{Term } 3e)]$$

在式（4-172）中应用式（4-159），我们得到

$$[e,\omega] = \frac{na^2 e}{\beta} \qquad (4-173)$$

4.4.6　$[M_0,\omega]$ 的计算

应用式（4-135），让我们计算括号

$$[\alpha_r,\beta_s] = [M_0,\omega] \qquad (4-174)$$

根据式（4-168），我们可知 $[M_0,\omega]$ 和 $[n,\omega]$ 之间唯一的区别是 α 元素，所以可以立即写出

$$[M_0,\omega] = (\text{Term } 2\omega)(\text{Term } 2M_0) + (\text{Term } 3\omega)(\text{Term } 3M_0)$$

其中

$$\text{Term } 2M_0 = \dot{\eta} \, \frac{\partial \xi}{\partial M_0} - \eta \, \frac{\partial \dot{\xi}}{\partial M_0}$$

$$\text{Term } 3M_0 = \dot{\eta} \, \frac{\partial \xi}{\partial M_0} - \eta \, \frac{\partial \dot{\xi}}{\partial M_0}$$

因此

$$[M_0,\omega] = -(\text{Term } 2M_0) + (\text{Term } 3M_0)$$
$$= -[(\text{Term } 2M_0) - (\text{Term } 3M_0)] \tag{4-175}$$

在式（4-175）中应用式（4-165），我们得到

$$[M_0,\omega] = 0 \tag{4-176}$$

4.4.7　$[n,i]$，$[e,i]$，$[M_0,i]$ 的计算

应用式（4-135），让我们计算括号

$$[\alpha_r,\beta_s] = [n,i] \tag{4-177}$$

根据式（4-144）～式（4-147），我们可以得到每项的 β 元素：

$$\text{Term } 1i \quad \sum_{i=1}^{3} P_i \, \frac{\partial P_i}{\partial i} = 0$$

$$\text{Term } 2i \quad \sum_{i=1}^{3} P_i \, \frac{\partial Q_i}{\partial i} = 0$$

$$\text{Term } 3i \quad \sum_{i=1}^{3} Q_i \, \frac{\partial P_i}{\partial i} = 0$$

$$\text{Term } 4i \quad \sum_{i=1}^{3} Q_i \, \frac{\partial Q_i}{\partial i} = 0$$

于是

$$[n,i] = 0 \tag{4-178}$$

类似地，

$$[e,i] = 0 \tag{4-179}$$

和

$$[M_0,i] = 0 \tag{4-180}$$

4.5　非零拉格朗日括号

将式（4-62）、式（4-110）、式（4-154）、式（4-160）、式（4-170）和式（4-173）中的非零括号进行整理，我们有六个非零拉格朗日括号：

$$[n,\Omega] = \frac{a^2\beta}{3}\cos i$$

$$[e,\Omega] = \frac{na^2e}{\beta}\cos i$$

$$[n,\omega] = \frac{a^2\beta}{3}$$

$$[e,\omega] = \frac{na^2e}{\beta}$$
(4-181)

$$[n,M_0] = \frac{a^2}{3}$$

$$[\Omega,i] = -na^2\beta\sin i$$

对于我们选择的近焦点坐标系和经典轨道根数，这六个是唯一的非零括号。Battin（1999）、Fitzpatrick（1970）、Kaula（1966）、Moulton（1914）、Taff（1985）和 Vallado（2013）也给出了这些括号（但并不总是推导出来的）。由于我们选择平均运动而不是半长轴作为自变量，因此这些括号与引用的参考文献略有不同。

4.6　为零的拉格朗日括号

15 个独特的拉格朗日括号中有 9 个为零。这些零括号按类型列出如下。

$[\alpha_r,\alpha_s]$ 类型的零括号为：

$$[n,e] = 0$$
$$[e,M_0] = 0$$
(4-182)

已在式（4-59）和式（4-65）中得到证明。

$[\beta_r,\beta_s]$ 类型具有以下零括号：

$$[\omega,\Omega] = 0$$
$$[i,\omega] = 0$$
(4-183)

已在式（4-120）和式（4-129）中得到证明。

$[\alpha_r,\beta_s]$ 类型具有以下零括号：

$$[M_0,\Omega] = 0$$
$$[M_0,\omega] = 0$$
$$[n,i] = 0$$
$$[e,i] = 0$$
$$[M_0,i] = 0$$
(4-184)

我们已在式（4-166）、式（4-176）、式（4-178）、式（4-179）和式（4-180）中证明了上式。

我们计算了所有 15 个独特的拉格朗日括号。我们在任何步骤中都没有明确假设这些括号不含时间。但事实上，我们已经证明它们与时间是显式无关的。此外，我们没有对摄动力的性质施加任何限制。因此，这组拉格朗日括号可用于建立保守力和非保守力的拉格朗日行星方程。

参 考 文 献

Battin，R. H. （1999）. *An introduction to the mathematics and methods of astrodynamics* （Revised ed.）. Reston：American Institute of Aeronautics and Astronautics，Inc.

Fitzpatrick，P. M. （1970）. *Principles of celestial mechanics*. New York：Academic Press.

Kaula，W. M. （1966）. *Theory of satellite geodesy*. Waltham：Blaisdell Publishing Company.

McCuskey，S. W. （1963）. *Introduction to celestial mechanics*. Reading：Addison – Wesley Publishing Company.

Moulton，F. R. （1914）. *An introduction to celestial mechanics* （2nd ed.）. New York：The Macmillan Company.

Taff，L. G. （1985）. *Celestial mechanics，a computational guide for the practitioner*. New York：John Wiley & Sons.

Vallado，D. A. （2013）. *Fundamentals of astrodynamics and applications* （4th ed.）. El Segundo：Microcosm Press.

第 5 章 一般摄动力的拉格朗日行星方程

5.1 拉格朗日行星方程的推导

我们已经计算了所有的拉格朗日括号〔式（4-181）～式（4-184）〕，现在可以将注意力转向制定拉格朗日行星方程。这些方程的形式取决于摄动力的性质。如果摄动力是由引力势函数 $\mathcal{R}$ 引起的，则根据式（3-7），$\mathbf{F} = \nabla \mathcal{R}$，和式（3-46）

$$\sum_{k=1}^{6} [c_j, c_k] \dot{c}_k = \frac{\partial \mathcal{R}}{\partial c_j}, \quad j = 1, 2, \cdots, 6 \tag{5-1}$$

为展开式（5-1），令

$$\mathbf{c}^{\mathrm{T}} = n, e, i, \Omega, \omega, M_0 \tag{5-2}$$

其中上标 T 表示转置运算。

对 $\mathbf{c}$ 的第一个根数使用拉格朗日括号，我们得到

$$\sum_{k=1}^{6} [n, c_k] \dot{c}_k = \frac{\partial \mathcal{R}}{\partial n} \tag{5-3}$$

根据式（4-181），我们有

$$\sum_{k=1}^{6} [n, c_k] \dot{c}_k = [n, n] \dot{n} + [n, e] \dot{e} + [n, i] \frac{\mathrm{d}i}{\mathrm{d}t} + [n, \Omega] \dot{\Omega} + [n, \omega] \dot{\omega} + [n, M_0] \dot{M}_0$$

$$= [n, \Omega] \dot{\Omega} + [n, \omega] \dot{\omega} + [n, M_0] \dot{M}_0 \tag{5-4}$$

于是

$$\left(\frac{a^2 \beta}{3} \cos i \right) \dot{\Omega} + \left(\frac{a^2 \beta}{3} \right) \dot{\omega} + \left(\frac{a^2}{3} \right) \dot{M}_0 = \frac{\partial \mathcal{R}}{\partial n} \tag{5-5}$$

对 $\mathbf{c}$ 的第二个根数使用拉格朗日括号，我们得到

$$\sum_{k=1}^{6} [e, c_k] \dot{c}_k = \frac{\partial \mathcal{R}}{\partial e} \tag{5-6}$$

根据式（4-181），我们有

$$\sum_{k=1}^{6} [e, c_k] \dot{c}_k = [e, n] \dot{n} + [e, e] \dot{e} + [e, i] \frac{\mathrm{d}i}{\mathrm{d}t} + [e, \Omega] \dot{\Omega} + [e, \omega] \dot{\omega} + [e, M_0] \dot{M}_0$$

$$= [e, \Omega] \dot{\Omega} + [e, \omega] \dot{\omega} \tag{5-7}$$

于是

$$\left(\frac{na^2 e}{\beta} \cos i \right) \dot{\Omega} + \left(\frac{na^2 e}{\beta} \right) \dot{\omega} = \frac{\partial \mathcal{R}}{\partial e} \tag{5-8}$$

对 **c** 的第三个根数使用拉格朗日括号，我们得到

$$\sum_{k=1}^{6}\left[i,c_k\right]\dot{c}_k = \frac{\partial \mathcal{R}}{\partial i} \tag{5-9}$$

并根据式（4-181）

$$\sum_{k=1}^{6}\left[i,c_k\right]\dot{c}_k = [i,n]\dot{n} + [i,e]\dot{e} + [i,i]\frac{\mathrm{d}i}{\mathrm{d}t} + [i,\Omega]\dot{\Omega} + [i,\omega]\dot{\omega} + [i,M_0]\dot{M}_0$$

$$= -[\Omega,i]\dot{\Omega} \tag{5-10}$$

于是我们有

$$(na^2\beta\sin i)\dot{\Omega} = \frac{\partial \mathcal{R}}{\partial i} \tag{5-11}$$

对 **c** 的第四个根数使用拉格朗日括号，我们得到

$$\sum_{k=1}^{6}\left[\Omega,c_k\right]\dot{c}_k = \frac{\partial \mathcal{R}}{\partial \Omega} \tag{5-12}$$

应用式（4-181），我们得到

$$\sum_{k=1}^{6}\left[\Omega,c_k\right]\dot{c}_k = [\Omega,n]\dot{n} + [\Omega,e]\dot{e} + [\Omega,i]\frac{\mathrm{d}i}{\mathrm{d}t} + [\Omega,\Omega]\dot{\Omega} + [\Omega,\omega]\dot{\omega} + [\Omega,M_0]\dot{M}_0$$

$$= [\Omega,n]\dot{n} + [\Omega,e]\dot{e} + [\Omega,i]\frac{\mathrm{d}i}{\mathrm{d}t} \tag{5-13}$$

于是

$$-\left(\frac{a^2\beta}{3}\cos i\right)\dot{n} - \left(\frac{na^2e}{\beta}\cos i\right)\dot{e} - (na^2\beta\sin i)\frac{\mathrm{d}i}{\mathrm{d}t} = \frac{\partial \mathcal{R}}{\partial \Omega} \tag{5-14}$$

对 **c** 的第五个根数使用拉格朗日括号，我们得到

$$\sum_{k=1}^{6}\left[\omega,c_k\right]\dot{c}_k = \frac{\partial \mathcal{R}}{\partial \omega} \tag{5-15}$$

根据式（4-181）

$$\sum_{k=1}^{6}\left[\omega,c_k\right]\dot{c}_k = [\omega,n]\dot{n} + [\omega,e]\dot{e} + [\omega,i]\frac{\mathrm{d}i}{\mathrm{d}t} + [\omega,\Omega]\dot{\Omega} + [\omega,\omega]\dot{\omega} + [\omega,M_0]\dot{M}_0$$

$$= [\omega,n]\dot{n} + [\omega,e]\dot{e} \tag{5-16}$$

于是我们有

$$-\left(\frac{a^2\beta}{3}\right)\dot{n} - \left(\frac{na^2e}{\beta}\right)\dot{e} = \frac{\partial \mathcal{R}}{\partial \omega} \tag{5-17}$$

对 **c** 的第六个根数使用拉格朗日括号，我们得到

$$\sum_{k=1}^{6}\left[M_0,c_k\right]\dot{c}_k = \frac{\partial \mathcal{R}}{\partial M_0} \tag{5-18}$$

并应用式（4-181），得到

$$\sum_{k=1}^{6} [M_0, c_k] \dot{c}_k = [M_0, n] \dot{n} + [M_0, e] \dot{e} + [M_0, i] \frac{\mathrm{d}i}{\mathrm{d}t} + [M_0, \Omega] \dot{\Omega}$$

$$+ [M_0, \omega] \dot{\omega} + [M_0, M_0] \dot{M}_0 \qquad (5-19)$$

$$= [M_0, n] \dot{n}$$

和

$$-\frac{a^2}{3} \dot{n} = \frac{\partial \mathcal{R}}{\partial M_0} \qquad (5-20)$$

接下来，我们求式（5-5）、式（5-8）、式（5-11）、式（5-14）、式（5-17）和式（5-20）对于轨道根数的时间导数的联立解。换句话说，我们需要分别找到 $\dot{n}$, $\dot{e}$, $\mathrm{d}i/\mathrm{d}t$, $\dot{\Omega}$, $\dot{\omega}$, $\dot{M}_0$ 的微分方程。

5.1.1　轨道根数时间导数的求解

根据式（5-20），我们直接得到 $\dot{n}$：

$$\dot{n} = -\frac{3}{a^2} \frac{\partial \mathcal{R}}{\partial M_0} \qquad (5-21)$$

将式（5-21）代入式（5-17）中的 $\dot{n}$，可得到 $\dot{e}$ 的方程

$$-\left(\frac{a^2 \beta}{3}\right)\left(-\frac{3}{a^2} \frac{\partial \mathcal{R}}{\partial M_0}\right) - \left(\frac{na^2 e}{\beta}\right) \dot{e} = \frac{\partial \mathcal{R}}{\partial \omega}$$

$$\left(\frac{na^2 e}{\beta}\right) \dot{e} = \beta \frac{\partial \mathcal{R}}{\partial M_0} - \frac{\partial \mathcal{R}}{\partial \omega}$$

重新排列得到

$$\dot{e} = \left(\frac{\beta^2}{na^2 e}\right) \frac{\partial \mathcal{R}}{\partial M_0} - \left(\frac{\beta}{na^2 e}\right) \frac{\partial \mathcal{R}}{\partial \omega} \qquad (5-22)$$

我们直接根据式（5-11）得到 $\dot{\Omega}$：

$$\dot{\Omega} = \left(\frac{1}{na^2 \beta \sin i}\right) \frac{\partial \mathcal{R}}{\partial i} \qquad (5-23)$$

通过将式（5-23）代入式（5-8），我们得到 $\dot{\omega}$ 的方程

$$\left(\frac{na^2 e}{\beta}\right) \dot{\omega} = \frac{\partial \mathcal{R}}{\partial e} - \left(\frac{na^2 e}{\beta} \cos i\right)\left(\frac{1}{na^2 \beta \sin i}\right) \frac{\partial \mathcal{R}}{\partial i}$$

$$\left(\frac{na^2 e}{\beta}\right) \dot{\omega} = \frac{\partial \mathcal{R}}{\partial e} - \left(\frac{e \cos i}{\beta^2 \sin i}\right) \frac{\partial \mathcal{R}}{\partial i}$$

重新排列得到

$$\dot{\omega} = \frac{\beta}{na^2 e} \frac{\partial \mathcal{R}}{\partial e} - \left(\frac{\cos i}{na^2 \beta \sin i}\right) \frac{\partial \mathcal{R}}{\partial i} \qquad (5-24)$$

为求出 $\dot{M}_0$，我们将式（5-23）和式（5-24）代入式（5-5）：

$$\frac{\partial \mathcal{R}}{\partial n} = \left(\frac{a^2 \beta}{3} \cos i \right) \left(\frac{1}{na^2 \beta \sin i} \right) \frac{\partial \mathcal{R}}{\partial i} + \left(\frac{a^2 \beta}{3} \right) \left[\frac{\beta}{na^2 e} \frac{\partial \mathcal{R}}{\partial e} - \left(\frac{\cos i}{na^2 \beta \sin i} \right) \frac{\partial \mathcal{R}}{\partial i} \right]$$
$$+ \left(\frac{a^2}{3} \right) \dot{M}_0$$

于是

$$\left(\frac{a^2}{3} \right) \dot{M}_0 = \frac{\partial \mathcal{R}}{\partial n} - \frac{1}{3} \left(\frac{\cos i}{n \sin i} \right) \frac{\partial \mathcal{R}}{\partial i} - \frac{1}{3} \frac{\beta^2}{ne} \frac{\partial \mathcal{R}}{\partial e} + \frac{1}{3} \left(\frac{\cos i}{n \sin i} \right) \frac{\partial \mathcal{R}}{\partial i}$$

或者，求解 $\dot{M}_0$ 为：

$$\dot{M}_0 = \frac{3}{a^2} \frac{\partial \mathcal{R}}{\partial n} - \frac{\beta^2}{na^2 e} \frac{\partial \mathcal{R}}{\partial e} \tag{5-25}$$

最后，将式（5-21）和式（5-22）代入式（5-14），我们得到 $\mathrm{d}i/\mathrm{d}t$：

$$\frac{\partial \mathcal{R}}{\partial \Omega} = - \left(\frac{a^2 \beta}{3} \cos i \right) \left(-\frac{3}{a^2} \right) \frac{\partial \mathcal{R}}{\partial M_0} - \left(\frac{na^2 e}{\beta} \cos i \right) \left[\left(\frac{\beta^2}{na^2 e} \right) \frac{\partial \mathcal{R}}{\partial M_0} - \left(\frac{\beta}{na^2 e} \right) \frac{\partial \mathcal{R}}{\partial \omega} \right]$$
$$- (na^2 \beta \sin i) \frac{\mathrm{d}i}{\mathrm{d}t}$$

$$\frac{\partial \mathcal{R}}{\partial \Omega} = (\beta \cos i) \frac{\partial \mathcal{R}}{\partial M_0} - (\beta \cos i) \frac{\partial \mathcal{R}}{\partial M_0} + (\cos i) \frac{\partial \mathcal{R}}{\partial \omega} - (na^2 \beta \sin i) \frac{\mathrm{d}i}{\mathrm{d}t}$$

可得

$$(na^2 \beta \sin i) \frac{\mathrm{d}i}{\mathrm{d}t} = (\cos i) \frac{\partial \mathcal{R}}{\partial \omega} - \frac{\partial \mathcal{R}}{\partial \Omega}$$

可简化为

$$\frac{\mathrm{d}i}{\mathrm{d}t} = \left(\frac{\cos i}{na^2 \beta \sin i} \right) \frac{\partial \mathcal{R}}{\partial \omega} - \left(\frac{1}{na^2 \beta \sin i} \right) \frac{\partial \mathcal{R}}{\partial \Omega} \tag{5-26}$$

方程（5-21）～方程（5-26）被称为拉格朗日行星方程，我们将其总结为如下的经典形式：

$$\dot{n} = -\frac{3}{a^2} \frac{\partial \mathcal{R}}{\partial M_0}$$

$$\dot{e} = \left(\frac{\beta^2}{na^2 e} \right) \frac{\partial \mathcal{R}}{\partial M_0} - \left(\frac{\beta}{na^2 e} \right) \frac{\partial \mathcal{R}}{\partial \omega}$$

$$\frac{\mathrm{d}i}{\mathrm{d}t} = \left(\frac{\cos i}{na^2 \beta \sin i} \right) \frac{\partial \mathcal{R}}{\partial \omega} - \left(\frac{1}{na^2 \beta \sin i} \right) \frac{\partial \mathcal{R}}{\partial \Omega}$$

$$\dot{\Omega} = \left(\frac{1}{na^2 \beta \sin i} \right) \frac{\partial \mathcal{R}}{\partial i} \tag{5-27}$$

$$\dot{\omega} = \frac{\beta}{na^2 e} \frac{\partial \mathcal{R}}{\partial e} - \left(\frac{\cos i}{na^2 \beta \sin i} \right) \frac{\partial \mathcal{R}}{\partial i}$$

$$\dot{M}_0 = \frac{3}{a^2} \frac{\partial \mathcal{R}}{\partial n} - \frac{\beta^2}{na^2 e} \frac{\partial \mathcal{R}}{\partial e}$$

拉格朗日行星方程提供了由保守的扰动函数 $\mathcal{R}$ 引起的轨道根数的一阶变化率。几乎相同（等效）的形式出现在 Battin（1999）、Moulton（1914）、Roy（2005）、Vallado（2013）

中。由于我们选择平均运动而不是半长轴作为自变量，这些方程与引用的参考文献略有不同。

5.1.2　拉格朗日行星方程与平近点角

在某些情况下，使用平近点角可能比拉格朗日行星方程中的 M_0 更方便

$$M = M_0 + nt \tag{5-28}$$

在这种情况下，摄动可以写为 $\mathcal{R}(n, e, i, \Omega, \omega, M)$。我们注意到，平近点角的时间导数为

$$\dot{M} = \dot{M}_0 + n + \dot{n}t \tag{5-29}$$

由式（5-25）可以看出，我们需要 $\partial \mathcal{R} / \partial n$ 的表达式。我们可以写出

$$\frac{\partial \mathcal{R}}{\partial n} = \left(\frac{\partial \mathcal{R}}{\partial n}\right)_M + \frac{\partial \mathcal{R}}{\partial M}\frac{\partial M}{\partial n} \tag{5-30}$$

其中，$(\partial \mathcal{R} / \partial n)_M$ 表示扰动函数的偏导数在常数 M 处取值。根据式（5-28），我们可知

$$\frac{\partial M}{\partial n} = t \tag{5-31}$$

在式（5-30）中应用式（5-31），可得

$$\frac{\partial \mathcal{R}}{\partial n} = \left(\frac{\partial \mathcal{R}}{\partial n}\right)_M + t\frac{\partial \mathcal{R}}{\partial M} \tag{5-32}$$

因此，式（5-25）变为

$$\dot{M}_0 = \left(\frac{3}{a^2}\right)\left(\frac{\partial \mathcal{R}}{\partial n}\right)_M + \left(\frac{3}{a^2}\right)t\frac{\partial \mathcal{R}}{\partial M} - \left(\frac{\beta^2}{na^2 e}\right)\frac{\partial \mathcal{R}}{\partial e} \tag{5-33}$$

接下来，在式（5-29）中应用式（5-21）和式（5-33），我们得到

$$\dot{M} = \left(\frac{3}{a^2}\right)\left(\frac{\partial \mathcal{R}}{\partial n}\right)_M + \left(\frac{3}{a^2}\right)t\frac{\partial \mathcal{R}}{\partial M} - \left(\frac{\beta^2}{na^2 e}\right)\frac{\partial \mathcal{R}}{\partial e} + n - \frac{3}{a^2}\frac{\partial \mathcal{R}}{\partial M_0}t \tag{5-34}$$

根据式（5-28），我们可知

$$\frac{\partial \mathcal{R}}{\partial M} = \frac{\partial \mathcal{R}}{\partial M_0} \tag{5-35}$$

对式（5-34）进行简化，可得

$$\dot{M} = n + \left(\frac{3}{a^2}\right)\left(\frac{\partial \mathcal{R}}{\partial n}\right)_M - \left(\frac{\beta^2}{na^2 e}\right)\frac{\partial \mathcal{R}}{\partial e} \tag{5-36}$$

当使用平近点角代替 M_0 作为第六个轨道根数时，新的拉格朗日行星方程组为

$$\dot{n} = -\frac{3}{a^2} \frac{\partial \mathcal{R}}{\partial M}$$

$$\dot{e} = \left(\frac{\beta^2}{na^2e}\right) \frac{\partial \mathcal{R}}{\partial M} - \left(\frac{\beta}{na^2e}\right) \frac{\partial \mathcal{R}}{\partial \omega}$$

$$\frac{\mathrm{d}i}{\mathrm{d}t} = \left(\frac{\cos i}{na^2\beta\sin i}\right) \frac{\partial \mathcal{R}}{\partial \omega} - \left(\frac{1}{na^2\beta\sin i}\right) \frac{\partial \mathcal{R}}{\partial \Omega}$$

$$\dot{\Omega} = \left(\frac{1}{na^2\beta\sin i}\right) \frac{\partial \mathcal{R}}{\partial i} \qquad (5-37)$$

$$\dot{\omega} = \frac{\beta}{na^2e} \frac{\partial \mathcal{R}}{\partial e} - \left(\frac{\cos i}{na^2\beta\sin i}\right) \frac{\partial \mathcal{R}}{\partial i}$$

$$\dot{M} = n - \left(\frac{\beta^2}{na^2e}\right) \frac{\partial \mathcal{R}}{\partial e} + \left(\frac{3}{a^2}\right) \left(\frac{\partial \mathcal{R}}{\partial n}\right)_M$$

5.2 扰动函数

在天体动力学中，有许多非保守的扰动函数，如大气阻力和太阳辐射压力。因此，我们寻求推导更一般的拉格朗日行星方程，使其适用于任何扰动力。推导过程的一个重要组成部分是拉格朗日括号的使用。由于我们在第 4 章中没有对扰动函数的性质作任何假设，因此我们能够推导出适用于任何扰动力的拉格朗日括号的一般公式。

5.2.1 力系（导出高斯形式）

根据式（3-41），我们有

$$\sum_{k=1}^{6} [c_j, c_k] \dot{c}_k = \mathbf{F} \cdot \frac{\partial \mathbf{r}}{\partial c_j}, \quad j = 1, 2, \cdots, 6 \qquad (5-38)$$

由于我们已经在第 4 章中得到了拉格朗日括号，因此我们只需集中精力为六个轨道根数计算式（5-38）的右侧。计算完成后，我们只需代入拉格朗日括号，求解轨道根数时间变化率的六个线性方程组。

在许多应用中，摄动力指向特定方向，并且可能是非保守的。我们将考虑拉格朗日行星方程的两种应用情况。

情况 I：力沿半径矢量方向，其余两坐标矢量分别横切于半径矢量和垂直于轨道平面。

情况 II：力与轨道相切，其余两坐标矢量分别指向轨道的径向（在平面内）和垂直于轨道平面。例如，大气阻力与轨道相切，方向与瞬时速度矢量相反。此外，小推力也经常沿着速度矢量方向施加。

我们在此指出，在力系的推导中，我们经常提到单位质量的力，即摄动加速度。由此产生的行星方程有时被称为高斯形式的行星方程。

5.2.2　力系情况Ⅰ：径向-横向-正交（RSW）

在第一种情况下，我们使用径向－横向－正交坐标系，即以卫星为中心的坐标系 RSW。在某些参考文献中，该坐标系也称为高斯坐标系或局部垂直、局部水平（LVLH）坐标系。图 5-1 中给出了该参考系的描述。

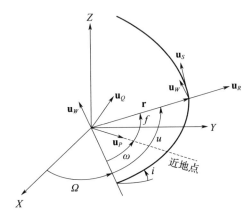

图 5-1　情况Ⅰ的坐标系：径向-横向-正交系统，其中 $\mathbf{u}_W$ 与轨道平面正交

令 $\mathbf{u}_R$，$\mathbf{u}_S$，$\mathbf{u}_W$ 为一组右手正交的单位矢量，其中 $\mathbf{u}_R$ 沿 $\mathbf{r}$（半径矢量）方向，$\mathbf{u}_S$ 在轨道平面内指向运动方向，并垂直于 $\mathbf{r}$，以及 $\mathbf{u}_W = \mathbf{u}_R \times \mathbf{u}_S$ 垂直于轨道平面。

我们将真纬度幅角定义为节线到 $\mathbf{r}$ 的角度：

$$u = \omega + f \tag{5-39}$$

该角度为近拱点幅角与真近点角之和。我们将摄动加速度（或每单位质量的力）写为

$$\mathbf{F} = R\mathbf{u}_R + S\mathbf{u}_S + W\mathbf{u}_W \tag{5-40}$$

其中，R、S 和 W 表示 RSW 系三个主要方向上的摄动加速度的标量分量。

5.2.3　α_j 元素的摄动公式

回到式（5-38）

$$\sum_{k=1}^{6} [c_j, c_k] \dot{c}_k = \mathbf{F} \cdot \frac{\partial \mathbf{r}}{\partial c_j}, \quad j = 1, 2, \cdots, 6$$

我们可知，需要计算位置矢量相对于平面轨道根数 n、e、M_0 的偏导数。根据近焦点坐标系的定义，我们有

$$\mathbf{r} = \xi \mathbf{u}_P + \eta \mathbf{u}_Q$$

因此

$$\frac{\partial \mathbf{r}}{\partial \alpha_j} = \frac{\partial \xi}{\partial \alpha_j} \mathbf{u}_P + \frac{\partial \eta}{\partial \alpha_j} \mathbf{u}_Q \tag{5-41}$$

和

$$\mathbf{F} \cdot \frac{\partial \mathbf{r}}{\partial c_j} = (R\mathbf{u}_R + S\mathbf{u}_S + W\mathbf{u}_W) \cdot \left(\frac{\partial \xi}{\partial \alpha_j} \mathbf{u}_P + \frac{\partial \eta}{\partial \alpha_j} \mathbf{u}_Q \right) \tag{5-42}$$

通过研究第 2 章中的图 2 - 5，很明显有

$$\mathbf{u}_R \cdot \mathbf{u}_P = \cos f$$

$$\mathbf{u}_R \cdot \mathbf{u}_Q = \sin f$$

$$\mathbf{u}_S \cdot \mathbf{u}_P = -\sin f$$

$$\mathbf{u}_S \cdot \mathbf{u}_Q = \cos f \tag{5-43}$$

$$\mathbf{u}_W \cdot \mathbf{u}_P = 0$$

$$\mathbf{u}_W \cdot \mathbf{u}_Q = 0$$

在式（5 - 42）中应用式（5 - 43），我们得到

$$\mathbf{F} \cdot \frac{\partial \mathbf{r}}{\partial c_j} = R\left(\frac{\partial \xi}{\partial \alpha_j}\cos f + \frac{\partial \eta}{\partial \alpha_j}\sin f\right) + S\left(-\frac{\partial \xi}{\partial \alpha_j}\sin f + \frac{\partial \eta}{\partial \alpha_j}\cos f\right) \tag{5-44}$$

5.2.4　平均运动的摄动公式

将式（5 - 44）应用于平均运动，得到

$$\mathbf{F} \cdot \frac{\partial \mathbf{r}}{\partial n} = R\left(\cos f\, \frac{\partial \xi}{\partial n} + \sin f\, \frac{\partial \eta}{\partial n}\right) + S\left(-\sin f\, \frac{\partial \xi}{\partial n} + \cos f\, \frac{\partial \eta}{\partial n}\right) \tag{5-45}$$

在式（5 - 45）的第一项中应用式（4 - 38）和式（4 - 41），我们得到

$$
\begin{aligned}
-\frac{3n}{2a}\left(\cos f\, \frac{\partial \xi}{\partial n} + \sin f\, \frac{\partial \eta}{\partial n}\right) &= \cos f\left[\frac{r}{a}\cos f + \frac{3n}{2\beta}t\sin f\right] \\
&\quad + \sin f\left[\frac{r}{a}\sin f - \frac{3n}{2\beta}t(\cos f + e)\right] \\
&= \frac{r}{a}\cos^2 f + \frac{3n}{2\beta}t\sin f\cos f \\
&\quad + \frac{r}{a}\sin^2 f - \frac{3n}{2\beta}t\sin f\cos f - \frac{3n}{2\beta}t(e\sin f) \\
&= \frac{r}{a} - \frac{3n}{2\beta}t(e\sin f)
\end{aligned}
\tag{5-46}
$$

在式（5 - 45）的第二项中应用式（4 - 38）和式（4 - 41），我们得到

$$
\begin{aligned}
-\frac{3n}{2a}\left(-\sin f\, \frac{\partial \xi}{\partial n} + \cos f\, \frac{\partial \eta}{\partial n}\right) &= -\sin f\left[\frac{r}{a}\cos f + \frac{3n}{2\beta}t\sin f\right] \\
&\quad + \cos f\left[\frac{r}{a}\sin f - \frac{3n}{2\beta}t(\cos f + e)\right] \\
&= -\frac{r}{a}\sin f\cos f - \frac{3n}{2\beta}t\sin^2 f \\
&\quad + \frac{r}{a}\sin f\cos f - \frac{3n}{2\beta}t\cos^2 f - \frac{3n}{2\beta}t(e\cos f) \\
&= -\frac{3n}{2\beta}t(1 + e\cos f)
\end{aligned}
\tag{5-47}
$$

在式（5 - 45）中应用式（5 - 46）和式（5 - 47），得到

$$\mathbf{F} \cdot \frac{\partial \mathbf{r}}{\partial n} = R\left[-\frac{2r}{3n} + \frac{a}{\beta}t(e\sin f)\right] + S\left[\frac{a}{\beta}t(1 + e\cos f)\right] \qquad (5-48)$$

5.2.5　偏心率的摄动公式

将式 (5-44) 应用于偏心率，得到

$$\mathbf{F} \cdot \frac{\partial \mathbf{r}}{\partial e} = R\left(\cos f\,\frac{\partial \xi}{\partial e} + \sin f\,\frac{\partial \eta}{\partial e}\right) + S\left(-\sin f\,\frac{\partial \xi}{\partial e} + \cos f\,\frac{\partial \eta}{\partial e}\right) \qquad (5-49)$$

在式 (5-49) 的第一项中应用式 (4-39) 和式 (4-42)，我们得到

$$\left(\cos f\,\frac{\partial \xi}{\partial e} + \sin f\,\frac{\partial \eta}{\partial e}\right) = \cos f\left(-a - \frac{r}{\beta^2}\sin^2 f\right) + \sin f\left(\frac{r}{\beta^2}\sin f\cos f\right) \qquad (5-50)$$

$$= -a\cos f$$

在式 (5-49) 的第二项中应用式 (4-39) 和式 (4-42)，我们得到

$$\left(-\sin f\,\frac{\partial \xi}{\partial e} + \cos f\,\frac{\partial \eta}{\partial e}\right) = -\sin f\left(-a - \frac{r}{\beta^2}\sin^2 f\right) + \cos f\left(\frac{r}{\beta^2}\sin f\cos f\right)$$

$$= a\sin f + \frac{r}{\beta^2}\sin^3 f + \frac{r}{\beta^2}\sin f\cos^2 f$$

$$= a\sin f + \frac{r}{\beta^2}\sin f(1 - \cos^2 f + \cos^2 f) \qquad (5-51)$$

$$= a\sin f\left(1 + \frac{r}{a\beta^2}\right)$$

在式 (5-49) 中应用式 (5-50) 和式 (5-51)，得到

$$\mathbf{F} \cdot \frac{\partial \mathbf{r}}{\partial e} = -R(a\cos f) + S(a\sin f)\left(1 + \frac{r}{a\beta^2}\right) \qquad (5-52)$$

5.2.6　平近点角的摄动公式

将式 (5-44) 应用于平近点角，得到

$$\mathbf{F} \cdot \frac{\partial \mathbf{r}}{\partial M_0} = R\left(\cos f\,\frac{\partial \xi}{\partial M_0} + \sin f\,\frac{\partial \eta}{\partial M_0}\right) + S\left(-\sin f\,\frac{\partial \xi}{\partial M_0} + \cos f\,\frac{\partial \eta}{\partial M_0}\right) \qquad (5-53)$$

在式 (5-53) 的第一项中应用式 (4-40) 和式 (4-43)，我们得到

$$\left(\cos f\,\frac{\partial \xi}{\partial M_0} + \sin f\,\frac{\partial \eta}{\partial M_0}\right) = \cos f\left(-\frac{a}{\beta}\sin f\right) + \sin f\left[\frac{a}{\beta}(\cos f + e)\right] \qquad (5-54)$$

$$= \frac{a}{\beta}(e\sin f)$$

在式 (5-53) 的第二项中应用式 (4-40) 和式 (4-43)，我们得到

$$\left(-\sin f\,\frac{\partial \xi}{\partial M_0} + \cos f\,\frac{\partial \eta}{\partial M_0}\right) = -\sin f\left(-\frac{a}{\beta}\sin f\right) + \cos f\left[\frac{a}{\beta}(\cos f + e)\right]$$

$$= \frac{a}{\beta}(1 + e\cos f) \qquad (5-55)$$

$$= \frac{a^2\beta}{r}$$

在式（5-53）中应用式（5-54）和式（5-55），得到

$$\mathbf{F} \cdot \frac{\partial \mathbf{r}}{\partial M_0} = R\left(\frac{a}{\beta}e\sin f\right) + S\left(\frac{a^2\beta}{r}\right) \qquad (5-56)$$

5.2.7　β_j 元素的摄动公式

回到式（5-38），我们现在需要计算下面的量

$$\mathbf{F} \cdot \frac{\partial \mathbf{r}}{\partial \beta_j} \qquad (5-57)$$

这需要计算位置矢量相对于轨道方位根数 Ω、ω、i 的偏导数，我们注意到

$$\mathbf{r} = r\mathbf{u}_r \qquad (5-58)$$

和

$$\mathbf{r} = r(D_{11}\mathbf{i} + D_{12}\mathbf{j} + D_{13}\mathbf{k}) \qquad (5-59)$$

其中，我们利用了沿半径矢量方向的坐标系。通过简单地将 ω 替换为真纬度幅角 u，可以从近焦点 PQW 系统中得到 RSW 系统，如下所示：

$$\begin{pmatrix} \mathbf{u}_R \\ \mathbf{u}_S \\ \mathbf{u}_W \end{pmatrix} = \begin{pmatrix} D_{11} & D_{12} & D_{13} \\ D_{21} & D_{22} & D_{23} \\ D_{31} & D_{32} & D_{33} \end{pmatrix} \begin{pmatrix} \mathbf{i} \\ \mathbf{j} \\ \mathbf{k} \end{pmatrix} \qquad (5-60)$$

和

$$\begin{pmatrix} \mathbf{i} \\ \mathbf{j} \\ \mathbf{k} \end{pmatrix} = \begin{pmatrix} D_{11} & D_{21} & D_{31} \\ D_{12} & D_{22} & D_{32} \\ D_{13} & D_{23} & D_{33} \end{pmatrix} \begin{pmatrix} \mathbf{u}_R \\ \mathbf{u}_S \\ \mathbf{u}_W \end{pmatrix} \qquad (5-61)$$

其中

$$D_{11} = \cos u \cos \Omega - \sin u \sin \Omega \cos i$$
$$D_{12} = \cos u \sin \Omega + \sin u \cos \Omega \cos i$$
$$D_{13} = \sin u \sin i$$
$$D_{21} = -\sin u \cos \Omega - \cos u \sin \Omega \cos i$$
$$D_{22} = -\sin u \sin \Omega + \cos u \cos \Omega \cos i \qquad (5-62)$$
$$D_{23} = \cos u \sin i$$
$$D_{31} = \sin \Omega \sin i$$
$$D_{32} = -\cos \Omega \sin i$$
$$D_{33} = \cos i$$

根据式（5-59），可以得出

$$\frac{\partial \mathbf{r}}{\partial \beta_j} = r\frac{\partial D_{11}}{\partial \beta_j}\mathbf{i} + r\frac{\partial D_{12}}{\partial \beta_j}\mathbf{j} + r\frac{\partial D_{13}}{\partial \beta_j}\mathbf{k}$$

利用式（5-60）将 **ijk** 转换到 RSW 系统，我们得到

$$\frac{\partial \mathbf{r}}{\partial \beta_j} = r\,\frac{\partial D_{11}}{\partial \beta_j}D_{11}\mathbf{u}_R + r\,\frac{\partial D_{11}}{\partial \beta_j}D_{21}\mathbf{u}_S + r\,\frac{\partial D_{11}}{\partial \beta_j}D_{31}\mathbf{u}_W$$

$$+ r\,\frac{\partial D_{12}}{\partial \beta_j}D_{12}\mathbf{u}_R + r\,\frac{\partial D_{12}}{\partial \beta_j}D_{22}\mathbf{u}_S + r\,\frac{\partial D_{12}}{\partial \beta_j}D_{32}\mathbf{u}_W$$

$$+ r\,\frac{\partial D_{13}}{\partial \beta_j}D_{13}\mathbf{u}_R + r\,\frac{\partial D_{13}}{\partial \beta_j}D_{23}\mathbf{u}_S + r\,\frac{\partial D_{13}}{\partial \beta_j}D_{33}\mathbf{u}_W \qquad (5-63)$$

$$= r\left(\frac{\partial D_{11}}{\partial \beta_j}D_{11} + \frac{\partial D_{12}}{\partial \beta_j}D_{12} + \frac{\partial D_{13}}{\partial \beta_j}D_{13}\right)\mathbf{u}_R$$

$$+ r\left(\frac{\partial D_{11}}{\partial \beta_j}D_{21} + \frac{\partial D_{12}}{\partial \beta_j}D_{22} + \frac{\partial D_{13}}{\partial \beta_j}D_{23}\right)\mathbf{u}_S$$

$$+ r\left(\frac{\partial D_{11}}{\partial \beta_j}D_{31} + \frac{\partial D_{12}}{\partial \beta_j}D_{32} + \frac{\partial D_{13}}{\partial \beta_j}D_{33}\right)\mathbf{u}_W$$

在式（5-57）中应用式（5-40）和式（5-63），得到

$$\mathbf{F}\cdot\frac{\partial \mathbf{r}}{\partial \beta_j} = rR\left(\frac{\partial D_{11}}{\partial \beta_j}D_{11} + \frac{\partial D_{12}}{\partial \beta_j}D_{12} + \frac{\partial D_{13}}{\partial \beta_j}D_{13}\right)$$

$$+ rS\left(\frac{\partial D_{11}}{\partial \beta_j}D_{21} + \frac{\partial D_{12}}{\partial \beta_j}D_{22} + \frac{\partial D_{13}}{\partial \beta_j}D_{23}\right) \qquad (5-64)$$

$$+ rW\left(\frac{\partial D_{11}}{\partial \beta_j}D_{31} + \frac{\partial D_{12}}{\partial \beta_j}D_{32} + \frac{\partial D_{13}}{\partial \beta_j}D_{33}\right)$$

5.2.8　Ω 的摄动公式

将式（5-64）应用于升交点角，得到

$$\mathbf{F}\cdot\frac{\partial \mathbf{r}}{\partial \beta_j} = rR\left(\frac{\partial D_{11}}{\partial \Omega}D_{11} + \frac{\partial D_{12}}{\partial \Omega}D_{12} + \frac{\partial D_{13}}{\partial \Omega}D_{13}\right)$$

$$+ rS\left(\frac{\partial D_{11}}{\partial \Omega}D_{21} + \frac{\partial D_{12}}{\partial \Omega}D_{22} + \frac{\partial D_{13}}{\partial \Omega}D_{23}\right) \qquad (5-65)$$

$$+ rW\left(\frac{\partial D_{11}}{\partial \Omega}D_{31} + \frac{\partial D_{12}}{\partial \Omega}D_{32} + \frac{\partial D_{13}}{\partial \Omega}D_{33}\right)$$

其中，我们注意到

$$\frac{\partial D_{11}}{\partial \Omega} = -\cos u\sin\Omega - \sin u\cos\Omega\cos i = -D_{12}$$

$$\frac{\partial D_{12}}{\partial \Omega} = \cos u\cos\Omega - \sin u\sin\Omega\cos i = D_{11}$$

$$\frac{\partial D_{21}}{\partial \Omega} = \sin u\sin\Omega - \cos u\cos\Omega\cos i = -D_{22}$$

$$\frac{\partial D_{22}}{\partial \Omega} = -\sin u\cos\Omega - \cos u\sin\Omega\cos i = -D_{21} \qquad (5-66)$$

$$\frac{\partial D_{31}}{\partial \Omega} = \cos\Omega\sin i = -D_{32}$$

$$\frac{\partial D_{32}}{\partial \Omega} = \sin\Omega\sin i = D_{31}$$

在式（5 - 65）的三项中应用式（5 - 66），我们得到

$$\left(\frac{\partial D_{11}}{\partial \Omega} D_{11} + \frac{\partial D_{12}}{\partial \Omega} D_{12} + \frac{\partial D_{13}}{\partial \Omega} D_{13}\right) = -D_{12} D_{11} + D_{11} D_{12} + (0) D_{13} = 0$$

$$\left(\frac{\partial D_{11}}{\partial \Omega} D_{21} + \frac{\partial D_{12}}{\partial \Omega} D_{22} + \frac{\partial D_{13}}{\partial \Omega} D_{23}\right) = \cos i \qquad (5 - 67)$$

$$\left(\frac{\partial D_{11}}{\partial \Omega} D_{31} + \frac{\partial D_{12}}{\partial \Omega} D_{32} + \frac{\partial D_{13}}{\partial \Omega} D_{33}\right) = -\cos u \sin i$$

将这些结果代入式（5 - 65），我们得到

$$\mathbf{F} \cdot \frac{\partial \mathbf{r}}{\partial \Omega} = (r \cos i) S - (r \cos u \sin i) W \qquad (5 - 68)$$

5.2.9　ω 的摄动公式

将式（5 - 64）应用于近拱点幅角，得到

$$\begin{aligned}
\mathbf{F} \cdot \frac{\partial \mathbf{r}}{\partial \omega} = &rR\left(\frac{\partial D_{11}}{\partial \omega} D_{11} + \frac{\partial D_{12}}{\partial \omega} D_{12} + \frac{\partial D_{13}}{\partial \omega} D_{13}\right) \\
&+ rS\left(\frac{\partial D_{11}}{\partial \omega} D_{21} + \frac{\partial D_{12}}{\partial \omega} D_{22} + \frac{\partial D_{13}}{\partial \omega} D_{23}\right) \\
&+ rW\left(\frac{\partial D_{11}}{\partial \omega} D_{31} + \frac{\partial D_{12}}{\partial \omega} D_{32} + \frac{\partial D_{13}}{\partial \omega} D_{33}\right)
\end{aligned} \qquad (5 - 69)$$

其中，我们注意到

$$\frac{\partial D_{11}}{\partial \omega} = -\sin u \cos \Omega - \cos u \sin \Omega \cos i = D_{21}$$

$$\frac{\partial D_{12}}{\partial \omega} = -\sin u \sin \Omega + \cos u \cos \Omega \cos i = D_{22}$$

$$\frac{\partial D_{13}}{\partial \omega} = \cos u \sin i = D_{23}$$

$$\frac{\partial D_{21}}{\partial \omega} = -\cos u \cos \Omega + \sin u \sin \Omega \cos i = -D_{11} \qquad (5 - 70)$$

$$\frac{\partial D_{22}}{\partial \omega} = -\cos u \sin \Omega - \sin u \cos \Omega \cos i = -D_{12}$$

$$\frac{\partial D_{23}}{\partial \omega} = -\sin u \sin i = -D_{13}$$

在式（5 - 69）的三项中应用式（5 - 70），我们得到

$$\left(\frac{\partial D_{11}}{\partial \omega} D_{11} + \frac{\partial D_{12}}{\partial \omega} D_{12} + \frac{\partial D_{13}}{\partial \omega} D_{13}\right) = D_{21} D_{11} + D_{22} D_{12} + D_{23} D_{13} = 0$$

$$\left(\frac{\partial D_{11}}{\partial \omega} D_{21} + \frac{\partial D_{12}}{\partial \omega} D_{22} + \frac{\partial D_{13}}{\partial \omega} D_{23}\right) = D_{21} D_{21} + D_{22} D_{22} + D_{23} D_{23} = 1 \qquad (5 - 71)$$

$$\left(\frac{\partial D_{11}}{\partial \omega} D_{31} + \frac{\partial D_{12}}{\partial \omega} D_{32} + \frac{\partial D_{13}}{\partial \omega} D_{33}\right) = D_{21} D_{31} + D_{22} D_{32} + D_{23} D_{33} = 0$$

我们将这些结果代入式（5-69），得到

$$\mathbf{F} \cdot \frac{\partial \mathbf{r}}{\partial \omega} = (r) S \qquad (5-72)$$

5.2.10　i 的摄动公式

将式（5-64）应用于倾角，得到

$$
\begin{aligned}
\mathbf{F} \cdot \frac{\partial \mathbf{r}}{\partial i} = {} & rR \left(\frac{\partial D_{11}}{\partial i} D_{11} + \frac{\partial D_{12}}{\partial i} D_{12} + \frac{\partial D_{13}}{\partial i} D_{13} \right) \\
& + rS \left(\frac{\partial D_{11}}{\partial i} D_{21} + \frac{\partial D_{12}}{\partial i} D_{22} + \frac{\partial D_{13}}{\partial i} D_{23} \right) \\
& + rW \left(\frac{\partial D_{11}}{\partial i} D_{31} + \frac{\partial D_{12}}{\partial i} D_{32} + \frac{\partial D_{13}}{\partial i} D_{33} \right)
\end{aligned} \qquad (5-73)
$$

其中，我们注意到

$$\frac{\partial D_{11}}{\partial i} = \sin u \sin \Omega \sin i$$

$$\frac{\partial D_{12}}{\partial i} = -\sin u \cos \Omega \sin i$$

$$\frac{\partial D_{13}}{\partial i} = \sin u \cos i$$

$$\frac{\partial D_{21}}{\partial i} = \cos u \sin \Omega \sin i$$

$$\frac{\partial D_{22}}{\partial i} = -\cos u \cos \Omega \sin i \qquad (5-74)$$

$$\frac{\partial D_{23}}{\partial i} = \cos u \cos i$$

$$\frac{\partial D_{31}}{\partial i} = \sin \Omega \cos i$$

$$\frac{\partial D_{32}}{\partial i} = -\cos \Omega \cos i$$

$$\frac{\partial D_{33}}{\partial i} = -\sin i$$

在式（5-73）的三项中应用式（5-74），我们发现

$$
\begin{aligned}
\left(\frac{\partial D_{11}}{\partial i} D_{11} + \frac{\partial D_{12}}{\partial i} D_{12} + \frac{\partial D_{13}}{\partial i} D_{13} \right) = {} & \sin u \sin i (-\sin u \cos i) \\
& + (\sin u \cos i) \sin u \sin i \\
= {} & 0
\end{aligned}
$$

$$\left(\frac{\partial D_{11}}{\partial i}D_{21}+\frac{\partial D_{12}}{\partial i}D_{22}+\frac{\partial D_{13}}{\partial i}D_{23}\right)=\sin u \sin i\,(-\cos u \cos i)$$

$$+\sin u \cos i\,(\cos u \sin i)$$

$$=0$$

$$\left(\frac{\partial D_{11}}{\partial i}D_{31}+\frac{\partial D_{12}}{\partial i}D_{32}+\frac{\partial D_{13}}{\partial i}D_{33}\right)=(D_{31}\sin u)D_{31}+(D_{32}\sin u)D_{32}$$

$$+D_{33}D_{33}\sin u$$

$$=\sin u$$

将这些结果代入式（5-73），我们得到

$$\mathbf{F}\cdot\frac{\partial \mathbf{r}}{\partial i}=(r\sin u)W \tag{5-75}$$

5.2.11　径向-横向-正交力的拉格朗日行星方程

我们现在拥有计算所需的一切

$$\sum_{k=1}^{6}\left[c_j,c_k\right]\dot{c}_k=\mathbf{F}\cdot\frac{\partial \mathbf{r}}{\partial c_j} \tag{5-76}$$

对 **c** 的第一个根数应用拉格朗日括号，我们得到

$$\sum_{k=1}^{6}\left[n,c_k\right]\dot{c}_k=\mathbf{F}\cdot\frac{\partial \mathbf{r}}{\partial n} \tag{5-77}$$

根据式（5-4）和式（5-5），我们得到

$$\left(\frac{a^2\beta}{3}\cos i\right)\dot{\Omega}+\left(\frac{a^2\beta}{3}\right)\dot{\omega}+\left(\frac{a^2}{3}\right)\dot{M}_0=\mathbf{F}\cdot\frac{\partial \mathbf{r}}{\partial n} \tag{5-78}$$

将式（5-48）代入式（5-78），可得

$$\left(\frac{a^2\beta}{3}\cos i\right)\dot{\Omega}+\left(\frac{a^2\beta}{3}\right)\dot{\omega}+\left(\frac{a^2}{3}\right)\dot{M}_0=R\left[-\frac{2r}{3n}+\frac{a}{\beta}t(e\sin f)\right]$$

$$+S\left[\frac{a}{\beta}t(1+e\cos f)\right] \tag{5-79}$$

对 **c** 的第二个根数应用拉格朗日括号，我们得到

$$\sum_{k=1}^{6}\left[e,c_k\right]\dot{c}_k=\mathbf{F}\cdot\frac{\partial \mathbf{r}}{\partial e} \tag{5-80}$$

根据式（5-7）和式（5-8），我们得到

$$\left(\frac{na^2 e}{\beta}\cos i\right)\dot{\Omega}+\left(\frac{na^2 e}{\beta}\right)\dot{\omega}=\mathbf{F}\cdot\frac{\partial \mathbf{r}}{\partial e} \tag{5-81}$$

将式（5-52）代入式（5-81），可得

$$(\cos i)\dot{\Omega}+\dot{\omega}=\frac{\beta}{na^2 e}\left[-R(a\cos f)+S(a\sin f)\left(1+\frac{r}{a\beta^2}\right)\right] \tag{5-82}$$

对 **c** 的第三个根数应用拉格朗日括号，我们得到

$$\sum_{k=1}^{6}\left[i,c_k\right]\dot{c}_k=\mathbf{F}\cdot\frac{\partial \mathbf{r}}{\partial i} \tag{5-83}$$

根据式（5-10）和式（5-11），我们得到

$$(na^2\beta\sin i)\dot\Omega = \mathbf{F}\cdot\frac{\partial\mathbf{r}}{\partial i} \tag{5-84}$$

将式（5-75）代入式（5-84），可得

$$(na^2\beta\sin i)\dot\Omega = (r\sin u)W \tag{5-85}$$

对 **c** 的第四个根数应用拉格朗日括号，我们得到

$$\sum_{k=1}^{6}[\Omega,c_k]\dot c_k = \mathbf{F}\cdot\frac{\partial\mathbf{r}}{\partial\Omega} \tag{5-86}$$

根据式（5-13）和式（5-14），我们得到

$$-\left(\frac{a^2\beta}{3}\cos i\right)\dot n - \left(\frac{na^2 e}{\beta}\cos i\right)\dot e - (na^2\beta\sin i)\frac{\mathrm{d}i}{\mathrm{d}t} = \mathbf{F}\cdot\frac{\partial\mathbf{r}}{\partial\Omega} \tag{5-87}$$

将式（5-68）代入式（5-87），可得

$$-\left(\frac{a^2\beta}{3}\cos i\right)\dot n - \left(\frac{na^2 e}{\beta}\cos i\right)\dot e - (na^2\beta\sin i)\frac{\mathrm{d}i}{\mathrm{d}t} = (r\cos i)S - (r\cos u\sin i)W \tag{5-88}$$

对 **c** 的第五个根数应用拉格朗日括号，我们得到

$$\sum_{k=1}^{6}[\omega,c_k]\dot c_k = \mathbf{F}\cdot\frac{\partial\mathbf{r}}{\partial\omega} \tag{5-89}$$

根据式（5-16）和式（5-17），我们得到

$$-\left(\frac{a^2\beta}{3}\right)\dot n - \left(\frac{na^2 e}{\beta}\right)\dot e = \mathbf{F}\cdot\frac{\partial r}{\partial\omega} \tag{5-90}$$

将式（5-72）代入式（5-90），可得

$$-\left(\frac{a^2\beta}{3}\right)\dot n - \left(\frac{na^2 e}{\beta}\right)\dot e = (r)S \tag{5-91}$$

对 **c** 的第六元素应用拉格朗日括号，我们得到

$$\sum_{k=1}^{6}[M_0,c_k]\dot c_k = \mathbf{F}\cdot\frac{\partial\mathbf{r}}{\partial M_0} \tag{5-92}$$

根据式（5-19）和式（5-20），我们得到

$$-\frac{a^2}{3}\dot n = \mathbf{F}\cdot\frac{\partial\mathbf{r}}{\partial M_0} \tag{5-93}$$

将式（5-56）代入式（5-93），可得

$$\dot n = -\left(\frac{3e}{a\beta}\sin f\right)R - \left(\frac{3\beta}{r}\right)S \tag{5-94}$$

5.2.12　轨道根数时间导数的求解

根据式（5-94），我们有

$$\dot n = -\left(\frac{3e}{a\beta}\sin f\right)R - \left(\frac{3\beta}{r}\right)S \tag{5-95}$$

将式（5-95）代入式（5-91）中的 $\dot{n}$，得到

$$\left(\frac{na^2e}{\beta}\right)\dot{e} = -(r)S + (ae\sin f)R + \left(\frac{a^2\beta^2}{r}\right)S$$

简化后得到

$$\dot{e} = \left(\frac{\beta}{na}\sin f\right)R + \frac{\beta}{na^2e}\left(\frac{a^2\beta^2}{r} - r\right)S \tag{5-96}$$

将式（5-91）代入式（5-88），得到

$$(r\cos i)S - (na^2\beta\sin i)\frac{\mathrm{d}i}{\mathrm{d}t} = (r\cos i)S - (r\cos u\sin i)W \tag{5-97}$$

求解式（5-97）中的倾角变化率，得到

$$\frac{\mathrm{d}i}{\mathrm{d}t} = \frac{r\cos u}{na^2\beta}W \tag{5-98}$$

式（5-85）可以改写为

$$\dot{\Omega} = \left(\frac{r\sin u}{na^2\beta\sin i}\right)W \tag{5-99}$$

将式（5-99）代入式（5-82），可得

$$\left(\frac{na^2e}{\beta}\right)\dot{\omega} = -R(a\cos f) + S(a\sin f)\left(1 + \frac{r}{a\beta^2}\right) - \left(\frac{na^2e}{\beta}\cos i\right)\left(\frac{r\sin u}{na^2\beta\sin i}\right)W$$

求解近拱点幅角变化率，得到

$$\dot{\omega} = -\left(\frac{\beta\cos f}{nae}\right)R + \left(\frac{\beta\sin f}{nae}\right)\left(1 + \frac{r}{a\beta^2}\right)S - \left(\frac{r\sin u\cos i}{na^2\beta\sin i}\right)W \tag{5-100}$$

我们重新排列式（5-79），得到

$$\frac{a^2}{3}\dot{M}_0 = R\left[-\frac{2r}{3n} + \frac{a}{\beta}t(e\sin f)\right] + S\left[\frac{a}{\beta}t(1 + e\cos f)\right]$$

$$- \frac{a^2\beta}{3}\left[(\cos i)\dot{\Omega} + \dot{\omega}\right]$$

将式（5-82）代入右侧的最后两项，得到

$$\dot{M}_0 = \left(\frac{\beta^2}{nae}\cos f - \frac{2r}{na^2}\right)R - \frac{\beta^2}{nae}\sin f\left(1 + \frac{r}{a\beta^2}\right)S$$

$$+ \frac{3}{a\beta}t\left[(e\sin f)R + (1 + e\cos f)S\right] \tag{5-101}$$

最后，我们将式（5-101）和式（5-95）代入关系式

$$\dot{M} = \dot{M}_0 + n + \dot{n}t$$

并得到

$$\dot{M} = \left(\frac{\beta^2}{nae}\cos f - \frac{2r}{na^2}\right)R - \frac{\beta^2}{nae}\sin f\left(1 + \frac{r}{a\beta^2}\right)S$$

$$+ \frac{3}{a\beta}t\left[(e\sin f)R + (1 + e\cos f)S\right]$$

$$+ n - t\left[\left(\frac{3e}{a\beta}\sin f\right)R + \left(\frac{3\beta}{r}\right)S\right]$$

简化后得到

$$\dot{M} = n + \left(\frac{\beta^2}{nae}\cos f - \frac{2r}{na^2}\right)R - \frac{\beta^2}{nae}\sin f\left(1 + \frac{r}{a\beta^2}\right)S \qquad (5-102)$$

综上所述，我们有

$$\dot{n} = -\left(\frac{3e}{a\beta}\sin f\right)R - \left(\frac{3\beta}{r}\right)S$$

$$\dot{e} = \left(\frac{\beta}{na}\sin f\right)R + \frac{\beta}{na^2e}\left(\frac{a^2\beta^2}{r} - r\right)S$$

$$\frac{\mathrm{d}i}{\mathrm{d}t} = \frac{r\cos u}{na^2\beta}W$$

$$\dot{\Omega} = \left(\frac{r\sin u}{na^2\beta\sin i}\right)W \qquad (5-103)$$

$$\dot{\omega} = -\left(\frac{\beta\cos f}{nae}\right)R + \left(\frac{\beta\sin f}{nae}\right)\left(1 + \frac{r}{a\beta^2}\right)S - \left(\frac{r\sin u\cos i}{na^2\beta\sin i}\right)W$$

$$\dot{M} = n + \left(\frac{\beta^2}{nae}\cos f - \frac{2r}{na^2}\right)R - \frac{\beta^2}{nae}\sin f\left(1 + \frac{r}{a\beta^2}\right)S$$

5.3　力系情况 Ⅱ：法向-切向-正交（NTW）

第二种坐标系是以卫星为中心的坐标系，即 NTW，有时也称为 Frenet 坐标系。在该坐标系中，主轴 N 位于轨道平面内，垂直于速度矢量。T 轴与轨道相切，W 轴垂直于轨道平面（与 RSW 系统一样）。图 5-2 给出了该参考系的描述。

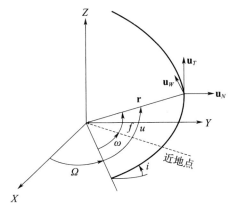

图 5-2　情况 Ⅱ 的坐标系：法向-切向-正交系统，其中 $\mathbf{u}_W$ 与轨道平面正交

因为阻力的作用方向与速度矢量相反，我们可以用 NTW 系来分析大气阻力对轨道的影响。此外，小推力推进系统通常沿瞬时速度矢量方向推进。

参考图 5-1，我们可以写出

$$\begin{pmatrix} \mathbf{u}_P \\ \mathbf{u}_Q \end{pmatrix} = \begin{pmatrix} \cos f & -\sin f \\ \sin f & \cos f \end{pmatrix} \begin{pmatrix} \mathbf{u}_R \\ \mathbf{u}_S \end{pmatrix} \tag{5-104}$$

在第 4 章中，我们得到了式（4-49）和式（4-50），在此重复一下：

$$\dot{\xi} = -\frac{na}{\beta} \sin f \tag{5-105}$$

$$\dot{\eta} = \frac{na}{\beta} (\cos f + e) \tag{5-106}$$

则有

$$\mathbf{v} = \dot{\xi} \mathbf{u}_P + \dot{\eta} \mathbf{u}_Q = -\frac{na}{\beta} \left[(\sin f) \mathbf{u}_P - (e + \cos f) \mathbf{u}_Q \right] \tag{5-107}$$

因此，速度的大小为

$$v = \frac{na}{\beta} \sqrt{1 + 2e\cos f + e^2} = \frac{na}{\beta} \psi \tag{5-108}$$

其中，我们引入

$$\psi = \sqrt{1 + 2e\cos f + e^2}$$

以简化符号。

应用式（5-107）和式（5-108），我们将单位速度矢量描述为

$$\mathbf{u}_T = \frac{\dot{\xi}}{\psi \frac{na}{\beta}} \mathbf{u}_P + \frac{\dot{\eta}}{\psi \frac{na}{\beta}} \mathbf{u}_Q = -\frac{1}{\psi} (\sin f) \mathbf{u}_P + \frac{1}{\psi} (e + \cos f) \mathbf{u}_Q \tag{5-109}$$

由此可知，

$$\begin{pmatrix} \mathbf{u}_N \\ \mathbf{u}_T \end{pmatrix} = \begin{pmatrix} \dfrac{e + \cos f}{\psi} & \dfrac{\sin f}{\psi} \\ -\dfrac{\sin f}{\psi} & \dfrac{e + \cos f}{\psi} \end{pmatrix} \begin{pmatrix} \mathbf{u}_P \\ \mathbf{u}_Q \end{pmatrix} \tag{5-110}$$

结合式（5-104）和式（5-109），我们可以写出

$$\begin{pmatrix} \mathbf{u}_R \\ \mathbf{u}_S \end{pmatrix} = \begin{pmatrix} \cos f & \sin f \\ -\sin f & \cos f \end{pmatrix} \begin{pmatrix} e + \cos f & -\sin f \\ \sin f & e + \cos f \end{pmatrix} \begin{pmatrix} \mathbf{u}_N \\ \mathbf{u}_T \end{pmatrix} \frac{1}{\psi}$$

因此

$$\begin{pmatrix} \mathbf{u}_R \\ \mathbf{u}_S \end{pmatrix} = \begin{pmatrix} 1 + e\cos f & e\sin f \\ -e\sin f & 1 + e\cos f \end{pmatrix} \begin{pmatrix} \mathbf{u}_N \\ \mathbf{u}_T \end{pmatrix} \frac{1}{\psi} \tag{5-111}$$

由此可见，力的 RS 分量与力的 NT 分量的关系为

$$R = \frac{1}{\psi} (1 + e\cos f) N + \frac{1}{\psi} (e\sin f) T \tag{5-112}$$

$$S = -\frac{1}{\psi} (e\sin f) N + \frac{1}{\psi} (1 + e\cos f) T \tag{5-113}$$

将式（5-112）和式（5-113）代入拉格朗日行星方程（5-103），我们得到

$$\dot{n} = -\frac{3}{a\beta}\psi T$$

$$\dot{e} = \frac{1}{\psi}\frac{\beta}{na}\left(\frac{r}{a}\sin f\right)N + \frac{1}{\psi}\frac{2\beta}{na}(\cos f + e)T$$

$$\frac{\mathrm{d}i}{\mathrm{d}t} = \frac{r\cos u}{na^2\beta}W$$

$$\dot{\Omega} = \left(\frac{r\sin u}{na^2\beta\sin i}\right)W \qquad\qquad (5-114)$$

$$\dot{\omega} = \frac{\beta}{nae}\frac{1}{\psi}\left[2(\sin f)T - \frac{r}{a\beta^2}(\cos f + 2e + e^2\cos f)N\right] - \left(\frac{r\sin u\cos i}{na^2\beta\sin i}\right)W$$

$$\dot{M} = n - \frac{1}{na^2}\frac{1}{\psi}2\sin f\left(re + \frac{a\beta^2}{e}\right)T + \frac{1}{na^2 e}\frac{1}{\psi}\cos f(r\beta^2)N$$

参 考 文 献

Battin，R. H. （1999）. *An introduction to the mathematics and methods of astrodynamics* （Revised ed.）. Reston: American Institute of Aeronautics and Astronautics，Inc.

Moulton，F. R. （1914）. *An introduction to celestial mechanics* （2nd ed.）. New York: The Macmillan Company.

Roy，A. E. （2005）. *Orbital motion* （4th ed.）. New York: Taylor & Francis Group.

Vallado，D. A. （2013）. *Fundamentals of astrodynamics and applications* （4th ed.）. El Segundo: Microcosm Press.

第6章 摄动函数的展开

我们现在考虑一个示例场景，一个所关注的天体受到另一个扰动天体的摄动，且两者都围绕一个共同的中心天体运动（如图6-1所示）。

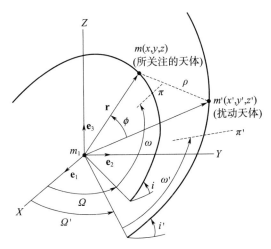

图6-1 摄动函数展开的轨道几何图形，其中 m 代表所关注天体（即受摄天体）的质量，m' 表示扰动质量

为了从拉格朗日行星方程［式（5-27）或式（5-37）］中找到轨道根数的时间变化率，扰动函数 $\mathcal{R}$ 通常表示为无穷级数，其中轨道根数要么出现在系数中，要么出现在三角函数的参数中。在图6-1中，我们使用以下定义：

$m \equiv$ 受摄质量

$m' \equiv$ 扰动质量

$\mathbf{r} \equiv m$ 的位置矢量

$\mathbf{r}' \equiv m'$ 的位置矢量

$\rho \equiv$ 扰动天体与受摄天体之间的距离

$\phi \equiv$ 扰动天体与受摄天体之间的角度

在这个展开示例中，我们假设在任何时候扰动天体都比受摄天体距离中心天体更远：

$$r' > r \tag{6-1}$$

但后面的分析可以很容易地修改以适应 $r' < r$ 的情况。

式（3-8）中的摄动函数可写为

$$\mathcal{R} = Gm' \left[\frac{1}{\rho} - \frac{xx' + yy' + zz'}{r'^3} \right]$$

$$= Gm' \left[(r^2 + r'^2 - 2rr'\cos\phi)^{-1/2} - \frac{rr'\cos\phi}{r'^3} \right]$$

$$= Gm' \left\{ \frac{1}{r'} \left[1 + \left(\frac{r}{r'}\right)^2 - 2\left(\frac{r}{r'}\right)\cos\phi \right]^{-1/2} - \frac{r\cos\phi}{r'^2} \right\} \qquad (6-2)$$

$$= \frac{Gm'}{r'} \left\{ \left[1 + \left(\frac{r}{r'}\right)^2 - 2\left(\frac{r}{r'}\right)\cos\phi \right]^{-1/2} - \left(\frac{r}{r'}\right)\cos\phi \right\}$$

其中我们使用了余弦定理关系 $\rho^2 = r + r'^2 - 2rr'\cos\phi$ ，以及两个位置矢量的点积关系 $\mathbf{r} \cdot \mathbf{r}' = rr'\cos\phi$ 。根据二项式定理：

$$(1+w)^{-n} = 1 - nw + \frac{n(n+1)w^2}{2!} - \frac{n(n+1)(n+2)w^3}{3!} + \cdots, \quad (w^2 < 1)$$

$$(6-3)$$

令

$$w = \left(\frac{r}{r'}\right)^2 - 2\left(\frac{r}{r'}\right)\cos\phi \qquad (6-4)$$

和

$$n = \frac{1}{2} \qquad (6-5)$$

我们可以展开式（6-2）的方括号项

$$\left[1 + \left(\frac{r}{r'}\right)^2 - 2\left(\frac{r}{r'}\right)\cos\phi \right]^{-1/2} = 1 - \frac{1}{2}\left(\frac{r}{r'}\right)^2 + \left(\frac{r}{r'}\right)\cos\phi$$

$$+ \frac{1}{2} \cdot \frac{1}{2} \cdot \frac{3}{2} \left[\left(\frac{r}{r'}\right)^2 - 2\left(\frac{r}{r'}\right)\cos\phi \right]^2$$

$$- \frac{1}{6} \cdot \frac{1}{2} \cdot \frac{3}{2} \cdot \frac{5}{2} \left[\left(\frac{r}{r'}\right)^2 - 2\left(\frac{r}{r'}\right)\cos\phi \right]^3$$

$$+ \frac{1}{24} \cdot \frac{1}{2} \cdot \frac{3}{2} \cdot \frac{5}{2} \cdot \frac{7}{2} \left[\left(\frac{r}{r'}\right)^2 - 2\left(\frac{r}{r'}\right)\cos\phi \right]^4$$

$$- \cdots$$

$$(6-6)$$

根据式（6-6），我们有

$$\left[\left(\frac{r}{r'}\right)^2 - 2\left(\frac{r}{r'}\right)\cos\phi \right]^2 = \left(\frac{r}{r'}\right)^4 - 4\left(\frac{r}{r'}\right)^3\cos\phi + 4\left(\frac{r}{r'}\right)^2\cos^2\phi \qquad (6-7)$$

$$\left[\left(\frac{r}{r'}\right)^2 - 2\left(\frac{r}{r'}\right)\cos\phi\right]^3 = \left(\frac{r}{r'}\right)^6 - 4\left(\frac{r}{r'}\right)^5\cos\phi + 4\left(\frac{r}{r'}\right)^4\cos^2\phi$$

$$- 2\left(\frac{r}{r'}\right)^5\cos\phi + 8\left(\frac{r}{r'}\right)^4\cos^2\phi - 8\left(\frac{r}{r'}\right)^3\cos^3\phi \tag{6-8}$$

$$= \left(\frac{r}{r'}\right)^6 - 6\left(\frac{r}{r'}\right)^5\cos\phi + 12\left(\frac{r}{r'}\right)^4\cos^2\phi$$

$$- 8\left(\frac{r}{r'}\right)^3\cos^3\phi$$

$$\left[\left(\frac{r}{r'}\right)^2 - 2\left(\frac{r}{r'}\right)\cos\phi\right]^4 = \left(\frac{r}{r'}\right)^8 - 6\left(\frac{r}{r'}\right)^7\cos\phi + 12\left(\frac{r}{r'}\right)^6\cos^2\phi$$

$$- 8\left(\frac{r}{r'}\right)^5\cos^3\phi - 2\left(\frac{r}{r'}\right)^7\cos\phi + 12\left(\frac{r}{r'}\right)^6\cos^2\phi$$

$$- 24\left(\frac{r}{r'}\right)^5\cos^3\phi + 16\left(\frac{r}{r'}\right)^4\cos^4\phi \tag{6-9}$$

$$= \left(\frac{r}{r'}\right)^8 - 8\left(\frac{r}{r'}\right)^7\cos\phi + 24\left(\frac{r}{r'}\right)^6\cos^2\phi$$

$$- 32\left(\frac{r}{r'}\right)^5\cos^3\phi + 16\left(\frac{r}{r'}\right)^4\cos^4\phi$$

此外，对于式（6-6）中的二项式系数，我们有

$$\frac{1}{2} \cdot \frac{1}{2} \cdot \frac{3}{2} = \frac{3}{8}$$

$$-\frac{1}{6} \cdot \frac{1}{2} \cdot \frac{3}{2} \cdot \frac{5}{2} = -\frac{5}{16} \tag{6-10}$$

$$\frac{1}{24} \cdot \frac{1}{2} \cdot \frac{3}{2} \cdot \frac{5}{2} \cdot \frac{7}{2} = \frac{35}{128}$$

保留式（6-6）中阶数不大于 $(r/r')^4$ 的项［应用式（6-7）～式（6-9）］，我们有

$$\left[1 + \left(\frac{r}{r'}\right)^2 - 2\left(\frac{r}{r'}\right)\cos\phi\right]^{-1/2}$$

$$= 1 + \left(\frac{r}{r'}\right)\cos\phi + \left(\frac{r}{r'}\right)^2\left[-\frac{1}{2} + \frac{3}{8} \cdot 4\cos^2\phi\right]$$

$$+ \left(\frac{r}{r'}\right)^3\left[\frac{3}{8}(-4\cos\phi) - \frac{5}{16}(-8)\cos^3\phi\right] \tag{6-11}$$

$$+ \left(\frac{r}{r'}\right)^4\left[1 \cdot \frac{3}{8} - \frac{5}{16}(12)\cos^2\phi + \frac{35}{128}(16)\cos^4\phi\right]$$

或

$$\left[1 + \left(\frac{r}{r'}\right)^2 - 2\left(\frac{r}{r'}\right)\cos\phi\right]^{-1/2} = 1 + \left(\frac{r}{r'}\right)\cos\phi + \left(\frac{r}{r'}\right)^2\left[-\frac{1}{2} + \frac{3}{2}\cos^2\phi\right]$$

$$+ \left(\frac{r}{r'}\right)^3\left[-\frac{3}{2}\cos\phi + \frac{5}{2}\cos^3\phi\right] \tag{6-12}$$

$$+ \left(\frac{r}{r'}\right)^4\left[\frac{3}{8} - \frac{15}{4}\cos^2\phi + \frac{35}{8}\cos^4\phi\right] + \cdots$$

方括号中的项为勒让德多项式。

6.1 第一类勒让德多项式

式（6-12）中的三角函数组称为第一类勒让德多项式 $P_n(\cos\phi)$：

$$P_0(\cos\phi)=1$$
$$P_1(\cos\phi)=\cos\phi$$
$$P_2(\cos\phi)=\frac{1}{2}(3\cos^2\phi-1)$$
$$P_3(\cos\phi)=\frac{1}{2}(5\cos^3\phi-3\cos\phi)$$
$$P_4(\cos\phi)=\frac{1}{8}(35\cos^4\phi-30\cos^2\phi+3)$$

（6-13）

我们利用三角幂关系：

$$\cos^2\phi=\frac{1}{2}(1+\cos2\phi)$$
$$\cos^3\phi=\frac{1}{4}(3\cos\phi+\cos3\phi)$$
$$\cos^4\phi=\frac{1}{8}(3+4\cos2\phi+\cos4\phi)$$

（6-14）

将式（6-14）代入式（6-13），得到

$$P_2=\frac{1}{2}(3\cos^2\phi-1)$$
$$=\frac{1}{2}\left(\frac{3}{2}+\frac{3}{2}\cos2\phi-1\right)$$
$$=\frac{1}{2}\left(\frac{1}{2}+\frac{3}{2}\cos2\phi\right)$$
$$=\frac{1}{4}(1+3\cos2\phi)$$

（6-15）

$$P_3=\frac{1}{2}(5\cos^3\phi-3\cos\phi)$$
$$=\frac{1}{2}\left(\frac{15}{4}\cos\phi+\frac{5}{4}\cos3\phi-3\cos\phi\right)$$
$$=\frac{1}{8}(5\cos3\phi+15\cos\phi-12\cos\phi)$$
$$=\frac{1}{8}(5\cos3\phi+3\cos\phi)$$

（6-16）

$$P_4 = \frac{1}{8} \left[\frac{35}{8}(3 + 4\cos 2\phi + \cos 4\phi) - \frac{30}{2}(1 + \cos 2\phi) + 3 \right]$$

$$= \frac{1}{64}(105 + 140\cos 2\phi + 35\cos 4\phi - 120 - 120\cos 2\phi + 24) \qquad (6-17)$$

$$= \frac{1}{64}(35\cos 4\phi + 20\cos 2\phi + 9)$$

因此，第一类勒让德多项式也可以表示为

$$P_0(\cos\phi) = 1$$

$$P_1(\cos\phi) = \cos\phi$$

$$P_2(\cos\phi) = \frac{1}{4}(3\cos 2\phi + 1)$$

$$P_3(\cos\phi) = \frac{1}{8}(5\cos 3\phi + 3\cos\phi) \qquad (6-18)$$

$$P_4(\cos\phi) = \frac{1}{64}(35\cos 4\phi + 20\cos 2\phi + 9)$$

勒让德系数是一致有界的：

$$|P_n(\cos\phi)| \leqslant 1, \quad n = 0,1,2,\cdots \qquad (6-19)$$

因此，级数

$$\sum_{n=0}^{\infty} \left(\frac{r}{r'} \right)^n P_n(\cos\phi)$$

是收敛的，因为我们已经选择了

$$\frac{r}{r'} < 1 \qquad (6-20)$$

通过将式（6-2）与式（6-12）和式（6-18）相结合，我们得到

$$\mathcal{R} = \frac{Gm'}{r'} \left[1 + \left(\frac{r}{r'} \right)^2 P_2 + \left(\frac{r}{r'} \right)^3 P_3 + \left(\frac{r}{r'} \right)^4 P_4 + \cdots \right] \qquad (6-21)$$

其中我们注意到 P_1 系数抵消了。为了用轨道根数表示 $\mathcal{R}$，需要对 $(r/r')^n$ 和 $P_n(\cos\phi)$ 进行计算。

为便于说明，我们将注意力转向 $\left(\frac{r}{r'} \right)^2 P_2(\cos\phi)$，我们将分别分析因子 $(r/r')^2$ 和 $P_2(\cos\phi)$。

6.1.1　因子 $(r/r')^2$

众所周知，(r/a) 可以展开为平近点角 M 的一系列三角函数，Moulton（1914）给出 ［另见 Kovalevsky（1967）和 Taff（1985）］

$$\frac{r}{a} = 1 - e\cos M - \frac{e^2}{2}(\cos 2M - 1) - \frac{e^3}{2!\ 2^2}(3\cos 3M - 3\cos M)$$

$$- \frac{e^4}{3!\ 2^3}(4^2\cos 4M - 4 \cdot 2^2\cos 2M)$$

$$- \frac{e^5}{4!\ 2^4}(5^3\cos 5M - 5 \cdot 3^3\cos 3M + 10\cos M) \qquad (6-22)$$

$$- \frac{e^6}{5!\ 2^5}(6^4\cos 6M - 6 \cdot 4^4\cos 4M + 15 \cdot 2^4\cos 2M) - \cdots$$

从式（6 - 22）中提取不高于 e^2 阶的项，我们有

$$\frac{r}{a} = 1 - e\cos M - \frac{e^2}{2}(\cos 2M - 1) \qquad (6-23)$$

为得到 a/r，我们写出（再次应用二项式定理）

$$\frac{a}{r} = \frac{1}{1 - e\cos M - \dfrac{e^2}{2}(\cos 2M - 1)}$$

$$= \frac{1}{1 + \epsilon} = 1 - \epsilon + \epsilon^2 + \cdots \qquad (6-24)$$

$$= 1 + e\cos M + \frac{e^2}{2}(\cos 2M - 1) + e^2\cos^2 M + \cdots$$

$$= 1 + e\cos M + \frac{e^2}{2}(\cos 2M - 1) + \frac{e^2}{2}(\cos 2M + 1) + \cdots$$

我们有（不高于 e^2 阶）

$$\frac{a}{r} = 1 + e\cos M + e^2\cos 2M \qquad (6-25)$$

为得到 $\cos E$，我们应用

$$r = a(1 - e\cos E) \qquad (6-26)$$

$$\frac{r}{a} - 1 = -e\cos E \qquad (6-27)$$

$$\cos E = \frac{1}{e}\left(1 - \frac{r}{a}\right) \qquad (6-28)$$

为将 $\cos E$ 按平近点角 M 展开至 e^2 阶，我们需要式（6 - 28）中的 (r/a) 展开到 e^3 阶：

$$\cos E = \frac{1}{e}\left[1 - 1 + e\cos M + \frac{e^2}{2}(\cos 2M - 1) + \frac{e^3}{8}(3\cos 3M - 3\cos M)\right]$$

$$= \cos M + \frac{e}{2}\cos 2M - \frac{e}{2} + \frac{3e^2}{8}\cos 3M - \frac{3e^2}{8}\cos M \qquad (6-29)$$

$$= -\frac{1}{2}e + \left(1 - \frac{3}{8}e^2\right)\cos M + \frac{1}{2}e\cos 2M + \frac{3}{8}e^2\cos 3M$$

为得到 $\sin E$，我们应用开普勒方程：

$$E - M = e\sin E \qquad (6-30)$$

或

$$\sin E = \frac{1}{e}(E - M) \tag{6-31}$$

Moulton（1914）给出了 E 关于 M 的展开式，如下所示：

$$E = M + e\sin M + \frac{e^2}{2}\sin 2M + \frac{e^3}{3!\,2^2}(3^2\sin 3M - 3\sin M) + \cdots \tag{6-32}$$

将式（6-32）代入式（6-31），我们有

$$\sin E = \frac{1}{e}\left[M - M + e\sin M + \frac{e^2}{2}\sin 2M + \frac{1}{24}e^3(9\sin 3M - 3\sin M)\right] \tag{6-33}$$

于是

$$\sin E = \sin M + \frac{e}{2}\sin 2M + \frac{3e^2}{8}\sin 3M - \frac{1}{8}e^2\sin M \tag{6-34}$$

或

$$\sin E = \left(1 - \frac{1}{8}e^2\right)\sin M + \frac{1}{2}e\sin 2M + \frac{3}{8}e^2\sin 3M \tag{6-35}$$

根据式（6-23）和式（6-25），我们可以写出

$$\frac{r}{r'} = \left(\frac{r}{a}\right)\left(\frac{a'}{r'}\right)\left(\frac{a}{a'}\right)$$

$$= \left(\frac{a}{a'}\right)\left[1 + \frac{1}{2}e^2 - e\cos M - \frac{1}{2}e^2\cos 2M\right]\left[1 + e'\cos M' + e'^2\cos 2M'\right] \tag{6-36}$$

将式（6-36）中的项相乘，并对结果进行平方，我们有（只保留到 e^2 阶的项）

$$\left(\frac{r}{r'}\right)^2 = \left(\frac{a}{a'}\right)^2\left[1 + e'\cos M' + e'^2\cos 2M' + \frac{e^2}{2} - e\cos M - ee'\cos M\cos M' - \frac{e^2}{2}\cos 2M\right]$$

$$\times\left[1 + e'\cos M' + e'^2\cos 2M' + \frac{e^2}{2} - e\cos M - ee'\cos M\cos M' - \frac{e^2}{2}\cos 2M\right]$$

$$= \left(\frac{a}{a'}\right)^2\times\left[1 + e'\cos M' + e'^2\cos 2M' + \frac{e^2}{2} - e\cos M - ee'\cos M\cos M'\right.$$

$$- \frac{e^2}{2}\cos 2M + e'\cos M' + e'^2\cos^2 M' - e'e\cos M'\cos M + e'^2\cos 2M'$$

$$\left. + \frac{e^2}{2} - e\cos M - e'e\cos M'\cos M + e^2\cos^2 M - ee'\cos M\cos M' - \frac{e^2}{2}\cos 2M\right]$$

$$= \left(\frac{a}{a'}\right)^2\left[1 + e^2 + e^2\cos^2 M - 2e\cos M - e^2\cos 2M + e'^2\cos^2 M'\right.$$

$$\left. + 2e'\cos M' - 4ee'\cos M\cos M' + 2e'^2\cos 2M'\right]$$

$$\tag{6-37}$$

诸如 $\cos^2 M$ 和 $\cos M\cos M'$ 等项总是可以通过三角恒等式转化为多个角度或角度和与差的函数：

$$\cos^2 M = \frac{1}{2}(1 + \cos 2M) \tag{6-38}$$

$$\cos M \cos M' = \frac{1}{2} \left[\cos(M + M') + \cos(M - M') \right] \tag{6-39}$$

式 （6-37） 则变为

$$\begin{aligned}
\left(\frac{r}{r'}\right)^2 &= \left(\frac{a}{a'}\right)^2 \left[1 + e^2 + \frac{e^2}{2}(1 + \cos 2M) - 2e\cos M - e^2\cos 2M \right. \\
&\quad + \frac{e'^2}{2}(1 + \cos 2M') + 2e'\cos M' \\
&\quad \left. - 2ee'\left[\cos(M + M') + \cos(M - M')\right] + 2e'^2\cos 2M' \right] \\
&= \left(\frac{a}{a'}\right)^2 \left[1 + \frac{3}{2}e^2 + \frac{e'^2}{2} - 2e\cos M + 2e'\cos M' - \frac{e^2}{2}\cos 2M \right. \\
&\quad \left. + \frac{5}{2}e'^2\cos 2M' - 2ee'\cos(M + M') - 2ee'\cos(M - M') \right]
\end{aligned} \tag{6-40}$$

我们由式 （6-40） 观察到，$(r/r')^2$ 为以下形式的项之和：

$$A_{pq}\cos(pM + qM')$$

其中，p 和 q 为正整数或负整数或零，系数 A_{pq} 为根数 a ，a' ，e 和 e' 的函数：

$$\begin{aligned}
&p, q \equiv 整数(+, - 或 0) \\
&A_{pq} \equiv A_{pq}(a, a', e, e')
\end{aligned} \tag{6-41}$$

6.1.2　因子 $P_2(\cos\phi)$

在式 （6-21） 中，我们还考虑了以下多项式因子的影响

$$P_2(\cos\phi) = -\frac{1}{2} + \frac{3}{2}\cos^2\phi \tag{6-42}$$

我们寻求 $\cos\phi$ 关于轨道根数的表达式。回顾式 （4-4） 和椭圆的性质，近焦点坐标系中的位置矢量为

$$\mathbf{r} = \xi\mathbf{u}_P + \eta\mathbf{u}_Q = a\left[(\cos E - e)\mathbf{u}_P + \left(\sqrt{1 - e^2}\sin E\right)\mathbf{u}_Q\right] \tag{6-43}$$

其中 $\mathbf{u}_P$ 和 $\mathbf{u}_Q$ 是方位根数 Ω、ω 和 i 的函数，如式 （2-50） 和式 （2-51） 所示。类似于式 （6-43），方程可将 $\mathbf{r}'$ 与相应的单位矢量 $\mathbf{u}'_P$ 和 $\mathbf{u}'_Q$ 联系起来。现在我们可以写出

$$\begin{aligned}
\cos\phi &= \frac{\mathbf{r} \cdot \mathbf{r}'}{rr'} = \frac{(\xi\mathbf{u}_P + \eta\mathbf{u}_Q) \cdot (\xi'\mathbf{u}'_P + \eta'\mathbf{u}'_Q)}{rr'} \\
&= \frac{\xi\xi'\mathbf{u}_P \cdot \mathbf{u}'_P + \eta\xi'\mathbf{u}_Q \cdot \mathbf{u}'_P + \xi\eta'\mathbf{u}_P \cdot \mathbf{u}'_Q + \eta\eta'\mathbf{u}_Q \cdot \mathbf{u}'_Q}{rr'}
\end{aligned} \tag{6-44}$$

让我们考虑一个典型的项，如 $\xi\xi'\mathbf{u}_P \cdot \mathbf{u}'_P/(rr')$ 。因为

$$\begin{aligned}
\xi &= a(\cos E - e) \\
\xi' &= a'(\cos E' - e')
\end{aligned} \tag{6-45}$$

并应用式 （6-29） 中 $\cos E$ 的表达式：

$$\frac{\xi\xi'}{rr'} = \left(\frac{a}{r}\right)\left(\frac{a'}{r'}\right)$$

$$\times \left[-\frac{3}{2}e + \left(1 - \frac{3}{8}e^2\right)\cos M + \frac{e}{2}\cos 2M + \frac{3}{8}e^2\cos 3M\right] \qquad (6-46)$$

$$\times \left[-\frac{3}{2}e' + \left(1 - \frac{3}{8}e'^2\right)\cos M' + \frac{e'}{2}\cos 2M' + \frac{3}{8}e'^2\cos 3M'\right]$$

式（6-46）的典型乘积项具有以下形式：

$$\cos pM \cos qM'$$

可以转换为以下形式

$$\frac{1}{2}\left[\cos(pM + qM') + \cos(pM - qM')\right]$$

此外，通过 (a/r) 和 (a'/r')［见式（6-25）］的级数展开式，这些典型项的乘积可以类似地减少。我们得出结论，乘积 $\xi\xi'/(rr')$ 可写为以下形式（类似项）：

$$B_{pq}\cos(pM + qM')$$

其中

$$\begin{aligned} p, q &\equiv 整数(+, - 或 0) \\ B_{pq} &\equiv B_{pq}(a, a', e, e') \end{aligned} \qquad (6-47)$$

6.1.3　$(r/r')^2 P_2(\cos\phi)$ 项

当我们将勒让德项 $(r/r')^2 P_2(\cos\phi)$ 展开为平近点角 M 和 M' 的函数时，一直在考虑［作为说明，如式（6-21）所示］扰动函数 $\mathcal{R}$ 涉及哪些项。特别是，我们一直在研究因子 $P_2(\cos\phi)$。我们仍然必须考虑式（6-44）中 $\mathbf{u}_P \cdot \mathbf{u}'_P$ 的乘积，它可以写为

$$\mathbf{u}_P \cdot \mathbf{u}'_P = P_1 P'_1 + P_2 P'_2 + P_3 P'_3 \qquad (6-48)$$

其中，根据式（2-51）

$$P_1 = \cos\Omega\cos\omega - \sin\Omega\sin\omega\cos i \qquad (6-49)$$

$$P_2 = \sin\Omega\cos\omega + \cos\Omega\sin\omega\cos i \qquad (6-50)$$

$$P_3 = \sin\omega\sin i \qquad (6-51)$$

P'_1，P'_2 和 P'_3 具有类似的表达式。为方便起见，我们写出

$$\cos i = 1 - 2\sin^2(i/2) \qquad (6-52)$$

在许多应用中，倾角 i 是一个小量，因此

$$\sin\left(\frac{i}{2}\right) \approx \frac{i}{2} = \gamma \qquad (6-53)$$

$$\cos i \approx 1 - 2\gamma^2 \qquad (6-54)$$

其中，我们使用 γ 作为新的倾角变量。因此，对于较小的 i 近似值，P_1 变为

$$P_1 \approx \cos\Omega\cos\omega - \sin\Omega\sin\omega + 2\gamma^2\sin\Omega\sin\omega \qquad (6-55)$$

$$\approx \cos(\Omega + \omega) + 2\gamma^2\sin\Omega\sin\omega$$

通过应用三角恒等式

$$2\sin\omega\sin\Omega = \cos(\omega - \Omega) - \cos(\omega + \Omega) \qquad (6-56)$$

我们得到

$$P_1 \approx (1 - \gamma^2)\cos(\Omega + \omega) + \gamma^2\cos(\omega - \Omega) \qquad (6-57)$$

类似地

$$P'_1 \approx (1 - \gamma'^2)\cos(\Omega' + \omega') + \gamma'^2\cos(\omega' - \Omega') \qquad (6-58)$$

$\mathbf{u}_P$ 和 $\mathbf{u}_Q$ ［见式 (2-50) 和式 (2-51)］的其他分量可以用类似的方法表示。

这里我们只对乘积 $\mathbf{u}_P \cdot \mathbf{u}'_P$ 的一般形式感兴趣，如 $P_1 P'_1$ 项所示。根据式 (6-57) 和式 (6-58)，我们可知 $P_1 P'_1$ 项由以下形式的项组成：

$$\cos(\Omega + \omega)\cos(\Omega' + \omega')$$

上式可简化为如下形式的总和：

$$\frac{1}{2}\left[\cos(\Omega + \omega + \Omega' + \omega') + \cos(\Omega + \omega - \Omega' - \omega')\right]$$

因此，由 $\mathbf{u}_P \cdot \mathbf{u}'_P$ 产生的所有乘积和式 (6-44) 中 ($\mathbf{u}_Q \cdot \mathbf{u}'_P$，$\mathbf{u}_P \cdot \mathbf{u}'_Q$，$\mathbf{u}_Q \cdot \mathbf{u}'_Q$) 的其他标量积，均可采用以下形式

$$C_j \cos(j_1\Omega + j_2\Omega' + j_3\omega + j_4\omega')$$

其中，$j_i(i = 1, 2, 3, 4)$ 为正或负的整数或零，C_j 为倾角变量 γ 和 γ' 的函数。

从 $\xi\xi' P_1 P'_1/(rr')$ 项的结构中，我们得出结论：$\cos\phi$ 可以表示为余弦项之和，其自变量为 M，M'，Ω，Ω'，ω 和 ω' 的函数 ［见式 (6-44)］。此外，$\cos^2\phi$ ［出现在勒让德多项式 $P_2(\cos\phi) = -\dfrac{1}{2} + \dfrac{3}{2}\cos^2\phi$ 中］和 $\cos\phi$ 的高次幂可以表示为此类函数的乘积，并最终通过三角恒等式简化为多个角度的余弦之和。

6.2　摄动函数的形式

归根结底，摄动函数 $\mathcal{R}$ 的形式如下：

$$\mathcal{R} = Gm' \sum_p C_p(a, a', e, e', \gamma, \gamma') \qquad (6-59)$$
$$\times \cos(p_1 M + p_2 M' + p_3\Omega + p_4\Omega' + p_5\omega + p_6\omega')$$

其中 $p_i(i = 1, 2, 3, 4, 5, 6)$ 为整数 (正、负或零)。现在可以在拉格朗日行星方程 ［式 (5-27) 或式 (5-37)］ 中应用式 (6-59)，以得到轨道根数的摄动。

令

$$\begin{aligned} M &= nt + \sigma \\ M' &= n't + \sigma' \end{aligned} \qquad (6-60)$$

于是

$$p_1 M + p_2 M' = (p_1 n + p_2 n')t + p_1\sigma + p_2\sigma' \qquad (6-61)$$

令摄动函数 $\mathcal{R}$ 中余弦的自变量表示为

$$\theta = (p_1 n + p_2 n')t + p_1\sigma + p_2\sigma' + p_3\Omega + p_4\Omega' + p_5\omega + p_6\omega' \qquad (6-62)$$

我们还假设摄动天体 m' 的轨道根数可以视为常数。也就是说，假设所关注的天体对摄动天体的运动没有显著影响。因此，式（6-62）可以写为

$$\theta = (p_1 n + p_2 n')t + p_1\sigma + p_3\Omega + p_5\omega + \theta_0 \qquad (6-63)$$

其中，θ_0 包含 p_2、p_4、p_6 和 σ'，Ω'、ω' 的相关组合。因此，式（6-59）可写为

$$\mathcal{R} = Gm'\sum_p C_p \cos\left[(p_1 n + p_2 n')t + p_1\sigma + p_3\Omega + p_5\omega + \theta_0\right] \qquad (6-64)$$

其中，求和指的是所有 $p_i(i=1,2,3,4,5,6)$。求 $\mathcal{R}$ 相对于轨道根数的偏导数，我们得到

$$\frac{\partial\mathcal{R}}{\partial\sigma} = -Gm'\sum_p C_p p_1\sin\theta \quad (p_1\neq 0) \qquad (6-65)$$

$$\frac{\partial\mathcal{R}}{\partial\sigma} = 0 \quad (p_1 = 0) \qquad (6-66)$$

$$\frac{\partial\mathcal{R}}{\partial\Omega} = -Gm'\sum_p C_p p_3\sin\theta \qquad (6-67)$$

$$\frac{\partial\mathcal{R}}{\partial\omega} = -Gm'\sum_p C_p p_5\sin\theta \qquad (6-68)$$

$$\frac{\partial\mathcal{R}}{\partial e} = Gm'\sum_p \frac{\partial C_p}{\partial e}\cos\theta \qquad (6-69)$$

$$\frac{\partial\mathcal{R}}{\partial i} = Gm'\sum_p \frac{\partial C_p}{\partial\gamma}\frac{\partial\gamma}{\partial i}\cos\theta \qquad (6-70)$$

$$\frac{\partial\mathcal{R}}{\partial i} = \frac{1}{2}Gm'\cos\left(\frac{i}{2}\right)\sum_p \frac{\partial C_p}{\partial\gamma}\cos\theta \qquad (6-71)$$

$$\frac{\partial\mathcal{R}}{\partial a} = Gm'\sum_p \frac{\partial C_p}{\partial a}\cos\theta - Gm'\sum_p C_p\left(p_1 t\frac{\partial n}{\partial a}\right)\sin\theta \qquad (6-72)$$

其中，在式（6-72）中，我们应用式（4-27）

$$\frac{\partial n}{\partial a} = -\frac{3}{2}\frac{n}{a}$$

以获得 n 对 a 的依赖关系。另外，在式（6-71）中，我们应用 $\gamma = \sin(i/2)$ 来计算偏导数

$$\frac{\partial\gamma}{\partial i} = \frac{1}{2}\cos\left(\frac{i}{2}\right)$$

上式出现在式（6-70）中。

作为示例，我们考虑拉格朗日行星方程［式（5-27）或式（5-37）］的 $\dot\Omega$ 方程：

$$\dot\Omega = \left(\frac{1}{a^2 n\sqrt{1-e^2}\sin i}\right)\frac{\partial\mathcal{R}}{\partial i} \qquad (6-73)$$

将式（6-71）代入式（6-73），我们得到

$$\dot\Omega = \frac{Gm'\cos(i/2)}{2a^2 n\sqrt{1-e^2}\sin i}\sum_p \frac{\partial C_p}{\partial\gamma}\cos\theta \qquad (6-74)$$

其中

$$\theta = (p_1 n + p_2 n')t + p_1\sigma + p_3\Omega + p_5\omega + \theta_0 \qquad (6-75)$$

　　通常，与中心天体的质量相比，质量 m' 很小，或者扰动作用很小。因此，我们假设式（6-74）右侧的轨道根数为常数——密切根数。我们从式（6-74）和式（6-75）中观察到，如果 p_1 和 p_2 不都为零，则导数 $\dot{\Omega}$ 只是时间的周期性函数。也就是说，Ω 没有长期变化。另一方面，如果 p_1 和 p_2 都为零，则 $\dot{\Omega}$ 为常数（记为 A），可知 Ω 存在长期变化（如果 $A \neq 0$）。

　　因此，我们可以考虑将 $\dot{\Omega}$ 分成两部分，如下所示：

$$\dot{\Omega} = A + \sum_p B_p \cos\left[(p_1 n + p_2 n')t + \theta_1\right] \tag{6-76}$$

其中

$$\theta_1 = p_1 \sigma_0 + p_3 \Omega_0 + p_5 \omega_0 + \theta_0 \tag{6-77}$$

其中下标 0 表示固定根数。对式（6-76）进行积分，我们得到

$$\Omega = \Omega_0 + At + \sum_p \frac{B_p}{(p_1 n + p_2 n')} \sin\left[(p_1 n + p_2 n')t + \theta_1\right] \tag{6-78}$$

其中 p_1 和 p_2 不同时为零。At 项被称为长期摄动项。当然，如果

$$p_1 n + p_2 n' = 0 \tag{6-79}$$

我们仍然有式（6-76）产生的长期项。在式（6-79）的情况下，我们在受摄天体和摄动天体的周期中具有相称性（commensurability）。也就是说，如果 P 和 P′ 为周期，那么

$$\frac{P'}{P} = \frac{n}{n'} = -\frac{p_2}{p_1} \tag{6-80}$$

其中 p_1 和 p_2 为整数（这种情况在太阳系中是极不可能的）。Ω 等轨道根数的周期性摄动的性质取决于 B_p 的大小及 $p_1 n + p_2 n'$ 之和。在太阳系中，B_p 并不大。

6.3　短周期和长周期不等式

　　如果 $p_1 n + p_2 n'$ 较大，则轨道根数的摄动幅值较小、周期较短（即频率较高）。这种摄动称为短周期不等式。另一方面，如果 $p_1 n + p_2 n'$ 较小，则轨道根数的摄动幅值较大、周期较长（即频率较低）。这种摄动称为长周期不等式。显然，根据拉格朗日行星方程［式（5-27）或式（5-37）］和式（6-65）～式（6-72），除半长轴 a 外的所有根数都呈现出长期和周期性的变化（在 m' 中为一阶）。

　　然而，对于半长轴

$$\dot{a} = \frac{2}{an} \frac{\partial \mathcal{R}}{\partial \sigma} = -\frac{2Gm'}{an} \sum_p C_p p_1 \sin\theta \quad (p_1 \neq 0) \tag{6-81}$$

$$\dot{a} = 0 \quad (p_1 = 0) \tag{6-82}$$

对式（6-81）进行积分，我们有

$$\delta(a) = \frac{2Gm'}{a_0 n} \sum_p C_p \left(\frac{p_1}{p_1 n + p_2 n'}\right) \cos\theta \tag{6-83}$$

其中

$$a = a_0 + \delta(a) \tag{6-84}$$

我们可知，半长轴的长度围绕均值 a_0 做周期振荡：

$$P = \frac{2\pi}{p_1 n + p_2 n'} \tag{6-85}$$

我们已经概述了对根数 Ω 和 a 的摄动的分析，类似的方法可以用于其他轨道根数。我们得到的结果只是 m' 的一次方。原则上，我们可以将修改后的根数（如 $\Omega = \Omega_0 + At +$ 周期项）重新代入拉格朗日行星方程，以得到二阶近似值（t^2 和 m'^2 中的新周期项）。因此，更高阶的解是可能的。

6.4　稳定性

我们已经证明，在一阶理论中，半长轴不会出现长期变化。如果出现长期变化，那么轨道将无限膨胀或收缩，轨道将会不稳定。在另一种情况下，如果偏心率长期增加，可能会出现与其他行星的近距离接触，从而破坏整个系统。1776 年，拉格朗日证明，当 e 的所有幂次均包括在 m' 的一阶时，半长轴不会发生长期变化。1809 年，泊松在 m' 的二阶理论中获得了相同的结果；然而，1885 年，Haretu 证明在 m' 的三阶理论中存在一个长期项（Moulton，1914）。

参 考 文 献

Kovalevsky, J. (1967). *Introduction to celestial mechanics* . Netherlands: Springer.

Moulton, F. R. (1914). *An introduction to celestial mechanics* (2nd ed.). New York: The Macmillan Company.

Taff, L. G. (1985). *Celestial mechanics, a computational guide for the practitioner* . New York: John Wiley & Sons.

第7章 引力势

7.1 引力势的描述

我们考虑非均质球体行星产生的引力势。在总质量为 M 的物质有界分布中，我们令 P 为距离物质质心 C 为 r 处的单位质量的位置，设 dm 为质量分布的一个微元，位于距离 C 为 ρ 的 Q 点。如图 7-1 所示。

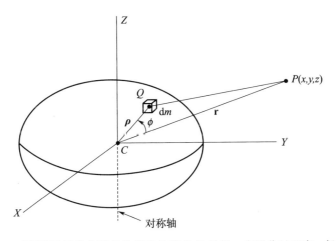

图 7-1 不规则质量分布引起的固定外部点 P 的势；在积分过程中 $\mathbf{r}$ 保持不变

那么，Q 点的微元 dm 对 P 点产生的引力势函数为

$$dU = \frac{G\,dm}{(\rho^2 + r^2 - 2r\rho\cos\theta)^{1/2}} \tag{7-1}$$

这里我们注意到，从 Q 到 P 的距离由三角余弦定理给出

$$|\mathbf{r}^{QP}| = (\rho^2 + r^2 - 2r\rho\cos\theta)^{1/2} \tag{7-2}$$

P 点的总势函数为

$$U = G\int_M \frac{dm}{(\rho^2 + r^2 - 2r\rho\cos\theta)^{1/2}} \tag{7-3}$$

我们注意到，在对整个球体质量进行积分时，r 保持不变。

展开式（7-3）的分母，我们有〔见式（6-12）〕

$$(\rho^2 + r^2 - 2r\rho\cos\theta)^{-1/2} = \frac{1}{r}\left[1 - \frac{2\rho}{r}\cos\theta + \left(\frac{\rho}{r}\right)^2\right]^{-1/2} \tag{7-4}$$

$$= \frac{1}{r}\left[1 + \left(\frac{\rho}{r}\right)\cos\theta + \left(\frac{\rho}{r}\right)^2\left(-\frac{1}{2} + \frac{3}{2}\cos^2\theta\right) + \cdots\right]$$

其中，ρ/r 中大于 2 的幂在下面的分析中是不需要的。然而，当对地球（例如）形状进行精确研究时，需要用到更完整的表达式。

对于一般展开式，我们将使用勒让德多项式［有关勒让德系数 $P_n(\cos\theta)$ 的列表，请参阅式（6-18）］：

$$(\rho^2 + r^2 - 2r\rho\cos\theta)^{-1/2} = \frac{1}{r}\sum_{n=1}^{\infty}\left(\frac{\rho}{r}\right)^n P_n(\cos\theta) \tag{7-5}$$

式（7-5）左侧的函数称为多项式的生成函数。该多项式有时被称为"带谐函数"。将式（7-4）代入式（7-3），可得

$$U = \frac{G}{r}\int_M\left[1 + \left(\frac{\rho}{r}\right)\cos\theta + \left(\frac{\rho}{r}\right)^2\left(-\frac{1}{2} + \frac{3}{2}\cos^2\theta\right)\right]dm \tag{7-6}$$

展开后，我们有

$$U = \frac{G}{r}\int_M dm + \frac{G}{r^2}\int_M \rho\cos\theta\, dm + \frac{G}{2r^3}\int_M \rho^2(3\cos^2\theta - 1)\, dm \tag{7-7}$$

为方便起见，我们将势函数写为

$$U = U_0 + U_1 + U_2 + \cdots \tag{7-8}$$

其中

$$U_0 = \frac{G}{r}\int P_0\, dm$$

$$U_1 = \frac{G}{r}\int \frac{\rho}{r}P_1\, dm \tag{7-9}$$

$$U_2 = \frac{G}{r}\int\left(\frac{\rho}{r}\right)^2 P_2\, dm$$

$$\vdots$$

我们计算式（7-9）中的积分。对于 U_0，我们有

$$U_0 = \frac{G}{r}\int dm = \frac{GM}{r} \tag{7-10}$$

即位于 C 处的点质量 M 对点质量 m 产生的势能。为计算 U_1，我们使用固连本体的单位矢量来表示 $P(x, y, z)$ 和 $Q(x, y, z)$ 相对于中心天体的位置：

$$\mathbf{r}^{CP} = \mathbf{r} = x\,\mathbf{b}_1 + y\,\mathbf{b}_2 + z\,\mathbf{b}_3 \tag{7-11}$$

$$\mathbf{r}^{CQ} = \boldsymbol{\rho} = \xi\,\mathbf{b}_1 + \eta\,\mathbf{b}_2 + \zeta\,\mathbf{b}_3 \tag{7-12}$$

于是

$$U_1 = \frac{G}{r}\int \frac{\rho}{r}\cos\theta\, dm = \frac{G}{r}\int \frac{\rho}{r}\frac{\mathbf{r}\cdot\boldsymbol{\rho}}{|\mathbf{r}||\boldsymbol{\rho}|}dm \tag{7-13}$$

其中

$$\frac{\mathbf{r}\cdot\boldsymbol{\rho}}{|\mathbf{r}|} = \frac{x\xi + y\eta + z\zeta}{r} \tag{7-14}$$

在式（7-13）中应用式（7-14），得到

$$U_1 = \frac{G}{r^3}\left(x\int_M \xi\, dm + y\int_M \eta\, dm + z\int_M \zeta\, dm\right) \tag{7-15}$$

然而，由于天体坐标系的原点位于质心，根据质心的定义，我们有

$$\int_M \xi \,\mathrm{d}m = \int_M \eta \,\mathrm{d}m = \int_M \zeta \,\mathrm{d}m = 0 \tag{7-16}$$

因此，我们得到

$$U_1 = 0 \tag{7-17}$$

接下来我们计算 U_2：

$$U_2 = \frac{G}{r} \int \frac{1}{2} (3\cos^2\theta - 1) \frac{\rho^2}{r^2} \,\mathrm{d}m$$

$$= \frac{G}{2r^3} \int (3\cos^2\theta - 1) \rho^2 \,\mathrm{d}m \tag{7-18}$$

椭球体围绕直线 CP 的瞬时惯性矩 I 为

$$I = \int_M \rho^2 \sin^2\theta \,\mathrm{d}m \tag{7-19}$$

将 $\cos^2\theta = 1 - \sin^2\theta$ 代入式（7-18），可得

$$U_2 = \frac{G}{2r^3} \int (3 - 3\sin^2\theta - 1) \rho^2 \,\mathrm{d}m$$

$$= \frac{G}{2r^3} \left[-3I + 2\int \rho^2 \,\mathrm{d}m \right] \tag{7-20}$$

其中，我们在式（7-20）中应用了式（7-19）。对于式（7-20）中的积分，我们有

$$2\int \rho^2 \,\mathrm{d}m = 2\int (\xi^2 + \eta^2 + \zeta^2) \,\mathrm{d}m \tag{7-21}$$

我们定义如下的惯性矩：

$$I_1 = \int (\eta^2 + \zeta^2) \,\mathrm{d}m$$

$$I_2 = \int (\xi^2 + \zeta^2) \,\mathrm{d}m \tag{7-22}$$

$$I_3 = \int (\xi^2 + \eta^2) \,\mathrm{d}m$$

我们看到，在式（7-21）中应用式（7-22），可得

$$2\int \rho^2 \,\mathrm{d}m = I_1 + I_2 + I_3 \tag{7-23}$$

将式（7-23）代入式（7-20），可得

$$U_2 = \frac{G}{2r^3} (I_1 + I_2 + I_3 - 3I) \tag{7-24}$$

因此，根据式（7-8）、式（7-10）、式（7-17）和式（7-24），我们得到由 MacCullagh 公式给出的势函数：

$$U = \frac{GM}{r} \left[1 + \frac{1}{2Mr^2} (I_1 + I_2 + I_3 - 3I) \right] \tag{7-25}$$

对于扁球体，我们有如下性质：

$$I_1 = I_2 \neq I_3 \tag{7-26}$$

我们可以写出

$$U = \frac{GM}{r} \left[1 + \frac{1}{2Mr^2} (2I_e + I_3 - 3I) \right] \qquad (7-27)$$

其中，I_e 为绕赤道平面内任意轴的惯性矩，I_3 为绕旋转轴的惯性矩。我们注意到，I_e 和 I_3 为常量，而 I 随 P 在空间的位置而变化。我们还注意到，在球体的情况下，式（7-25）中的括号项为零。

7.2　带谐函数

我们回顾式（7-8）中的引力势函数

$$U = U_0 + U_1 + U_2 + \cdots \qquad (7-28)$$

其中，根据式（7-10），可得

$$U_0 = \frac{GM}{r} \qquad (7-29)$$

根据式（7-17），由于选择了质心作为原点，所以

$$U_1 = 0 \qquad (7-30)$$

对于 U_2，我们由式（7-18）可以得到：

$$U_2 = \frac{G}{2r^3} \int (3\cos^2\theta - 1) \rho^2 \, dm \qquad (7-31)$$

根据式（7-23），积分中的最后一项为

$$\int \rho^2 \, dm = \frac{1}{2} (I_1 + I_2 + I_3)$$
$$= \int \xi^2 \, dm + \int \eta^2 \, dm + \int \zeta^2 \, dm \qquad (7-32)$$

其中，I_1、I_2 和 I_3 分别为绕 $\mathbf{b}_1$、$\mathbf{b}_2$ 和 $\mathbf{b}_3$ 本体轴的惯性矩。

现在我们计算式（7-31）中积分的第一项，我们将其表示为 U'_2：

$$U'_2 = \frac{G}{2r^3} \int 3\rho^2 \cos^2\theta \, dm \qquad (7-33)$$

我们可以利用式（7-13）和式（7-14）中 $\cos\theta$ 的表达式：

$$\cos\theta = \frac{\mathbf{r} \cdot \boldsymbol{\rho}}{r\rho} = \frac{x\xi + y\eta + z\zeta}{r\rho} \qquad (7-34)$$

将式（7-34）代入式（7-33）可得

$$U'_2 = \frac{3}{2} \frac{G}{r^5} \left[x^2 \int \xi^2 \, dm + y^2 \int \eta^2 \, dm + z^2 \int \zeta^2 \, dm \right]$$
$$+ \frac{3G}{r^5} \left[xy \int \xi\eta \, dm + yz \int \eta\zeta \, dm + xz \int \xi\zeta \, dm \right] \qquad (7-35)$$

我们回顾式（7-22）的定义：

$$I_1 = \int (\eta^2 + \zeta^2) \, dm \qquad (7-36)$$

$$I_2 = \int (\xi^2 + \zeta^2)\, dm \tag{7-37}$$

$$I_3 = \int (\xi^2 + \eta^2)\, dm \tag{7-38}$$

另外，让我们定义惯性积：

$$I_{xy} = -\int \xi\eta\, dm \tag{7-39}$$

$$I_{xz} = -\int \xi\zeta\, dm \tag{7-40}$$

$$I_{yz} = -\int \eta\zeta\, dm \tag{7-41}$$

假设使用主轴，我们有

$$I_{xy} = I_{xz} = I_{yz} = 0 \tag{7-42}$$

因此，式 (7-35) 中的第二个方括号被消去。

我们由式 (7-36) ~ 式 (7-38) 注意到：

$$I_1 + I_2 + I_3 = 2\int (\xi^2 + \eta^2 + \zeta^2)\, dm \tag{7-43}$$
$$= 2\int \xi^2\, dm + 2I_1$$

所以我们可以写出

$$\int \xi^2\, dm = \frac{1}{2}(I_1 + I_2 + I_3) - I_1 \tag{7-44}$$

$$\int \eta^2\, dm = \frac{1}{2}(I_1 + I_2 + I_3) - I_2 \tag{7-45}$$

$$\int \zeta^2\, dm = \frac{1}{2}(I_1 + I_2 + I_3) - I_3 \tag{7-46}$$

在式 (7-35) 中应用式 (7-42) 和式 (7-44) ~ 式 (7-46)，我们得到

$$U'_2 = \frac{3}{2}\frac{G}{r^5}\left\{ x^2\left[\frac{1}{2}(I_1 + I_2 + I_3) - I_1\right] + y^2\left[\frac{1}{2}(I_1 + I_2 + I_3) - I_2\right]\right.$$
$$\left. + z^2\left[\frac{1}{2}(I_1 + I_2 + I_3) - I_3\right] \right\} \tag{7-47}$$

根据式 (7-31) ~ 式 (7-33) 和式 (7-47)，我们得到 U_2：

$$U_2 = \frac{G}{r^3}\left\{ \left(\frac{3x^2}{2r^2} - \frac{1}{2}\right)\left[\frac{1}{2}(I_1 + I_2 + I_3) - I_1\right]\right.$$
$$+ \left(\frac{3y^2}{2r^2} - \frac{1}{2}\right)\left[\frac{1}{2}(I_1 + I_2 + I_3) - I_2\right] \tag{7-48}$$
$$\left. + \left(\frac{3z^2}{2r^2} - \frac{1}{2}\right)\left[\frac{1}{2}(I_1 + I_2 + I_3) - I_3\right] \right\}$$

我们使用球坐标，如图 7-2 所示。

$$x = r\cos\phi\cos\lambda \tag{7-49}$$

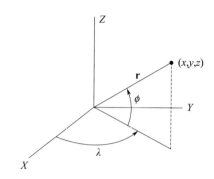

图 7-2 球坐标系, 其中 λ 为经度, ϕ 为纬度

$$y = r\cos\phi\sin\lambda \tag{7-50}$$

$$z = r\sin\phi \tag{7-51}$$

其中, 我们注意到, 这里 λ 为经度角。将式 (7-49) ~式 (7-51) 代入式 (7-48), 可得

$$
\begin{aligned}
U_2 = \frac{G}{r^3}\bigg\{ &\left[\frac{I_1+I_2+I_3}{2}-I_1\right]\left(\frac{3\cos^2\phi\cos^2\lambda}{2}-\frac{1}{2}\right) \\
&+\left[\frac{I_1+I_2+I_3}{2}-I_2\right]\left(\frac{3\cos^2\phi\sin^2\lambda}{2}-\frac{1}{2}\right) \\
&+\left[\frac{I_1+I_2+I_3}{2}-I_3\right]\left(\frac{3\sin^2\phi}{2}-\frac{1}{2}\right)\bigg\}
\end{aligned}
\tag{7-52}
$$

我们将式 (7-52) 整理如下:

$$
\begin{aligned}
U_2 = \frac{G}{r^3}\bigg\{ &\left[\frac{I_2-I_1}{2}\right]\left(\frac{3\cos^2\phi\cos^2\lambda}{2}-\frac{1}{2}\right)+\frac{I_3}{2}\left(\frac{3}{2}\cos^2\phi\cos^2\lambda-\frac{1}{2}\right) \\
&+\left[\frac{I_1-I_2}{2}\right]\left(\frac{3\cos^2\phi\sin^2\lambda}{2}-\frac{1}{2}\right)+\frac{I_3}{2}\left(\frac{3}{2}\cos^2\phi\sin^2\lambda-\frac{1}{2}\right) \\
&+\left[I_3-\frac{I_1+I_2}{2}\right]\left(\frac{1}{2}-\frac{3\sin^2\phi}{2}\right)+\frac{I_3}{2}\left(\frac{3}{2}\sin^2\phi-\frac{1}{2}\right)\bigg\} \\
= \frac{G}{r^3}\bigg\{ &\left[\frac{I_2-I_1}{2}\right]\left[\frac{3\cos^2\phi}{2}(\cos^2\lambda-\sin^2\lambda)\right]+\frac{I_3}{2}\left(\frac{3}{2}\cos^2\phi-\frac{3}{2}\right) \\
&+\left[I_3-\frac{I_1+I_2}{2}\right]\left(\frac{1}{2}-\frac{3\sin^2\phi}{2}\right)+\frac{I_3}{2}\left(\frac{3}{2}\sin^2\phi\right)\bigg\}
\end{aligned}
\tag{7-53}
$$

进一步简化, 并注意到

$$\cos^2\lambda-\sin^2\lambda=\cos2\lambda \tag{7-54}$$

式 (7-53) 变为

$$U_2 = \frac{G}{r^3}\left[\left(I_3-\frac{I_1+I_2}{2}\right)\left(\frac{1}{2}-\frac{3}{2}\sin^2\phi\right)-\frac{3}{4}(I_1-I_2)\cos^2\phi\cos2\lambda\right] \tag{7-55}$$

Roy (2005) 给出了 U_2 的相同表达式。

我们回顾 P 点的总引力势函数的一般形式:

$$U = G \int_M \frac{dm}{(\rho^2 + r^2 - 2r\rho\cos\lambda)^{1/2}} \qquad (7-56)$$

如 Roy (2005) 所示，式 (7-56) 可写为

$$U = U_0 + U_1 + U_2 + U_3 + \cdots \qquad (7-57)$$

其中

$$U_0 = \frac{G}{r} \int P_0 \, dm \qquad (7-58)$$

$$U_1 = \frac{G}{r} \int \frac{\rho}{r} P_1 \, dm \qquad (7-59)$$

$$U_2 = \frac{G}{r} \int \left(\frac{\rho}{r}\right)^2 P_2 \, dm \qquad (7-60)$$

$$U_3 = \frac{G}{r} \int \left(\frac{\rho}{r}\right)^3 P_3 \, dm \qquad (7-61)$$

$$\vdots$$

其中 P_i 为勒让德多项式

$$P_0 = 1 \qquad (7-62)$$

$$P_1 = q \qquad (7-63)$$

$$P_2 = \frac{1}{2}(3q^2 - 1) \qquad (7-64)$$

$$P_3 = \frac{1}{2}(5q^3 - 3q) \qquad (7-65)$$

$$\vdots$$

其中

$$q = \cos\lambda \qquad (7-66)$$

在式 (7-10) 中，我们有

$$U_0 = \frac{GM}{r} \qquad (7-67)$$

对于原点位于质心处，我们根据式 (7-17) 可得

$$U_1 = 0 \qquad (7-68)$$

对于主轴的进一步假设，我们由式 (7-55) 可得

$$U_2 = \frac{G}{r^3} \left[\left(I_3 - \frac{I_1 + I_2}{2} \right) \left(\frac{1}{2} - \frac{3}{2}\sin^2\phi \right) - \frac{3}{4}(I_1 - I_2)\cos^2\phi\cos2\lambda \right] \qquad (7-69)$$

我们现在考虑式 (7-61) 中的 U_3 项：

$$U_3 = \frac{G}{2r^4} \int (5q^3 - 3q)\rho^3 \, dm \qquad (7-70)$$

根据 Roy (2005)，式 (7-70) 将得到一个复杂的表达式，包含如下形式的积分

$$\int \xi^a \eta^b \zeta^c \, dm$$

其中 a、b、c 为正整数，满足以下关系

$$a + b + c = 3 \tag{7 - 71}$$

如果物体关于所有三个坐标平面对称（例如，具有三个不同轴线的三轴均质椭球体），则所有的积分消失，因此 U_3 为零。事实上，在这种情况下，所有的奇数 U_i 均等于零，因此

$$U_3 = U_5 = U_7 = \cdots = 0 \tag{7 - 72}$$

卫星探测表明，地球与式（7－72）略有偏差，呈轻微的梨形（图 7－3），所以

$$U_3 \approx 0 \tag{7 - 73}$$

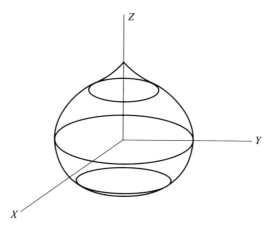

图 7 - 3　呈轻微梨形的旋转对称体，原点位于质心

如果物体绕 Z 轴旋转对称，那么

$$I_1 = I_2 = I_e \tag{7 - 74}$$

式（7－69）中 U_2 的表达式可简化为

$$U_2 = \frac{G}{r^3}(I_3 - I_e)\left(\frac{1}{2} - \frac{3}{2}\sin^2\phi\right) \tag{7 - 75}$$

我们注意到，在式（7－75）中，我们并没有假设天体相对于赤道是对称的：它可能是如图 7－3 所示的梨形。然而，我们记得，质心必须位于 xy 平面和旋转对称轴的交点上。

根据 McCuskey（1963），距离地球质心 r 处的势函数可近似为

$$
\begin{aligned}
U = \frac{GM_e}{r}&\left[1 + J\left(\frac{r_e}{r}\right)^2\left(\frac{1}{3} - \sin^2\phi\right) + H\left(\frac{r_e}{r}\right)^3\left(\frac{3}{5} - \sin^2\phi\right)\sin\phi\right. \\
&+ \left.K\left(\frac{r_e}{r}\right)^4\left(\frac{1}{10} - \sin^2\phi + \frac{7}{6}\sin^4\phi\right) + \cdots\right]
\end{aligned}
\tag{7 - 76}
$$

其中，M_e 为地球的质量；r_e 为地球赤道半径；常数 J，H，K 称为地球引力势的二、三、四次谐波系数。

如果我们假设地球是一个球体（即旋转对称的椭球体），那么它的势可以写成一系列球谐函数的形式：

$$U = \frac{GM_e}{r}\left[1 - \sum_{n=2}^{\infty} J_n\left(\frac{r_e}{r}\right)^n P_n(\sin\phi)\right] \tag{7 - 77}$$

其中，$P_n(\sin\phi)$ 为勒让德多项式。这些多项式中的前三个为

$$P_0(\sin\phi) = 1 \qquad (7-78)$$

$$P_1(\sin\phi) = \sin\phi \qquad (7-79)$$

$$P_2(\sin\phi) = \frac{1}{2}(3\sin^2\phi - 1) \qquad (7-80)$$

其中原点为质心。上述一般结果由拉普拉斯首先得到。根据式（7-76）和式（7-77），我们有

$$J = \frac{3}{2}J_2 \qquad (7-81)$$

$$H = \frac{5}{2}J_3 \qquad (7-82)$$

$$K = -\frac{15}{4}J_4 \qquad (7-83)$$

涉及 J 和 K 的项（即 J_2 和 J_4）是由于地球的扁率造成的。含有 $H(J_3)$ 的项是由于相对于赤道面的不对称性（即"梨形"）造成的。

我们回顾一下，角度 ϕ 表示卫星纬度，它与轨道根数 i 和 ω 以及真近点角 f 的关系是通过球面三角学中的正弦定理确定的：

$$\sin\phi = \sin i \sin u = \sin i \sin(\omega + f) \qquad (7-84)$$

如图 7-4 所示。

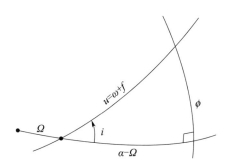

图 7-4　卫星纬度和轨道根数之间的关系

将式（7-84）中 $\sin\phi$ 的表达式代入式（7-76）中的勒让德多项式：

$$\frac{1}{3} - \sin^2\phi = \frac{1}{3} - \sin^2 i \sin^2 u \qquad (7-85)$$

应用三角恒等式

$$\sin^2 u = \frac{1}{2}(1 - \cos 2u) \qquad (7-86)$$

我们得到

$$\frac{1}{3} - \sin^2\phi = \frac{1}{3} - \frac{\sin^2 i}{2} + \frac{1}{2}\sin^2 i \cos 2u \qquad (7-87)$$

接下来我们有

$$\left(\frac{3}{5} - \sin^2\phi\right)\sin\phi = \frac{3}{5}\sin i \sin u - \sin^3 i \sin^3 u \qquad (7-88)$$

应用三角恒等式

$$\sin^3 u = \frac{3}{4}\sin u - \frac{1}{4}\sin 3u \qquad (7-89)$$

得到

$$
\begin{aligned}
\left(\frac{3}{5} - \sin^2\phi\right)\sin\phi &= \frac{3}{5}\sin i \sin u - \sin^3 i \left(\frac{3}{4}\sin u - \frac{1}{4}\sin 3u\right) \\
&= \sin u \left(\frac{3}{5}\sin i - \frac{3}{4}\sin^3 i\right) + \frac{1}{4}\sin^3 i \sin 3u \\
&= \sin u \sin i \left(\frac{3}{5} - \frac{3}{4}\sin^2 i\right) + \frac{1}{4}\sin^3 i \sin 3u \\
&= \frac{3}{5}\left[\sin u \sin i \left(1 - \frac{5}{4}\sin^2 i\right) + \frac{5}{12}\sin^3 i \sin 3u\right] \\
&= \frac{3}{5}\left[\left(1 - \frac{5}{4}\sin^2 i\right)\sin u + \frac{5}{12}\sin^2 i \sin 3u\right]\sin i
\end{aligned}
\qquad (7-90)
$$

对于式（7-76）中的最后一个括号项，我们有

$$\frac{1}{10} - \sin^2\phi + \frac{7}{6}\sin^4\phi = \frac{1}{10} - \sin^2 i \sin^2 u + \frac{7}{6}\sin^4 i \sin^4 u \qquad (7-91)$$

利用三角恒等式

$$\sin^4 u = \frac{3}{8} - \frac{1}{2}\cos 2u + \frac{1}{8}\cos 4u \qquad (7-92)$$

和式（7-86），我们得到

$$
\begin{aligned}
\frac{1}{10} - \sin^2\phi + \frac{7}{6}\sin^4\phi &= \frac{1}{10} - \frac{1}{2}\sin^2 i + \frac{1}{2}\sin^2 i \cos 2u \\
&\quad + \frac{7}{6}\sin^4 i \left(\frac{3}{8} - \frac{1}{2}\cos 2u + \frac{1}{8}\cos 4u\right) \\
&= \frac{1}{10} - \frac{1}{2}\sin^2 i + \frac{21}{48}\sin^4 i \\
&\quad + \frac{1}{2}\sin^2 i \cos 2u - \frac{7}{12}\sin^4 i \cos 2u + \frac{7}{48}\sin^4 i \cos 4u \\
&= \frac{1}{10} - \frac{1}{2}\sin^2 i + \frac{21}{48}\sin^4 i \\
&\quad + \left(\frac{1}{2} - \frac{7}{12}\sin^2 i\right)(\sin^2 i \cos 2u) + \frac{7}{48}\sin^4 i \cos 4u \\
&= \frac{7}{6}\left[\frac{3}{35} - \frac{3}{7}\sin^2 i + \frac{3}{8}\sin^4 i \right. \\
&\quad \left. + \left(\frac{3}{7} - \frac{1}{2}\sin^2 i\right)\sin^2 i \cos 2u + \frac{1}{8}\sin^4 i \cos 4u\right]
\end{aligned}
\qquad (7-93)
$$

将式（7-85）、式（7-90）和式（7-93）的结果代入式（7-76）后，推导得到扰动

函数 $\mathcal{R}$。我们记得，扰动函数是从总引力势函数中减去二体项得到的：

$$\mathcal{R} = U - \frac{GM_e}{r} \qquad (7-94)$$

于是

$$
\begin{aligned}
\mathcal{R} = \mu \left\{ \frac{Jr_e^2}{a^3} \left(\frac{a}{r}\right)^3 \left[\frac{1}{3} - \frac{1}{2}\sin^2 i + \frac{1}{2}\sin^2 i \cos 2u \right] \right. \\
+ \frac{Hr_e^3}{a^4} \left(\frac{a}{r}\right)^4 \frac{3}{5} \left[\left(1 - \frac{5}{4}\sin^2 i\right) \sin u + \frac{5}{12}\sin^2 i \sin 3u \right] \sin i \\
+ \frac{Kr_e^4}{a^5} \left(\frac{a}{r}\right)^5 \frac{7}{6} \left[\frac{3}{35} - \frac{3}{7}\sin^2 i + \frac{3}{8}\sin^4 i + \left(\frac{3}{7} - \frac{1}{2}\sin^2 i\right) \sin^2 i \cos 2u \right. \\
\left. \left. + \frac{1}{8}\sin^4 i \cos 4u \right] \right\}
\end{aligned}
\qquad (7-95)
$$

7.3 引力势的另一种描述

以下讨论概述了引力势的最一般的发展。我们基本沿用了 Fitzpatrick（1970）和 Kaula（1966）（由 Dover 于 2000 年出版），读者可以在其中找到更多的细节。

引力势 V 必须满足拉普拉斯方程

$$\nabla^2 V = \frac{\partial}{\partial r}\left(r^2 \frac{\partial V}{\partial r}\right) + \frac{1}{\cos\phi}\frac{\partial}{\partial\phi}\left(\cos\phi \frac{\partial V}{\partial\phi}\right) + \frac{1}{\cos^2\phi}\frac{\partial^2 V}{\partial\lambda^2} = 0 \qquad (7-96)$$

我们寻求式（7-96）的解 $V(r, \phi, \lambda)$。求解此类偏微分方程的常见方法是假设解具有以下形式

$$V = R(r)\Phi(\phi)\Lambda(\lambda) \qquad (7-97)$$

这样就可以使用变量分离技术。

将式（7-97）代入式（7-96）并除以 $R\Phi\Lambda$，得到

$$\frac{1}{R}\frac{\mathrm{d}}{\mathrm{d}r}\left(r^2 \frac{\mathrm{d}R}{\mathrm{d}r}\right) + \frac{1}{\Phi\cos\phi}\frac{\mathrm{d}}{\mathrm{d}\phi}\left(\cos\phi \frac{\mathrm{d}\Phi}{\mathrm{d}\phi}\right) + \frac{1}{\Lambda\cos^2\phi}\frac{\mathrm{d}^2\Lambda}{\mathrm{d}\lambda^2} = 0 \qquad (7-98)$$

其中，各项现在是单一变量的函数，因此变成了全导数而非偏导数。

由于第一项是 r 的唯一函数，因此它必须是常数。所以

$$
\begin{aligned}
\frac{1}{R}\frac{\mathrm{d}}{\mathrm{d}r}\left(r^2 \frac{\mathrm{d}R}{\mathrm{d}r}\right) = \frac{1}{R}r^2 \frac{\mathrm{d}^2 R}{\mathrm{d}r^2} + \frac{1}{R}2r \frac{\mathrm{d}R}{\mathrm{d}r} = c \\
r^2 \frac{\mathrm{d}^2 R}{\mathrm{d}r^2} + 2r \frac{\mathrm{d}R}{\mathrm{d}r} - cR = 0
\end{aligned}
\qquad (7-99)
$$

由于我们关注的实际问题代表一类基于平方反比律力（inverse square law force）的一般势，因此我们假设 R 的形式为 r^l。将该形式代入式（7-99），我们得到

$$
\begin{aligned}
r^2 l(l-1)r^{l-2} + 2rlr^{l-1} - cr^l = 0 \\
l(l-1) + 2l - c = 0 \\
l(l+1) = c
\end{aligned}
\qquad (7-100)
$$

因此，我们有

$$F(R) = r^2 \frac{d^2 R}{dr^2} + 2r \frac{dR}{dr} - l(l+1)R$$

该表达式有两个可能的解，我们现在对其证明。设 $R = r^l$，于是

$$F(r^l) = r^2 l(l-1)r^{l-2} + 2rlr^{l-1} - l(l+1)r^l$$

$$= l(l-1)r^l + 2lr^l - l(l+1)r^l$$

$$= r^l(l^2 - l + 2l - l^2 - l) = 0$$

现在我们设 $R = r^{-l-1}$，得到

$$F(r^{-l-1}) = r^2(-l-1)(-l-2)r^{-l-3} + 2r(-l-1)r^{-l-2} - l(l+1)r^{-l-1}$$

$$= (-l-1)(-l-2)r^{-l-1} + 2(-l-1)r^{-l-1} - l(l+1)r^{-l-1}$$

$$= r^{-l-1}(l^2 + 3l + 2 - 2l - 2 - l^2 - l) = 0$$

因此，两个可能的解为 r^l 和 r^{-l-1}。由于我们期望势能随着 r 的增加趋于零，所以我们拒绝第一个解。因此，我们采取第二个解

$$R = r^{-(l+1)} \tag{7-101}$$

将式（7-101）代入式（7-98），并乘以 $\cos^2 \phi$，得到

$$\cos^2 \phi \frac{1}{R} \frac{d}{dr} \left[r^2(-l-1)r^{-l-2} \right] + \frac{\cos \phi}{\Phi} \frac{d}{d\phi} \left(\cos \phi \frac{d\Phi}{d\phi} \right) + \frac{1}{\Lambda} \frac{d^2 \Lambda}{d\lambda^2} = 0$$

$$l(l+1)\cos^2 \phi + \frac{\cos \phi}{\Phi} \frac{d}{d\phi} \left(\cos \phi \frac{d\Phi}{d\phi} \right) + \frac{1}{\Lambda} \frac{d^2 \Lambda}{d\lambda^2} = 0 \tag{7-102}$$

我们现在可以在式（7-102）中分离变量，写为

$$l(l+1)\cos^2 \phi + \frac{\cos \phi}{\Phi} \frac{d}{d\phi} \left(\cos \phi \frac{d\Phi}{d\phi} \right) = -\frac{1}{\Lambda} \frac{d^2 \Lambda}{d\lambda^2} = m^2$$

其中选择分离常数 m^2（m 为整数）是为了得到周期为 2π 的 Λ 解。我们可以将分离方程写为以下形式

$$\Lambda'' + m^2 \Lambda = 0 \tag{7-103}$$

和

$$\cos \phi \frac{d}{d\phi} \left(\cos \phi \frac{d\Phi}{d\phi} \right) + l(l+1)\Phi \cos^2 \phi = m^2 \Phi$$

$$\cos \phi \left(-\sin \phi \frac{d\Phi}{d\phi} + \cos \phi \frac{d^2 \Phi}{d\phi^2} \right) + l(l+1)\Phi \cos^2 \phi = m^2 \Phi \tag{7-104}$$

$$\cos^2 \phi \Phi'' - \sin \phi \cos \phi \Phi' + \left[l(l+1)\cos^2 \phi - m^2 \right] \Phi = 0$$

式（7-103）的通解为

$$\Lambda = C_1 \cos(m\lambda) + C_2 \sin(m\lambda) \tag{7-105}$$

式（7-104）称为勒让德关联方程，与特定的一对下标 l 和 m 相对应的解 Φ 称为勒让德关联函数 $P_{lm}(\sin \phi)$。具体公式为

$$P_{lm}(\sin \phi) = \cos^m \phi \sum_{w=0}^{k} T_{lmw} \sin^{l-m-2w} \phi \tag{7-106}$$

其中 k 为 $(l-m)/2$ 的整数部分，并且

$$T_{lmw} = \frac{(-1)^w (2l-2w)!}{2^l w! \, (l-w)! \, (l-m-2w)!} \tag{7-107}$$

式 (7-101)、式 (7-105) 和式 (7-106) 为拉普拉斯方程［式 (7-96)］提供了一个特解，即

$$V_{lm} = r^{-(l+1)} \left[C_1 \cos(m\lambda) + C_2 \sin(m\lambda) \right] P_{lm}(\sin\phi) \tag{7-108}$$

由于式 (7-96) 的解的任何线性组合也是一个解，因此我们取解的最一般形式为

$$V = \sum_{l=0}^{\infty} \sum_{m=0}^{l} \frac{1}{r^{l+1}} P_{lm}(\sin\phi) \left[C_{lm} \cos m\lambda + S_{lm} \sin m\lambda \right] \tag{7-109}$$

7.4 以开普勒根数表示的引力势

根据 Kaula (1966)，我们可以将球谐势［由式 (7-109) 给出］转换为开普勒根数。我们利用三角恒等式

$$\begin{aligned}
\cos mx &= \Re \exp(mjx) = \Re(\cos x + j\sin x)^m \\
&= \Re \sum_{s=0}^{m} \binom{m}{s} j^s \cos^{m-s} x \sin^s x
\end{aligned} \tag{7-110}$$

其中 $\Re$ 表示实数部分，$j = \sqrt{-1}$（注：译文与原文保持一致，未采用正体），以及 $\binom{m}{s}$ 为二项式系数：

$$\binom{m}{s} = \frac{m!}{s! \, (m-s)!} \tag{7-111}$$

$$\begin{aligned}
\sin mx &= \Re[-j\exp(mjx)] = \Re[-j(\cos x + j\sin x)^m] \\
&= \Re \sum_{s=0}^{m} \binom{m}{s} j^{s-1} \cos^{m-s} x \sin^s x
\end{aligned} \tag{7-112}$$

$$\begin{aligned}
\sin^a x \cos^b x &= \left[-\frac{j}{2}(e^{jx} - e^{-jx}) \right]^a \left[\frac{1}{2}(e^{jx} + e^{-jx}) \right]^b \\
&= \frac{(-1)^a j^a}{2^a} \sum_{c=0}^{a} \binom{a}{c} e^{(a-c)jx} (-1)^c e^{-cjx} \cdot \frac{1}{2^b} \sum_{d=0}^{b} \binom{b}{d} \cdot e^{(b-d)jx} e^{-djx} \\
&= \frac{(-1)^a j^a}{2^{a+b}} \sum_{c=0}^{a} \sum_{d=0}^{b} \binom{a}{c} \binom{b}{d} e^{(a+b-2c-2d)jx} (-1)^c \\
&= \frac{(-1)^a j^a}{2^{a+b}} \sum_{c=0}^{a} \sum_{d=0}^{b} \binom{a}{c} \binom{b}{d} (-1)^c \\
&\quad \times \left[\cos(a+b-2c-2d)x + j\sin(a+b-2c-2d)x \right]
\end{aligned} \tag{7-113}$$

$$\cos a \cos b = \frac{1}{2}\cos(a+b) + \frac{1}{2}\cos(a-b)$$

$$\sin a \sin b = -\frac{1}{2}\cos(a+b) + \frac{1}{2}\cos(a-b)$$

$$\sin a \cos b = \frac{1}{2}\sin(a+b) + \frac{1}{2}\sin(a-b) \tag{7-114}$$

$$\cos a \sin b = \frac{1}{2}\sin(a+b) - \frac{1}{2}\sin(a-b)$$

设式（7-109）的某特定项为

$$V_{lm} = \frac{\mu r_e^l}{r^{l+1}} P_{lm}(\sin\phi)(C_{lm}\cos m\lambda + S_{lm}\sin m\lambda) \tag{7-115}$$

我们通过应用因子 μr_e^l，使 C_{lm}、S_{lm} 无量纲化，其中 r_e 为地球赤道半径。然后我们用 $[m(\alpha-\Omega)+m(\Omega-\theta)]$ 代替 $m\lambda$，其中 α 为卫星的赤经，θ 是格林尼治恒星时：

$$\cos m\lambda = \cos m(\alpha-\Omega)\cos m(\Omega-\theta) - \sin m(\alpha-\Omega)\sin m(\Omega-\theta)$$
$$\sin m\lambda = \sin m(\alpha-\Omega)\cos m(\Omega-\theta) + \cos m(\alpha-\Omega)\sin m(\Omega-\theta) \tag{7-116}$$

参见图7-4，在由轨道、赤道和卫星子午线形成的球面三角形中，我们有

$$\cos(\omega+f) = \cos(\alpha-\Omega)\cos\phi + \sin(\alpha-\Omega)\sin\phi\cos(\pi/2)$$
$$\cos\phi = \cos(\omega+f)\cos(\alpha-\Omega) + \sin(\omega+f)\sin(\alpha-\Omega)\cos i$$

于是

$$\cos(\alpha-\Omega) = \frac{\cos(\omega+f)}{\cos\phi}$$

$$\sin(\alpha-\Omega) = \frac{\sin(\omega+f)\cos i}{\cos\phi} \tag{7-117}$$

和

$$\sin\phi = \sin i \sin(\omega+f) \tag{7-118}$$

如果我们将式（7-110）和式（7-112）应用于式（7-116）中的 $(\alpha-\Omega)$ 函数，并将式（7-117）代入，我们得到

$$\cos m\lambda = \Re \sum_{s=0}^{m} \binom{m}{s} j^s \frac{\cos^{m-s}(\omega+f)\sin^s(\omega+f)\cos^s i}{\cos^m\phi}$$
$$\times [\cos m(\Omega-\theta) + j\sin m(\Omega-\theta)]$$
$$\sin m\lambda = \Re \sum_{s=0}^{m} \binom{m}{s} j^s \frac{\cos^{m-s}(\omega+f)\sin^s(\omega+f)\cos^s i}{\cos^m\phi}$$
$$\times [\sin m(\Omega-\theta) - j\cos m(\Omega-\theta)] \tag{7-119}$$

如果我们将式（7-118）替换式（7-106）中的 $\sin\phi$，然后将式（7-106）和式（7-119）代入式（7-115），通过消去 $\cos^m\phi$ 项，我们得到

$$V_{lm} = \frac{\mu r_e^l}{r^{l+1}} \sum_{w=0}^{k} T_{lmw} \sin^{l-m-2w} i$$

$$\times \Re \left[(C_{lm} - jS_{lm}) \cos m (\Omega - \theta) + (S_{lm} + jC_{lm}) \sin m (\Omega - \theta) \right] \qquad (7-120)$$

$$\times \sum_{s=0}^{m} \binom{m}{s} j^s \sin^{l-m-2w+s} (\omega + f) \cos^{m-s} (\omega + f) \cos^s i$$

其中 k 为 $(l-m)/2$ 的整数部分。

在式 (7 - 120) 中应用式 (7 - 113)，$a = l - m - 2w + s$ 和 $b = m - s$，得到

$$V_{lm} = \frac{\mu r_e^l}{r^{l+1}} \sum_{w=0}^{k} T_{lmw} \sin^{l-m-2w} i$$

$$\times \Re \left[(C_{lm} - jS_{lm}) \cos m (\Omega - \theta) + (S_{lm} + jC_{lm}) \sin m (\Omega - \theta) \right]$$

$$\times \sum_{s=0}^{m} \binom{m}{s} j^s \cos^s i \, \frac{(-j)^{l-m-2w+s}}{2^{l-2w}} \sum_{c=0}^{l-m-2w+s} \sum_{d=0}^{m-s} \binom{l-m-2w+s}{c} \binom{m-s}{d}$$

$$\times (-1)^c \left[\cos (l - 2w - 2c - 2d)(\omega + f) + j \sin (l - 2w - 2c - 2d)(\omega + f) \right]$$

$$(7-121)$$

我们将式 (7 - 114) 应用于式 (7 - 121) 中 $(\Omega - \theta)$ 和 $(\omega + f)$ 三角函数的乘积，并去掉任何以 j 奇次幂为系数的项（因为 V_{lm} 是实数，所以任何这样的项都会被另一项抵消），从而得到

$$V_{lm} = \frac{\mu r_e^l}{r^{l+1}} \sum_{w=0}^{k} T_{lmw} \sin^{l-m-2w} i (-1)^{k+w} \sum_{s=0}^{m} \binom{m}{s} \frac{\cos^s i}{2^{l-2w}}$$

$$\times \sum_{c=0}^{l-m-2w+s} \sum_{d=0}^{m-s} \binom{l-m-2w+s}{c} \binom{m-s}{d} (-1)^c \qquad (7-122)$$

$$\times \left\{ \begin{bmatrix} C_{lm} \\ -S_{lm} \end{bmatrix}_{l-m \text{ odd}}^{l-m \text{ even}} \cos \left[(l - 2w - 2c - 2d)(\omega + f) + m(\Omega - \theta) \right] \right.$$

$$\left. + \begin{bmatrix} S_{lm} \\ C_{lm} \end{bmatrix}_{l-m \text{ odd}}^{l-m \text{ even}} \sin \left[(l - 2w - 2c - 2d)(\omega + f) + m(\Omega - \theta) \right] \right\}$$

接下来，我们对式 (7 - 122) 进行变换，将具有相同参数的项 $[(l - 2p)(\omega + f) + m(\Omega - \theta)]$ 集合在一起。用 p 代替 $(w + c + d)$，需要从因子中去掉一个下标。我们选择用 $p - w - c$ 来代替 d。d 求和的极限限制了 c 的可能值，即使二项式系数不为零的值。此外，$w \leqslant p$。

V_{lm} 的表达式变为

$$V_{lm} = \frac{\mu r_e^l}{r^{l+1}} \sum_{p=0}^{l} F_{lmp}(i) \left\{ \begin{bmatrix} C_{lm} \\ -S_{lm} \end{bmatrix}_{l-m \text{ odd}}^{l-m \text{ even}} \cos \left[(l - 2p)(\omega + f) + m(\Omega - \theta) \right] \right.$$

$$\left. + \begin{bmatrix} S_{lm} \\ C_{lm} \end{bmatrix}_{l-m \text{ odd}}^{l-m \text{ even}} \sin \left[(l - 2p)(\omega + f) + m(\Omega - \theta) \right] \right\}$$

$$(7-123)$$

其中，代入式 (7 - 107)

$$T_{lmw} = \frac{(-1)^w (2l - 2w)!}{2^l w!\ (l-w)!\ (l-m-2w)!}$$

我们有

$$F_{lmp}(i) = \sum_w \frac{(2l-2w)!}{w!\ (l-w)!\ (l-m-2w)!\ 2^{2l-2w}} \sin^{l-m-2w} i$$
$$\times \sum_{s=0}^m \binom{m}{s} \cos^s i \sum_c \binom{l-m-2w+s}{c} \binom{m-s}{p-w-c} (-1)^{c-k} \tag{7-124}$$

这里，k 为 $(l-m)/2$ 的整数部分，w 表示从 0 到 p 或 k 中较小者的求和，c 表示二项式系数不为零的所有值的总和。

　　为得到以开普勒轨道根数表示的扰动函数，最后一个必要的变换是将式（7-123）中的 r 和 f 替换为 a、M 和 e。我们进行替换

$$\frac{1}{r^{l+1}} \begin{bmatrix} \cos \\ \sin \end{bmatrix} [(l-2p)(\omega+f) + m(\Omega-\theta)]$$
$$= \frac{1}{a^{l+1}} \sum_q G_{lpq}(e) \begin{bmatrix} \cos \\ \sin \end{bmatrix} [(l-2p)\omega + (l-2p+q)M + m(\Omega-\theta)]$$

　　$G_{lpq}(e)$ 的推导非常复杂，Kaula（1966）引用了由 Tisserand 在 1889 年发表的一种解法的结果：

$$G_{lpq}(e) = (-1)^{|q|} (1+\Gamma^2)^l \Gamma^{|q|} \sum_{k=0}^{\infty} P_{lpqk} Q_{lpqk} \Gamma^{2k} \tag{7-125}$$

其中

$$\Gamma = \frac{e}{1+\sqrt{1-e^2}}$$

$$P_{lpqk} = \sum_{r=0}^{\kappa} \binom{2p'-2l}{\kappa-r} \frac{(-1)^r}{r!} \left(\frac{(l-2p'+q')e}{2\Gamma}\right)^r \tag{7-126}$$
$$\kappa = k+q',\quad q'>0;\quad \kappa=k,\quad q'<0$$

和

$$Q_{lpqk} = \sum_{r=0}^{\kappa} \binom{-2p'}{\kappa-r} \frac{1}{r!} \left(\frac{(l-2p'+q')e}{2\Gamma}\right)^r \tag{7-127}$$
$$\kappa = k,\quad q'>0;\quad \kappa=k-q',\quad q'<0;$$
$$p'=p,\quad q'=q \text{ for } p \leqslant l/2;\quad p'=l-p,\quad q'=-q \text{ for } p>l/2$$

将球坐标中的 V_{lm}［式（7-115）］转换为轨道根数的最终结果为

$$V_{lm} = \frac{\mu r_e^l}{a^{l+1}} \sum_{p=0}^l F_{lmp}(i) \sum_{q=-\infty}^{\infty} G_{lpq}(e) S_{lmpq}(\omega, M, \Omega, \theta) \tag{7-128}$$

其中

$$S_{lmpq} = \begin{bmatrix} C_{lm} \\ -S_{lm} \end{bmatrix}_{l-m \text{ odd}}^{l-m \text{ even}} \cos[(l-2p)\omega + (l-2p+q)M + m(\Omega-\theta)]$$
$$+ \begin{bmatrix} S_{lm} \\ C_{lm} \end{bmatrix}_{l-m \text{ odd}}^{l-m \text{ even}} \sin[(l-2p)\omega + (l-2p+q)M + m(\Omega-\theta)] \tag{7-129}$$

总的球谐势由式（7-109）中的双重求和给出。如式（7-128）所示，总球谐势的特定项 V_{lm} 可以让我们深入了解特定谐波对轨道长期运动的影响。Chao 和 Hoots（2018）列出了倾角函数 F 和偏心率函数 G 的表格，在此转载以方便参考。下标索引 l、m、p 和 q 是整数，用于标识 F 和 G 函数中特定谐波项（l，m）的项。

特定 G 项的级数由下标的整数索引 l、p 和 q 或 $G_{lpq}(e)$ 来标识。第一个索引 l，由特定的一对引力谐波系数 C_{lm} 和 S_{lm} 决定；第二个索引 p，可以是正整数或零，且 p 小于或等于 l。第三个索引 q，可以是负数或正数，其大小决定了该无穷级数第一项的偏心率的幂。大多数项都存在对称性，有些项用偏心率的闭式函数表示，包括下列各项：

$$
\begin{aligned}
G_{210} &= (1-e^2)^{-3/2} \\
G_{31-1} &= G_{321} = e(1-e^2)^{-5/2} \\
G_{41-2} &= G_{432} = (3e^2/4)(1-e^2)^{-7/2} \\
G_{420} &= (1+3e^2/2)(1-e^2)^{-7/2}
\end{aligned}
\tag{7-130}
$$

表 7-1 提供了偏心率函数 $G_{lpq}(e)$ 的值，其中 lpq 最大为 664，偏心率最大为 e^4，摘自 Chao 和 Hoots（2018）。

表 7-2 提供了倾角函数 $F_{lmp}(i)$ 的值，其中 lmp 最大为 555，摘自 Chao 和 Hoots（2018）。

表 7-1 偏心率函数

l	p	q	l	p	q	$G_{lpq}(e)$
2	0	-2	2	2	2	0
2	0	-1	2	2	1	$-e/2+e^3/16+\cdots$
2	0	0	2	2	0	$1-5e^2/2+13e^4/16+\cdots$
2	0	1	2	2	-1	$7e/2-123e^3/16+\cdots$
2	0	2	2	2	-2	$17e^2/2-115e^4/6+\cdots$
2	1	-2	2	1	2	$9e^2/4+7e^4/4+\cdots$
2	1	-1	2	1	1	$3e/2+27e^3/16+\cdots$
			2	1	0	$(1-e^2)^{-3/2}$
3	0	-2	3	3	2	$e^2/8+e^4/48+\cdots$
3	0	-1	3	3	1	$-e+5e^3/4+\cdots$
3	0	0	3	3	0	$1-6e^2+423e^4/64+\cdots$
3	0	1	3	3	-1	$5e-22e^3+\cdots$
3	0	2	3	3	-2	$127e^2/8-3\,065e^4/48+\cdots$
3	1	-2	3	2	2	$11e^2/8+49e^4/16+\cdots$
3	1	-1	3	2	1	$e(1-e^2)^{-5/2}$
3	1	0	3	2	0	$1+2e^2+239e^4/64+\cdots$
3	1	1	3	2	-1	$3e+11e^3/4+\cdots$

续表

l	p	q	l	p	q	$G_{lpq}(e)$
3	1	2	3	2	-2	$53e^2/8 + 39e^4/16 + \cdots$
4	0	-2	4	4	2	$e^2/2 - e^4/3 + \cdots$
4	0	-1	4	4	1	$-3e/2 + 75e^3/16 + \cdots$
4	0	0	4	4	0	$1 - 11e^2 + 199e^4/8 + \cdots$
4	0	1	4	4	-1	$13e/2 - 765e^3/16 + \cdots$
4	0	2	4	4	-2	$51e^2/2 - 321e^4/2 + \cdots$
4	0	3	4	4	-3	$3\,751e^3/48 + \cdots$
4	0	4	4	4	-4	$4\,943e^4/24 + \cdots$
4	1	-4	4	3	4	$67e^4/48 + \cdots$
4	1	-3	4	3	3	$49e^3/48 + \cdots$
4	1	-2	4	3	2	$(3e^2/4)(1-e^2)^{-7/2}$
4	1	-1	4	3	1	$e/2 + 33e^3/16 + \cdots$
4	1	0	4	3	0	$1 + e^2 + 65e^4/16 + \cdots$
4	1	1	4	3	-1	$9e/2 - 3e^3/16 + \cdots$
4	1	2	4	3	-2	$53e^2/4 - 179e^4/24 + \cdots$
4	1	3	4	3	-3	$1\,541e^3/48 + \cdots$
4	1	4	4	3	-4	$555e^4/8 + \cdots$
4	2	-4	4	2	4	$745e^4/48 + \cdots$
4	2	-3	4	2	3	$145e^3/16 + \cdots$
4	2	-2	4	2	2	$5e^2 + 155e^4/12 + \cdots$
4	2	-1	4	2	1	$5e/2 + 135e^3/16 + \cdots$
			4	2	0	$(1 + 3e^2/2)(1-e^2)^{-7/2}$
5	5	4	5	0	-4	$e^4/384 + \cdots$
5	5	3	5	0	-3	$-e^3/6 + \cdots$
5	5	2	5	0	-2	$9e^2/8 - 9e^4/4 + \cdots$
5	5	1	5	0	-1	$-2e + 23e^3/2 + \cdots$
5	5	0	5	0	0	$1 - 35e^2/2 + 4\,255e^4/64 + \cdots$
5	5	-1	5	0	1	$8e - 177e^3/2 + \cdots$
5	5	-2	5	0	2	$299e^2/8 - 4067e^4/12 + \cdots$
5	5	-3	5	0	3	$799e^3/6 + \cdots$
5	5	-4	5	0	4	$51\,287e^4/128 + \cdots$
5	4	4	5	1	-4	$87e^4/128 + \cdots$
5	4	3	5	1	-3	$e^3/2 + \cdots$

续表

l	p	q	l	p	q	$G_{lpq}(e)$
5	4	2	5	1	-2	$3e^2/8 + 7e^4/4 + \cdots$
5	4	1	5	1	-1	$3e^3/2 + \cdots$
5	4	0	5	1	0	$1 - 3e^2/2 + 303e^4/64 + \cdots$
5	4	-1	5	1	1	$6e - 21e^3/2 + \cdots$
5	4	-2	5	1	2	$177e^2/8 - 177e^4/4 + \cdots$
5	4	-3	5	1	3	$129e^3/2 + \cdots$
5	4	-4	5	1	4	$20\,875e^4/128 + \cdots$
5	3	4	5	2	-4	$1291e^4/128 + \cdots$
5	3	3	5	2	-3	$37e^3/6 + \cdots$
5	3	2	5	2	-2	$29e^2/8 + 193e^4/12 + \cdots$
5	3	1	5	2	-1	$2e + 21e^3/2 + \cdots$
5	3	0	5	2	0	$1 + 13e^2/2 + 1\,399e^4/64 + \cdots$
5	3	-1	5	2	1	$4e + 29e^3/2 + \cdots$
5	3	-2	5	2	2	$87e^2/8 + 107e^4/4 + \cdots$
5	3	-3	5	2	3	$149e^3/0 + \cdots$
5	3	-4	5	2	4	$19\,669e^4/384 + \cdots$
6	6	4	6	0	-4	$e^4/24 + \cdots$
6	6	3	6	0	-3	$-9e^3/16 + \cdots$
6	6	2	6	0	-2	$2e^2 - 23e^4/3 + \cdots$
6	6	1	6	0	-1	$-5e/2 + 365e^3/16 + \cdots$
6	6	0	6	0	0	$1 - 51e^2/2 + 2\,331e^4/16 + \cdots$
6	6	-1	6	0	1	$19e/2 - 2\,359e^3/16 + \cdots$
6	6	-2	6	0	2	$103e^2/2 - 1\,907e^4/3 + \cdots$
6	6	-3	6	0	3	$3\,347e^3/16 + \cdots$
6	6	-4	6	0	4	$33\,965e^4/48 + \cdots$
6	5	4	6	1	-4	$5e^4/16 + \cdots$
6	5	3	6	1	-3	$11e^3/48 + \cdots$
6	5	2	6	1	-2	$e^2/4 + e^4 + \cdots$
6	5	1	6	1	-1	$-e/2 + 31e^3/16 + \cdots$
6	5	0	6	1	0	$1 - 11e^2/2 + 11e^4 + \cdots$
6	5	-1	6	1	1	$15e/2 - 505e^3/16 + \cdots$
6	5	-2	6	1	2	$133e^2/4 - 131e^4 + \cdots$
6	5	-3	6	1	3	$5\,443e^3/48 + \cdots$

续表

l	p	q	l	p	q	$G_{lpq}(e)$
6	5	-4	6	1	4	$5\,259e^4/16 + \cdots$
6	4	4	6	2	-4	$101e^4/16 + \cdots$
6	4	3	6	2	-3	$193e^3/48 + \cdots$
6	4	2	6	2	-2	$5e^2/2 + 15e^4 + \cdots$
6	4	1	6	2	-1	$3e/2 + 161e^3/16 + \cdots$
6	4	0	6	2	0	$1 + 13e^2/2 + 419e^4/16 + \cdots$
6	4	-1	6	2	1	$11e/2 + 277e^3/16 + \cdots$
6	4	-2	6	2	2	$19e^2 + 35e^4 + \cdots$
6	4	-3	6	2	3	$2\,525e^3/48 + \cdots$
6	4	-4	6	2	4	$255e^4/2 + \cdots$
6	3	4	6	3	-4	$889e^4/24 + \cdots$
6	3	3	6	3	-3	$301e^3/16 + \cdots$
6	3	2	6	3	-2	$35e^2/4 + 133e^4/3 + \cdots$
6	3	1	6	3	-1	$7e/2 + 371e^3/16 + \cdots$
6	3	0	6	3	0	$1 + 21e^2/2 + 189e^4/4 + \cdots$

表 7 - 2　倾角函数

l	m	p	$F_{lmp}(i)$；$S = \sin i$，$C = \cos i$
2	0	0	$-0.375S^2$
2	0	1	$0.75S^2 - 0.5$
2	0	2	$-0.375S^2$
2	1	0	$0.75S(1+C)$
2	1	1	$-1.5SC$
2	1	2	$-0.75S(1-C)$
2	2	0	$0.75(1+C)^2$
2	2	1	$1.5S^2$
2	2	2	$0.75(1-C)^2$
3	0	0	$-0.312\,5S^3$
3	0	1	$0.937\,5S^3 - 0.75S$
3	0	2	$-0.937\,5S^3 + 0.75S$
3	0	3	$0.312\,5S^3$
3	1	0	$-0.937\,5S^2(1+C)$
3	1	1	$0.937\,5S^2(1+3C) - 0.75(1+C)$

续表

l	m	p	$F_{lmp}(i)$; $S = \sin i$, $C = \cos i$
3	1	2	$0.937\,5S^2(1-3C)-0.75(1-C)$
3	1	3	$-0.937\,5S^2(1-C)$
3	2	0	$1.875S(1+C)^2$
3	2	1	$1.875S(1-2C-3C^2)$
3	2	2	$-1.875S(1+2C-3C^2)$
3	2	3	$-1.875S(1-C)^2$
3	3	0	$1.875(1+C)^3$
3	3	1	$5.625S^2(1+C)$
3	3	2	$5.625S^2(1-C)$
3	3	3	$1.875(1-C)^3$
4	0	0	$0.273\,44S^4$
4	0	1	$-1.093\,75S^4+0.9375S^2$
4	0	2	$1.640\,63S^4-1.875S^2+0.375$
4	0	3	$-1.093\,75S^4+0.9375S^2$
4	0	4	$0.273\,44S^4$
4	1	0	$-1.093\,75S^3(1+C)$
4	1	1	$2.187\,5S^3(1+2C)-1.875(1+C)S$
4	1	2	$C(3.75S-6.562\,5S^3)$
4	1	3	$-2.187\,5S^3(1-2C)+1.875(1-C)S$
4	1	4	$1.093\,75S^3(1-C)$
4	2	0	$-3.281\,25S^2(1+C)^2$
4	2	1	$13.125S^2C(1+C)-1.875(1+C)^2$
4	2	2	$6.562\,5S^2(1-3C^2)-3.75S^2$
4	2	3	$-13.125S^2C(1-C)-1.875(1-C)^2$
4	2	4	$-3.281\,25S^2(1-C)^2$
4	3	0	$6.562\,5S(1+C)^3$
4	3	1	$13.125S(1-3C^2-2C^3)$
4	3	2	$-39.375S^3C$
4	3	3	$-13.125S(1-3C^2+2C^3)$
4	3	4	$-6.562\,5S(1-C)^3$
4	4	0	$6.562\,5(1+C)^4$
4	4	1	$26.25S^2(1+C)^2$
4	4	2	$39.375S^4$

续表

l	m	p	$F_{lmp}(i)$；$S = \sin i$，$C = \cos i$
4	4	3	$26.25S^2(1-C)^2$
4	4	4	$6.5625(1-C)^4$
5	0	0	$0.24609S^5$
5	0	1	$1.09375S^3-1.23047S^5$
5	0	2	$0.93750S-3.28125S^3+2.46094S^5$
5	0	3	$-0.93750S+3.28125S^3-2.46094S^5$
5	0	4	$-1.09375S^3+1.23047S^5$
5	0	5	$-0.24609S^5$
5	1	0	$1.23047S^4(1+C)$
5	1	1	$3.28125S^2(1+C)-6.15234S^4(0.6+C)$
5	1	2	$0.93750(1+C)-3.28125S^2(1+3C)+2.46094S^4(1+5C)$
5	1	3	$0.93750(1-C)-3.28125S^2(1-3C)+2.46094S^4(1-5C)$
5	1	4	$3.28125S^2(1-C)-6.15234S^4(0.6-C)$
5	1	5	$1.23047S^4(1-C)$
5	2	0	$-4.92188S^3(1+C)^2$
5	2	1	$-6.56250S(1+C)^2+4.92188S^3(1+6C+5C^2)$
5	2	2	$-6.56250S(1-2C-3C^2)+9.84375S^3(1-2C-5C^2)$
5	2	3	$6.56250S(1+2C-3C^2)-9.84375S^3(1+2C-5C^2)$
5	2	4	$6.56250S(1-C)^2-4.92188S^3(1-6C+5C^2)$
5	2	5	$4.92188S^3(1-C)^2$
5	3	0	$-14.76563S^2(1+C)^3$
5	3	1	$-6.56250(1+C)^3-14.76563S^2(1-3C-9C^2-5C^3)$
5	3	2	$-19.68750(1+C-C^2-C^3)+29.53125S^2(1+3C-3C^2-5C^3)$
5	3	3	$-19.68750(1-C-C^2+C^3)+29.53125S^2(1-3C-3C^2+5C^3)$
5	3	4	$-6.56250(1-C)^3-14.76563S^2(1+3C-9C^2+5C^3)$
5	3	5	$-14.76563S^2(1-C)^3$
5	4	0	$29.53125S(1+C)^4$
5	4	1	$88.59375S(1+1.33333C-2C^2-4C^3-1.66666C^4)$
5	4	2	$59.0625S(1-4C-6C^2+4C^3+C^4)$
5	4	3	$-59.0625S(1+4C-6C^2-4C^3+5C^4)$
5	4	4	$-88.59375S(1-1.33333C-2C^2+4C^3-1.66666C^4)$
5	4	5	$-29.53125S(1-C)^4$
5	5	0	$29.53125(1+C)^5$

续表

l	m	p	$F_{lmp}(i)$; $S = \sin i$, $C = \cos i$
5	5	1	$147.656\ 25(1+3C+2C^2-2C^3-3C^4-C^5)$
5	5	2	$295.312\ 51(1+C-2C^2-2C^3+C^4+C^5)$
5	5	3	$295.312\ 51(1-C-2C^2+2C^3+3C^4-C^5)$
5	5	4	$147.656\ 25(1-3C+2C^2+2C^3-3C^4+C^5)$
5	5	5	$29.531\ 25(1-C)^5$

参 考 文 献

Chao, C. -C. , & Hoots, F. R. (2018). *Applied orbit perturbations and maintenance* (2nd ed.). El Segundo: The Aerospace Press.

Fitzpatrick, P. M. (1970). *Principles of celestial mechanics* . New York: Academic Press.

Kaula, W. M. (1966). *Theory of satellite geodesy* . Waltham: Blaisdell Publishing Company.

McCuskey, S. W. (1963). *Introduction to celestial mechanics* . Reading: Addison - Wesley Publishing Company, Inc.

Roy, A. E. (2005). *Orbital motion* (4th ed.). New York: Taylor & Francis Group.

第8章 广义平均法及其应用

在本章中，我们综合多种元素，旨在解决一个重要的轨道摄动问题：由于地球的扁球形状导致的卫星运动。在第7章中，我们建立了一个地球引力势模型，包括前三个带谐项的表达式。根据式（7-95），我们选择第一项，该项包含了由二阶带谐项引起的影响。

$$\mathcal{R} = \mu \frac{3J_2 r_e^2}{2a^3} \left(\frac{a}{r}\right)^3 \left[\frac{1}{3} - \frac{1}{2}\sin^2 i + \frac{1}{2}\sin^2 i \cos 2u\right] \tag{8-1}$$

其中，我们将 J 替换为更常规的符号 $3J_2/2$。

在第5章中，我们根据地球引力势产生的摄动力建立了拉格朗日行星方程。在摄动方程中使用引力势模型，我们得到了一个由六个一阶非线性微分方程组成的系统。在接下来的小节中，我们将介绍一个一般过程，可以用来将该系统转化为更简单的形式，从而找到近似解。这个一般过程通常称为平均法（MOA）。

8.1 平均化的概念

MOA 有时被误解和误用，从而导致不正确或不完整的结果。人们当然可以引用一个称为平均化的术语，但必须要发明一种一致的方法来应用它。一些从业者认为，只要简单地计算拉格朗日方程右侧的平均值，就能得到长期变化率。然而，如下所示，对于 r 的"平均值"，我们可以得到四种不同的答案，并认为每种都代表了"平均"。

情况 1：相对于时间的"平均"

$$\begin{aligned}
\langle r \rangle &= \frac{1}{P} \int_0^P r \, dt \\
&= \frac{1}{P} \int_0^P r \left(\frac{r}{na} dE\right) = \frac{1}{2\pi} \frac{1}{a} \int_0^{2\pi} a^2 (1 - e\cos E)^2 \, dE \\
&= \frac{1}{2\pi} a \int_0^{2\pi} \left(1 - 2e\cos E + \frac{1}{2}e^2 + \frac{1}{2}e^2\cos 2E\right) dE \\
&= a\left(1 + \frac{1}{2}e^2\right)
\end{aligned}$$

情况 2：相对于真近点角的"平均"

$$\begin{aligned}
\langle r \rangle &= \frac{1}{2\pi} \int_0^{2\pi} r \, df \\
&= \frac{1}{2\pi} \int_0^{2\pi} r \frac{a\beta}{r} dE = \frac{1}{2\pi} \int_0^{2\pi} a\beta \, dE \\
&= a\beta
\end{aligned}$$

情况 3：相对于偏近点角的"平均"

$$\langle r \rangle = \frac{1}{2\pi} \int_0^{2\pi} r\,\mathrm{d}E$$

$$= \frac{1}{2\pi} \int_0^{2\pi} a(1 - e\cos E)\,\mathrm{d}E = \frac{1}{2\pi} a\left[E - e\sin E\right]_0^{2\pi}$$

$$= a$$

情况 4：相对于平近点角的"平均"

$$\langle r \rangle = \frac{1}{2\pi} \int_0^{2\pi} r\,\mathrm{d}M$$

$$= \frac{1}{2\pi} \int_0^{2\pi} r(1 - e\cos E)\,\mathrm{d}E = \frac{1}{2\pi} a \int_0^{2\pi} (1 - e\cos E)^2\,\mathrm{d}E$$

$$= \frac{1}{2\pi} a \left[E - 2e\sin E + \frac{1}{2}e^2 E + \frac{1}{4}e^2 \sin 2E\right]_0^{2\pi}$$

$$= a\left(1 + \frac{1}{2}e^2\right)$$

哪个是正确的"平均"？

- 相对于时间的平均：$\langle r \rangle = a\left(1 + \frac{1}{2}e^2\right)$

- 相对于真近点角的平均：$\langle r \rangle = a\beta$

- 相对于偏近点角的平均：$\langle r \rangle = a$

- 相对于平近点角的平均：$\langle r \rangle = a\left(1 + \frac{1}{2}e^2\right)$

这个例子的重点是，我们必须有一种定义明确的方法，来知道什么需要做平均化，如何去做，以及这样做的理由。为了回答这些问题，我们先暂时忘记"平均法"这个术语。取而代之的是，我们努力寻找一种**变量变换**，以简化我们的一阶微分方程组。

当谈论摄动时，我们指的是相对于基本二体运动的微小变化。我们经常使用参数 ε 来表示相对于二体力（two-body force）较小的项。在求解受摄二体轨道的过程中，我们经常引入级数展开式，这可能会产生小参数 ε 的高幂次项。

接下来，我们必须对解中小参数的最大幂次做出判断。解通常包含周期项和长期项。周期项是有界的，而长期项的影响会随着预测时间的增加而增大。因此，对于长期项，通常将解中小参数展开到一个比周期项更高的幂次，我们在本书中遵循这一惯例。

考虑下面的一阶微分方程系统，其中 ε 是一个小参数：

$$\dot{x} = \varepsilon \sin y \tag{8-2}$$

$$\dot{y} = x + \varepsilon \cos y \tag{8-3}$$

详细研究此示例将需要几页的篇幅。为便于说明，我们在此给出将要采取的主要步骤。首先，我们引入一个在新变量中具有周期性的变量变换。现在，我们不讨论如何构思这个变换，而是专注于变换实现的结果。

我们将此变换代入微分方程［式（8-2）和式（8-3）］。代入后，我们将进行大量的代数运算，以得出新变换变量的时间变化率方程。在完成所有代数运算之后，我们将发现新变量的微分方程是很容易求解的。这个例子表明，有可能找到一种变量变换，使给定的微分方程系统更容易求解。但是，我们不得不忍受的那些代数运算呢？此外，这种变换是从何而来的？好消息是，在完成这个例子后，我们将为变换和变换后的微分方程提供一种方法。所以，让我们继续研究这个例子。

现在我们引入从 x，y 到 ξ，χ 的变量变换，如下所示：

$$x = \xi - \varepsilon \frac{1}{\xi} \cos\chi \tag{8-4}$$

$$y = \chi - \varepsilon \frac{1}{\xi^2} \sin\chi + \varepsilon \frac{1}{\xi} \sin\chi \tag{8-5}$$

我们想要确定由这种变换产生的新微分方程。将式（8-4）和式（8-5）中的变换应用于原微分方程（8-2）和（8-3）中，我们有

$$\dot{x} = \varepsilon \sin y = \varepsilon \sin\left(\chi - \varepsilon \frac{1}{\xi^2}\sin\chi + \varepsilon \frac{1}{\xi}\sin\chi\right)$$

$$= \varepsilon \sin\chi \cos\left(\varepsilon \frac{1}{\xi^2}\sin\chi - \varepsilon \frac{1}{\xi}\sin\chi\right) - \varepsilon \cos\chi \sin\left(\varepsilon \frac{1}{\xi^2}\sin\chi - \varepsilon \frac{1}{\xi}\sin\chi\right)$$

由于 ε 是一个小参数，我们可以用小角度近似法来得到

$$\dot{x} \approx \varepsilon \sin\chi - \varepsilon^2 \frac{1}{\xi^2}\cos\chi \sin\chi + \varepsilon^2 \frac{1}{\xi}\cos\chi \sin\chi \tag{8-6}$$

其中，我们删去了阶数为 $O(\varepsilon^3)$ 的项。同样地

$$\dot{y} = x + \varepsilon \cos y = \xi - \varepsilon \frac{1}{\xi}\cos\chi + \varepsilon \cos\left(\chi - \varepsilon \frac{1}{\xi^2}\sin\chi + \varepsilon \frac{1}{\xi}\sin\chi\right)$$

$$= \xi - \varepsilon \frac{1}{\xi}\cos\chi + \varepsilon \cos\chi \cos\left(\varepsilon \frac{1}{\xi^2}\sin\chi - \varepsilon \frac{1}{\xi}\sin\chi\right)$$

$$+ \varepsilon \sin\chi \sin\left(\varepsilon \frac{1}{\xi^2}\sin\chi - \varepsilon \frac{1}{\xi}\sin\chi\right) \tag{8-7}$$

$$\dot{y} \approx \xi - \varepsilon \frac{1}{\xi}\cos\chi + \varepsilon \cos\chi + \varepsilon^2 \frac{1}{\xi^2}\sin^2\chi - \varepsilon^2 \frac{1}{\xi}\sin^2\chi$$

其中，我们删去了阶数为 $O(\varepsilon^3)$ 的项。

现在我们考虑变换本身。通过对变换式（8-4）和式（8-5）求微分，我们得到

$$\dot{x} = \dot{\xi} + \varepsilon \dot{\xi} \frac{1}{\xi^2}\cos\chi + \varepsilon \dot{\chi} \frac{1}{\xi}\sin\chi$$

$$\dot{y} = \dot{\chi} + \varepsilon \dot{\xi} \frac{2}{\xi^3}\sin\chi - \varepsilon \dot{\chi} \frac{1}{\xi^2}\cos\chi - \varepsilon \dot{\xi} \frac{1}{\xi^2}\sin\chi + \varepsilon \dot{\chi} \frac{1}{\xi}\cos\chi$$

或

$$\dot{x} = A\dot{\xi} + B\dot{\chi} \tag{8-8}$$

$$\dot{y} = C\dot{\xi} + D\dot{\chi} \tag{8-9}$$

其中我们引入了简写符号

$$A = \left(1 + \varepsilon \frac{1}{\xi^2} \cos\chi\right)$$

$$B = \left(\varepsilon \frac{1}{\xi} \sin\chi\right)$$

$$C = \left(\varepsilon \frac{2}{\xi^3} \sin\chi - \varepsilon \frac{1}{\xi^2} \sin\chi\right)$$

$$D = \left(1 - \varepsilon \frac{1}{\xi^2} \cos\chi + \varepsilon \frac{1}{\xi} \cos\chi\right)$$

$(8-10)$

为求解式（8-8）和式（8-9）中的 $\dot{\xi}$ 和 $\dot{\chi}$，我们将式（8-8）和式（8-9）组成线性组合

$$D\dot{x} - B\dot{y} = AD\dot{\xi} + BD\dot{\chi} - BC\dot{\xi} - BD\dot{\chi} = (AD - BC)\dot{\xi}$$

和

$$C\dot{x} - A\dot{y} = AC\dot{\xi} + BC\dot{\chi} - AC\dot{\xi} - AD\dot{\chi} = -(AD - BC)\dot{\chi}$$

重新排列，我们有

$$\dot{\xi} = \frac{1}{(AD - BC)}(D\dot{x} - B\dot{y}) \qquad (8-11)$$

和

$$\dot{\chi} = \frac{1}{(AD - BC)}(-C\dot{x} + A\dot{y}) \qquad (8-12)$$

应用式（8-10）中引入的定义，我们得到

$$AD - BC = \left(1 + \varepsilon \frac{1}{\xi^2} \cos\chi\right)\left(1 - \varepsilon \frac{1}{\xi^2} \cos\chi + \varepsilon \frac{1}{\xi} \cos\chi\right)$$

$$- \left(\varepsilon \frac{1}{\xi} \sin\chi\right)\left(\varepsilon \frac{2}{\xi^3} \sin\chi - \varepsilon \frac{1}{\xi^2} \sin\chi\right)$$

$$= 1 - \varepsilon \frac{1}{\xi^2} \cos\chi + \varepsilon \frac{1}{\xi} \cos\chi + \varepsilon \frac{1}{\xi^2} \cos\chi - \varepsilon^2 \frac{1}{\xi^4} \cos^2\chi + \varepsilon^2 \frac{1}{\xi^3} \cos^2\chi \quad (8-13)$$

$$- \varepsilon^2 \frac{2}{\xi^4} \sin^2\chi + \varepsilon^2 \frac{1}{\xi^3} \sin^2\chi$$

$$= 1 + \varepsilon \frac{1}{\xi} \cos\chi - \varepsilon^2 \frac{1}{\xi^4} - \varepsilon^2 \frac{1}{\xi^4} \sin^2\chi + \varepsilon^2 \frac{1}{\xi^3}$$

和

$$(D\dot{x} - B\dot{y}) = \left(1 - \varepsilon \frac{1}{\xi^2} \cos\chi + \varepsilon \frac{1}{\xi} \cos\chi\right)\dot{x} - \left(\varepsilon \frac{1}{\xi} \sin\chi\right)\dot{y} \qquad (8-14)$$

在式（8-14）中应用式（8-6）和式（8-7），我们得到

$$(D\dot{x} - B\dot{y}) = \left(1 - \varepsilon \frac{1}{\xi^2}\cos\chi + \varepsilon \frac{1}{\xi}\cos\chi\right)$$

$$\times \left(\varepsilon \sin\chi - \varepsilon^2 \frac{1}{\xi^2}\sin\chi\cos\chi + \varepsilon^2 \frac{1}{\xi}\sin\chi\cos\chi\right)$$

$$- \left(\varepsilon \frac{1}{\xi}\sin\chi\right)\left(\xi - \varepsilon \frac{1}{\xi}\cos\chi + \varepsilon\cos\chi + \varepsilon^2 \frac{1}{\xi^2}\sin^2\chi - \varepsilon^2 \frac{1}{\xi}\sin^2\chi\right)$$

$$= \varepsilon \sin\chi - \varepsilon^2 \frac{1}{\xi^2}\sin\chi\cos\chi + \varepsilon^2 \frac{1}{\xi}\sin\chi\cos\chi - \varepsilon^2 \frac{1}{\xi^2}\sin\chi\cos\chi$$

$$+ \varepsilon^2 \frac{1}{\xi}\sin\chi\cos\chi - \varepsilon \sin\chi + \varepsilon^2 \frac{1}{\xi^2}\sin\chi\cos\chi - \varepsilon^2 \frac{1}{\xi}\sin\chi\cos\chi$$

$$= -\varepsilon^2 \frac{1}{\xi^2}\sin\chi\cos\chi + \varepsilon^2 \frac{1}{\xi}\sin\chi\cos\chi$$

$$(8-15)$$

其中，我们删去了阶数为 $O(\varepsilon^3)$ 的项。

根据式（8-10）中的定义

$$(-C\dot{x} + A\dot{y}) = -\left(\varepsilon \frac{2}{\xi^3}\sin\chi - \varepsilon \frac{1}{\xi^2}\sin\chi\right)\dot{x} + \left(1 + \varepsilon \frac{1}{\xi^2}\cos\chi\right)\dot{y} \qquad (8-16)$$

在式（8-16）中应用式（8-6）和式（8-7），我们得到

$$(-C\dot{x} + A\dot{y}) = \left(\varepsilon \frac{2}{\xi^3}\sin\chi - \varepsilon \frac{1}{\xi^2}\sin\chi\right)$$

$$\times \left(-\varepsilon \sin\chi + \varepsilon^2 \frac{1}{\xi^2}\cos\chi\sin\chi - \varepsilon^2 \frac{1}{\xi}\cos\chi\sin\chi\right) + \left(1 + \varepsilon \frac{1}{\xi^2}\cos\chi\right)$$

$$\times \left(\xi - \varepsilon \frac{1}{\xi}\cos\chi + \varepsilon\cos\chi + \varepsilon^2 \frac{1}{\xi^2}\sin^2\chi - \varepsilon^2 \frac{1}{\xi}\sin^2\chi\right)$$

$$= -\varepsilon^2 \frac{2}{\xi^3}\sin^2\chi + \varepsilon^2 \frac{1}{\xi^2}\sin^2\chi + \xi - \varepsilon \frac{1}{\xi}\cos\chi + \varepsilon\cos\chi$$

$$+ \varepsilon^2 \frac{1}{\xi^2}\sin^2\chi - \varepsilon^2 \frac{1}{\xi}\sin^2\chi + \varepsilon \frac{1}{\xi}\cos\chi - \varepsilon^2 \frac{1}{\xi^3}\cos^2\chi + \varepsilon^2 \frac{1}{\xi^2}\cos^2\chi$$

$$= \xi + \varepsilon\cos\chi - \varepsilon^2 \frac{1}{\xi}\sin^2\chi + \varepsilon^2 \frac{1}{\xi^2}$$

$$+ \varepsilon^2 \frac{1}{\xi^2}\sin^2\chi - \varepsilon^2 \frac{1}{\xi^3} - \varepsilon^2 \frac{1}{\xi^3}\sin^2\chi$$

$$(8-17)$$

回到式（8-11），并代入式（8-13）和式（8-15），我们得到

$$\dot{\xi} = \frac{1}{AD - BC}(D\dot{x} - B\dot{y})$$

$$= \frac{1}{\left(1 + \varepsilon \frac{1}{\xi}\cos\chi - \varepsilon^2 \frac{1}{\xi^4} - \varepsilon^2 \frac{1}{\xi^4}\sin^2\chi + \varepsilon^2 \frac{1}{\xi^3}\right)}$$

$$\times \left(-\varepsilon^2 \frac{1}{\xi^2}\sin\chi\cos\chi + \varepsilon^2 \frac{1}{\xi}\sin\chi\cos\chi\right) \tag{8-18}$$

$$= 0$$

其中，我们删去了阶数为 $O(\varepsilon^2)$ 的项。

将式（8-13）和式（8-17）代入式（8-12），我们得到

$$\dot{\chi} = \frac{1}{AD - BC}(-C\dot{x} + A\dot{y})$$

$$= \frac{1}{\left(1 + \varepsilon \frac{1}{\xi}\cos\chi - \varepsilon^2 \frac{1}{\xi^4} - \varepsilon^2 \frac{1}{\xi^4}\sin^2\chi + \varepsilon^2 \frac{1}{\xi^3}\right)}$$

$$\times \left[\xi + \varepsilon\cos\chi - \varepsilon^2 \frac{1}{\xi}\sin^2\chi + \varepsilon^2 \frac{1}{\xi^2} + \varepsilon^2 \frac{1}{\xi^2}\sin^2\chi - \varepsilon^2 \frac{1}{\xi^3} - \varepsilon^2 \frac{1}{\xi^3}\sin^2\chi\right] \tag{8-19}$$

$$= \xi + \varepsilon\cos\chi - \varepsilon\cos\chi$$

$$= \xi$$

其中，我们删去了阶数为 $O(\varepsilon^2)$ 的项。

因此，我们已经证明可以从微分方程（8-2）和（8-3）开始

$$\dot{x} = \varepsilon\sin y$$

$$\dot{y} = x + \varepsilon\cos y$$

并应用式（8-4）和式（8-5）中的变量变换

$$x = \xi - \varepsilon \frac{1}{\xi}\cos\chi$$

$$y = \chi - \varepsilon \frac{1}{\xi^2}\sin\chi + \varepsilon \frac{1}{\xi}\sin\chi$$

得到变换后的微分方程，式（8-18）和式（8-19）：

$$\dot{\xi} = 0$$

$$\dot{\chi} = \xi$$

现在可以直接确定微分方程组的解。式（8-18）和式（8-19）很容易积分得到

$$\xi = \xi_0$$

$$\chi = \chi_0 + \xi_0 t$$

在找到变换后变量的解后，我们可以应用变换［式（8-4）和式（8-5）］来确定原始变量的解

$$x = \xi_0 - \varepsilon \frac{1}{\xi_0}\cos(\chi_0 + \xi_0 t) \tag{8-20}$$

$$y = (\chi_0 + \xi_0 t) - \varepsilon \frac{1}{\xi_0^2}\sin(\chi_0 + \xi_0 t) + \varepsilon \frac{1}{\xi_0}\sin(\chi_0 + \xi_0 t) \qquad (8-21)$$

因此，我们已经证明了变量的变换，可以使得变换后的非线性微分方程系统更容易求解。现在我们将注意力转向一种方法，该方法允许我们创建一种变量变换，且保证能够简化变换后的微分方程组。进一步，变换后的微分方程可以通过显式公式来求解。

8.2　广义平均法

在过去几十年里，轨道摄动理论中的平均法（MOA）在开发用于卫星任务设计和分析的若干半解析分析轨道递推计算机软件中发挥了重要作用。广泛使用的 Draper 半解析卫星理论独立轨道递推器，是由 Draper 实验室的 Cefola 等人（Cefola 等，2014）利用春分点根数的单平均方程开发的。这种递归计算方法不仅计算高效，而且精度较高。Danielson 等人（1994）详细记录了该方法的制定。其他应用平均法的长期轨道递推器包括喷气推进实验室的 Kwok 开发的 LOP（长期轨道预测器）（Kwok，1986）；空军太空司令部的 Liu 开发的 SALT（半解析 Liu 理论）（Liu 和 Alford，1980）；以及航空航天公司的 Chao 等人开发的 GEOSYN 和 LIFETIME（Chao 和 Hoots，2018）。这些工具已被各个组织的轨道分析师用于研究长期轨道摄动和位置保持。

为确保对 MOA 的一致理解，需要仔细介绍该方法的严格数学基础及其明确的应用方法。下面的推导紧跟 Morrison（1966）的方法。简而言之，MOA 适用于（**x**，**y**）中具有任何以下特性的一阶微分方程系统：

1）微分方程是变量 **y** 的周期函数，其主要变化率仅是变量 **x** 的函数；

2）变量的所有其他变化率都与某个小参数 ε 成比例。

这意味着，变量 **y** 的变化率比变量 **x** 的变化率大 $1/\varepsilon$ 倍。因此，变量 **y** 称为快变量，而变量 **x** 称为慢变量。因此，在对快变量 **y** 进行积分时，我们可以假设慢变量 **x** 为常数。利用这一性质，我们能够找到周期性的变量变换，使得变换后的微分方程不含变量 **y**，从而降低了复杂性。此外，变换后的微分方程可以使用更大的步长进行积分（因为它们不包含快速变化的量），甚至可以得到解析解。一旦得到解，就可以引入变换产生的周期项来得到完整的解。需要注意的是，变量不需要是正则的，力也不需要在许多其他摄动方法中要求的保守性。

MOA 与 von Zeipel 法（von Zeipel，1916）和李级数法（Steinberg，1984）一样，是一种寻找变量变换以简化微分方程的方法。"平均化"一词仅仅是指我们用来确定变换后的微分方程的方法。von Zeipel 和 Lie 也使用了类似的方法。

我们考虑一阶微分方程系统

$$\frac{\mathrm{d}x_i}{\mathrm{d}t} = \varepsilon f_i(\mathbf{x},\mathbf{y}) \quad i=1,\cdots,n \qquad (8-22)$$

$$\frac{\mathrm{d}y_\alpha}{\mathrm{d}t} = \omega_\alpha(\mathbf{x}) + \varepsilon u_\alpha(\mathbf{x},\mathbf{y}) \quad \alpha=1,\cdots,m \qquad (8-23)$$

其中 f_i 和 u_a 在 $\mathbf{y}$ 的每个分量上都是周期为 2π 的周期性函数，ε 是一个小参数，并且

$$f_i(\mathbf{x},\mathbf{y}) = f_i^{(1)}(\mathbf{x},\mathbf{y}) + \varepsilon f_i^{(2)}(\mathbf{x},\mathbf{y}) + \cdots$$

$$u_a(\mathbf{x},\mathbf{y}) = u_a^{(1)}(\mathbf{x},\mathbf{y}) + \varepsilon u_a^{(2)}(\mathbf{x},\mathbf{y}) + \cdots$$

其中，上标表示项的阶次。我们假设 $\omega_a(\mathbf{x}) \neq 0$ 导致变量 $\mathbf{y}$ 的快速旋转，而变量 $\mathbf{x}$ 的变化速度较慢（与 ε 成比例）。

我们假设渐近展开形式为

$$x_i = \xi_i + \varepsilon \eta_i^{(1)}(\boldsymbol{\xi},\boldsymbol{\chi}) + \varepsilon^2 \eta_i^{(2)}(\boldsymbol{\xi},\boldsymbol{\chi}) + \cdots \tag{8-24}$$

$$y_a = \chi_a + \varepsilon \phi_a^{(1)}(\boldsymbol{\xi},\boldsymbol{\chi}) + \varepsilon^2 \phi_a^{(2)}(\boldsymbol{\xi},\boldsymbol{\chi}) + \cdots \tag{8-25}$$

其中，$\eta_i^{(j)}(\boldsymbol{\xi},\boldsymbol{\chi})$ 和 $\phi_a^{(j)}(\boldsymbol{\xi},\boldsymbol{\chi})$ 关于 $\boldsymbol{\chi}$ 的周期为 2π，并且是 $\boldsymbol{\xi}$ 和 $\boldsymbol{\chi}$ 的未知函数，应选择合适的 $\eta_i^{(j)}$ 和 $\phi_a^{(j)}$ 使变换后的动力学系统得到简化。我们希望变换后的微分方程具有以下形式

$$\frac{\mathrm{d}\xi_i}{\mathrm{d}t} = \varepsilon M_i^{(1)}(\boldsymbol{\xi}) + \varepsilon^2 M_i^{(2)}(\boldsymbol{\xi}) + \cdots \tag{8-26}$$

$$\frac{\mathrm{d}\chi_a}{\mathrm{d}t} = \omega_a(\boldsymbol{\xi}) + \varepsilon \Omega_a^{(1)}(\boldsymbol{\xi}) + \varepsilon^2 \Omega_a^{(2)}(\boldsymbol{\xi}) + \cdots \tag{8-27}$$

注意，符号 $M_i^{(j)}$ 和 $\Omega_a^{(j)}$ 不应与平近点角和升交点赤经（经度）相混淆。

我们将式（8-24）和式（8-25）称为从 $(\mathbf{x},\mathbf{y})$ 到 $(\boldsymbol{\xi},\boldsymbol{\chi})$ 的变量变换，并将式（8-26）和式（8-27）称为变换后的或平均化的方程，因为其右侧仅取决于 $\boldsymbol{\xi}$。通过将变换代入原始微分方程并在小参数 ε 处展开，Morrison（1966）证明了我们必须有

$$M_i^{(1)} + \omega_\beta \frac{\partial \eta_i^{(1)}}{\partial \chi_\beta} = f_i^{(1)}(\boldsymbol{\xi},\boldsymbol{\chi}) \tag{8-28}$$

$$\Omega_a^{(1)} + \omega_\beta \frac{\partial \phi_a^{(1)}}{\partial \chi_\beta} = \eta_j^{(1)} \frac{\partial \omega_a}{\partial \xi_j} + u_a^{(1)}(\boldsymbol{\xi},\boldsymbol{\chi}) \tag{8-29}$$

此处以及后续所有方程，均应用了爱因斯坦求和约定。该约定指出，当索引在同一个表达式中出现不止一次时，该表达式将隐含地对索引的所有可能值求和。

我们引入符号 $\langle\ \rangle$ 来表示函数的平均，平均运算定义为

$$\langle f(\boldsymbol{\xi},\boldsymbol{\chi}) \rangle_{\boldsymbol{\chi}} = \frac{1}{(2\pi)^m} \int_0^{2\pi} \cdots \int_0^{2\pi} f(\boldsymbol{\xi},\boldsymbol{\chi}) \mathrm{d}\chi_1 \cdots \mathrm{d}\chi_m \tag{8-30}$$

下标 $\boldsymbol{\chi}$ 表示对每个快速变化的 χ_a 变量进行积分。

将式（8-30）应用于式（8-28），可得

$$\langle M_i^{(1)} \rangle_{\boldsymbol{\chi}} + \left\langle \omega_\beta \frac{\partial \eta_i^{(1)}}{\partial \chi_\beta} \right\rangle_{\boldsymbol{\chi}} = \langle f_i^{(1)}(\boldsymbol{\xi},\boldsymbol{\chi}) \rangle_{\boldsymbol{\chi}} \tag{8-31}$$

因为 $\eta_i^{(1)}$ 在 $\boldsymbol{\chi}$ 中是周期性的

$$M_i^{(1)} = \langle f_i^{(1)}(\boldsymbol{\xi},\boldsymbol{\chi}) \rangle_{\boldsymbol{\chi}} \tag{8-32}$$

$$\omega_\beta \frac{\partial \eta_i^{(1)}}{\partial \chi_\beta} = f_i^{(1)}(\boldsymbol{\xi},\boldsymbol{\chi}) - \langle f_i^{(1)}(\boldsymbol{\xi},\boldsymbol{\chi}) \rangle_{\boldsymbol{\chi}} \tag{8-33}$$

由于这种方法计算的是一个卫星运动周期内的轨道根数的平均速率，因此得到的轨道

根数通常被称为"平均"根数，因为变换包含了周期性变化。当将变换应用于平均根数时，得到的结果是密切根数。

对于快变量方程式（8-29），我们有

$$\langle \Omega_a^{(1)} \rangle_\chi + \left\langle \omega_\beta \frac{\partial \phi_a^{(1)}}{\partial \chi_\beta} \right\rangle_\chi = \left\langle \eta_j^{(1)} \frac{\partial \omega_a}{\partial \xi_j} \right\rangle_\chi + \langle u_a^{(1)}(\xi,\chi) \rangle_\chi \tag{8-34}$$

由于 $\phi_a^{(1)}$ 在 χ 中是周期性的，因此得出：

$$\Omega_a^{(1)} = \frac{\partial \omega_a}{\partial \xi_j} \langle \eta_j^{(1)} \rangle_\chi + \langle u_a^{(1)}(\xi,\chi) \rangle_\chi \tag{8-35}$$

那么我们有

$$\omega_\beta \frac{\partial \phi_a^{(1)}}{\partial \chi_\beta} = \frac{\partial \omega_a}{\partial \xi_j} \eta_j^{(1)} - \frac{\partial \omega_a}{\partial \xi_j} \langle \eta_j^{(1)} \rangle_\chi + u_a^{(1)}(\xi,\chi) - \langle u_a^{(1)}(\xi,\chi) \rangle_\chi \tag{8-36}$$

因此，变换后微分方程的一阶项由式（8-32）和式（8-35）给出，而一阶周期性变换则由式（8-33）和式（8-36）简单积分给出。需要注意的是，对于给定的阶数，我们必须首先计算变换后的慢变量项，接着计算慢变量的变换。然后，我们必须计算变换后的快变量项，再计算快变量的变换。为获得二阶作用，我们必须将该过程应用于下面的方程组

$$M_i^{(2)} + M_j^{(1)} \frac{\partial \eta_i^{(1)}}{\partial \xi_j} + \Omega_\beta^{(1)} \frac{\partial \eta_i^{(1)}}{\partial \chi_\beta} + \omega_\beta \frac{\partial \eta_i^{(2)}}{\partial \chi_\beta} = \eta_j^{(1)} \frac{\partial f_i^{(1)}}{\partial \zeta_j} + \phi_\beta^{(1)} \frac{\partial f_i^{(1)}}{\partial \chi_\beta} + f_i^{(2)}(\xi,\chi) \tag{8-37}$$

$$\Omega_a^{(2)} + M_j^{(1)} \frac{\partial \phi_a^{(1)}}{\partial \xi_j} + \Omega_\beta^{(1)} \frac{\partial \phi_a^{(1)}}{\partial \chi_\beta} + \omega_\beta \frac{\partial \phi_a^{(2)}}{\partial \chi_\beta} = \eta_j^{(2)} \frac{\partial \omega_a}{\partial \xi_j} + \frac{1}{2} \eta_j^{(1)} \eta_k^{(1)} \frac{\partial^2 \omega_a}{\partial \xi_j \partial \xi_k}$$
$$+ \eta_j^{(1)} \frac{\partial u_a^{(1)}}{\partial \xi_j} + \phi_\beta^{(1)} \frac{\partial u_a^{(1)}}{\partial \chi_\beta}$$
$$+ u_a^{(2)}(\xi,\chi) \tag{8-38}$$

式（8-33）和式（8-36）的解提供了从平均状态到密切状态的显式变换。如果需要将变量从密切状态变换为平均状态，可以通过对式（8-33）和式（8-36）进行数值迭代来完成计算。

8.3　卫星绕扁行星的运动

本研究紧随 Liu 和 Alford（1980）的论文。摄动势的拉格朗日行星方程由式（5-37）给出

$$\dot{n} = -\frac{3}{a^2} \frac{\partial \mathcal{R}}{\partial M}$$

$$\dot{e} = \left(\frac{\beta^2}{na^2 e}\right) \frac{\partial \mathcal{R}}{\partial M} - \left(\frac{\beta}{na^2 e}\right) \frac{\partial \mathcal{R}}{\partial \omega}$$

$$\frac{\mathrm{d}i}{\mathrm{d}t} = \left(\frac{\cos i}{na^2\beta\sin i}\right)\frac{\partial\mathcal{R}}{\partial\omega} - \left(\frac{1}{na^2\beta\sin i}\right)\frac{\partial\mathcal{R}}{\partial\Omega}$$

$$\dot{\Omega} = \left(\frac{1}{na^2\beta\sin i}\right)\frac{\partial\mathcal{R}}{\partial i}$$

$$\dot{\omega} = \frac{\beta}{na^2 e}\frac{\partial\mathcal{R}}{\partial e} - \left(\frac{\cos i}{na^2\beta\sin i}\right)\frac{\partial\mathcal{R}}{\partial i}$$

$$\dot{M} = n - \left(\frac{\beta^2}{na^2 e}\right)\frac{\partial\mathcal{R}}{\partial e} + \left(\frac{3}{a^2}\right)\left(\frac{\partial\mathcal{R}}{\partial n}\right)_M$$

(8 - 39)

我们的摄动势 $\mathcal{R}$ 的大小为 $J_2 \approx 10^{-3}$。我们将其作为小参数 ε。因此，我们的摄动问题可以描述为

$$\dot{n} = O(\varepsilon)$$

$$\dot{e} = O(\varepsilon)$$

$$\frac{\mathrm{d}i}{\mathrm{d}t} = O(\varepsilon)$$

$$\dot{\Omega} = O(\varepsilon)$$

$$\dot{\omega} = O(\varepsilon)$$

$$\dot{M} = n + O(\varepsilon)$$

该方程组为应用平均法的一般形式，其中只有一个快变量 M 和多个慢变量 n，e，i，Ω，ω。此外，我们选择平均运动周期项的积分常数，使得周期项（即 $\eta_i^{(1)}$，$\phi_a^{(1)}$）具有零均值。按照这种方法，慢变量和快变量变换后的速率就是式（8 - 39）右侧的平均值。因此，慢变量和快变量变换后的微分方程为

$$\langle\dot{n}\rangle^{(1)} = -\frac{3}{a^2}\langle\frac{\partial\mathcal{R}}{\partial M}\rangle$$

$$\langle\dot{e}\rangle^{(1)} = \left(\frac{\beta^2}{na^2 e}\right)\langle\frac{\partial\mathcal{R}}{\partial M}\rangle - \left(\frac{\beta}{na^2 e}\right)\langle\frac{\partial\mathcal{R}}{\partial\omega}\rangle$$

$$\langle\frac{\mathrm{d}i}{\mathrm{d}t}\rangle^{(1)} = \left(\frac{\cos i}{na^2\beta\sin i}\right)\langle\frac{\partial\mathcal{R}}{\partial\omega}\rangle - \left(\frac{1}{na^2\beta\sin i}\right)\langle\frac{\partial\mathcal{R}}{\partial\Omega}\rangle$$

$$\langle\dot{\Omega}\rangle^{(1)} = \left(\frac{1}{na^2\beta\sin i}\right)\langle\frac{\partial\mathcal{R}}{\partial i}\rangle$$

$$\langle\dot{\omega}\rangle^{(1)} = \frac{\beta}{na^2 e}\langle\frac{\partial\mathcal{R}}{\partial e}\rangle - \left(\frac{\cos i}{na^2\beta\sin i}\right)\langle\frac{\partial\mathcal{R}}{\partial i}\rangle$$

$$\langle\dot{M}\rangle^{(1)} = -\left(\frac{\beta^2}{na^2 e}\right)\langle\frac{\partial\mathcal{R}}{\partial e}\rangle + \left(\frac{3}{a^2}\right)\langle\left(\frac{\partial\mathcal{R}}{\partial n}\right)_M\rangle$$

(8 - 40)

其中右侧的所有量均为平均根数。

根据式（8 - 1），我们的摄动势为

$$\mathcal{R} = \mu\frac{3J_2 r_e^2}{2a^3}\left(\frac{a}{r}\right)^3\left[\frac{1}{3} - \frac{1}{2}\sin^2 i + \frac{1}{2}\sin^2 i\cos 2u\right]$$

可简化为

$$\mathcal{R}=n^2a^3\,\frac{3}{2}\,\frac{J_2r_e^2}{a^3}\left(\frac{a}{r}\right)^3\frac{1}{6}\left[2-3\sin^2i+3\sin^2i\cos2u\right] \tag{8-41}$$

$$=\frac{1}{4}n^2J_2r_e^2\left(\frac{a}{r}\right)^3(2-3\sin^2i+3\sin^2i\cos2u)$$

我们需要积分

$$\int\mathcal{R}\,\mathrm{d}M=\frac{1}{4}n^2J_2r_e^2\int\left(\frac{a}{r}\right)^3(2-3\sin^2i+3\sin^2i\cos2u)\,\mathrm{d}M \tag{8-42}$$

现在根据式（4-47），我们可知

$$\frac{\mathrm{d}f}{\mathrm{d}t}=\frac{na^2\beta}{r^2}$$

$$n\,\mathrm{d}t=\mathrm{d}M=\frac{r^2}{a^2\beta}\mathrm{d}f$$

于是

$$\int\left(\frac{a}{r}\right)^3\mathrm{d}M=\int\left(\frac{a}{r}\right)^3\frac{r^2}{a^2\beta}\mathrm{d}f=\int\frac{a}{r}\frac{1}{\beta}\mathrm{d}f=\frac{1}{\beta^3}\int(1+e\cos f)\mathrm{d}f$$

那么我们有

$$\int\left(\frac{a}{r}\right)^3\mathrm{d}M=\frac{1}{\beta^3}(f+e\sin f) \tag{8-43}$$

和

$$\int\left(\frac{a}{r}\right)^3(\cos2u)\mathrm{d}M=\frac{1}{\beta^3}\int(1+e\cos f)(\cos2u)\mathrm{d}f \tag{8-44}$$

$$=\frac{1}{2\beta^3}\sin2u+\frac{e}{6\beta^3}\sin(3f+2\omega)+\frac{e}{2\beta^3}\sin(f+2\omega)$$

在式（8-42）中应用式（8-43）和式（8-44），得到

$$\int\mathcal{R}\,\mathrm{d}M=\frac{1}{4}\frac{n^2J_2r_e^2}{\beta^3}(2-3\sin^2i)(f+e\sin f)$$

$$+\frac{1}{8}\frac{n^2J_2r_e^2}{\beta^3}(3\sin^2i)\left[\sin2u+\frac{e}{3}\sin(3f+2\omega)+e\sin(f+2\omega)\right] \tag{8-45}$$

我们还可以得出结论，在计算 0 至 2π 区间的定积分时，有

$$\langle\mathcal{R}\rangle=\frac{1}{2\pi}\int_0^{2\pi}\mathcal{R}\,\mathrm{d}M=\frac{1}{4}\frac{n^2J_2r_e^2}{\beta^3}(2-3\sin^2i) \tag{8-46}$$

我们还有

$$\int [\mathcal{R} - \langle \mathcal{R} \rangle] \mathrm{d}M = \frac{1}{4} \frac{n^2 J_2 r_e^2}{\beta^3} (2 - 3\sin^2 i)(f - M + e\sin f)$$

$$+ \frac{1}{8} \frac{n^2 J_2 r_e^2}{\beta^3} (3\sin^2 i) \qquad (8-47)$$

$$\times \left[\sin 2u + \frac{e}{3} \sin(3f + 2\omega) + e\sin(f + 2\omega) \right]$$

现在，根据长期方程式（8-40）和式（8-41），我们需要以下量：

$$\left\langle \frac{\partial \mathcal{R}}{\partial M} \right\rangle \quad \left\langle \frac{\partial \mathcal{R}}{\partial \omega} \right\rangle \quad \left\langle \frac{\partial \mathcal{R}}{\partial \Omega} \right\rangle \quad \left\langle \frac{\partial \mathcal{R}}{\partial i} \right\rangle \quad \left\langle \frac{\partial \mathcal{R}}{\partial e} \right\rangle \quad \left\langle \left(\frac{\partial \mathcal{R}}{\partial n} \right)_M \right\rangle \qquad (8-48)$$

第一项可以计算为

$$\left\langle \frac{\partial \mathcal{R}}{\partial M} \right\rangle = \frac{1}{2\pi} \int_0^{2\pi} \frac{\partial \mathcal{R}}{\partial M} \mathrm{d}M = \frac{1}{2\pi} \int_0^{2\pi} \mathrm{d}\mathcal{R} = \frac{1}{2\pi} \mathcal{R} \Big|_0^{2\pi}$$

应用式（8-41），我们得到

$$\left\langle \frac{\partial \mathcal{R}}{\partial M} \right\rangle = \frac{1}{2\pi} \mathcal{R} \Big|_0^{2\pi} = \frac{1}{2\pi} \frac{1}{4} n^2 J_2 r_e^2 \left(\frac{a}{r} \right)^3 (2 - 3\sin^2 i + 3\sin^2 i \cos 2u) \Big|_0^{2\pi} = 0 \quad (8-49)$$

对于式（8-48）中的所有其他偏导数，由于除 M 之外的所有量都是常数，所以偏导数可以移到积分符号之外。

令 Λ 代表除平近点角以外的任意轨道根数。那么

$$\left\langle \frac{\partial \mathcal{R}}{\partial \Lambda} \right\rangle = \frac{1}{2\pi} \int_0^{2\pi} \frac{\partial \mathcal{R}}{\partial \Lambda} \mathrm{d}M = \frac{\partial}{\partial \Lambda} \frac{1}{2\pi} \int_0^{2\pi} \mathcal{R} \, \mathrm{d}M = \frac{\partial}{\partial \Lambda} \langle \mathcal{R} \rangle \qquad (8-50)$$

我们现在可以应用式（8-46）、式（8-49）和式（8-50）来计算式（8-48）中列出的项。

$$\left\langle \frac{\partial \mathcal{R}}{\partial M} \right\rangle = 0$$

$$\left\langle \frac{\partial \mathcal{R}}{\partial \omega} \right\rangle = \frac{\partial}{\partial \omega} \langle \mathcal{R} \rangle = \frac{\partial}{\partial \omega} \left[\frac{1}{4} \frac{n^2 J_2 r_e^2}{\beta^3} (2 - 3\sin^2 i) \right] = 0$$

$$\left\langle \frac{\partial \mathcal{R}}{\partial \Omega} \right\rangle = \frac{\partial}{\partial \Omega} \langle \mathcal{R} \rangle = \frac{\partial}{\partial \Omega} \left[\frac{1}{4} \frac{n^2 J_2 r_e^2}{\beta^3} (2 - 3\sin^2 i) \right] = 0$$

$$\left\langle \frac{\partial \mathcal{R}}{\partial i} \right\rangle = \frac{\partial}{\partial i} \langle \mathcal{R} \rangle = \frac{\partial}{\partial i} \left[\frac{1}{4} \frac{n^2 J_2 r_e^2}{\beta^3} (2 - 3\sin^2 i) \right] = -\frac{3}{2} \frac{n^2 J_2 r_e^2}{\beta^3} (\sin i \cos i) \qquad (8-51)$$

$$\left\langle \frac{\partial \mathcal{R}}{\partial e} \right\rangle = \frac{\partial}{\partial e} \langle \mathcal{R} \rangle = \frac{\partial}{\partial e} \left[\frac{1}{4} \frac{n^2 J_2 r_e^2}{\beta^3} (2 - 3\sin^2 i) \right] = \frac{3}{4} \frac{n^2 e J_2 r_e^2}{\beta^5} (2 - 3\sin^2 i)$$

$$\left\langle \frac{\partial \mathcal{R}}{\partial n} \right\rangle = \frac{\partial}{\partial n} \langle \mathcal{R} \rangle = \frac{\partial}{\partial n} \left[\frac{1}{4} \frac{n^2 J_2 r_e^2}{\beta^3} (2 - 3\sin^2 i) \right] = \frac{1}{2} \frac{n J_2 r_e^2}{\beta^3} (2 - 3\sin^2 i)$$

将式（8-51）代入式（8-40）和式（8-41），得到

$$\langle \dot{n} \rangle^{(1)} = 0$$

$$\langle \dot{e} \rangle^{(1)} = 0$$

$$\left\langle \frac{\mathrm{d}i}{\mathrm{d}t} \right\rangle^{(1)} = 0$$

$$\langle \dot{\Omega} \rangle^{(1)} = \left(\frac{1}{na^2 \beta \sin i} \right) \left[-\frac{3}{2} \frac{n^2 J_2 r_e^2}{\beta^3} (\sin i \cos i) \right]$$

$$= -\frac{3}{2} \frac{n J_2 r_e^2}{a^2 \beta^4} \cos i$$

$$\langle \dot{\omega} \rangle^{(1)} = \frac{\beta}{na^2 e} \left[\frac{3}{4} \frac{n^2 e J_2 r_e^2}{\beta^5} (2 - 3\sin^2 i) \right]$$

$$- \left(\frac{\cos i}{na^2 \beta \sin i} \right) \left[-\frac{3}{2} \frac{n^2 J_2 r_e^2}{\beta^3} (\sin i \cos i) \right]$$

$$= \frac{3}{4} \frac{n J_2 r_e^2}{a^2 \beta^4} (-1 + 5\cos^2 i)$$

$$\langle \dot{M} \rangle^{(1)} = - \left(\frac{\beta^2}{na^2 e} \right) \left[\frac{3}{4} \frac{n^2 e J_2 r_e^2}{\beta^5} (2 - 3\sin^2 i) \right] + \left(\frac{3}{a^2} \right) \left[\frac{1}{2} \frac{n J_2 r_e^2}{\beta^3} (2 - 3\sin^2 i) \right]$$

$$= \frac{3}{4} \frac{n J_2 r_e^2}{a^2 \beta^3} (-1 + 3\cos^2 i)$$

综上所述，我们得到变换后的微分方程

$$\langle \dot{n} \rangle^{(1)} = 0$$

$$\langle \dot{e} \rangle^{(1)} = 0$$

$$\left\langle \frac{\mathrm{d}i}{\mathrm{d}t} \right\rangle^{(1)} = 0$$

$$\langle \dot{\Omega} \rangle^{(1)} = -\frac{3}{2} \frac{n J_2 r_e^2}{a^2 \beta^4} \cos i \qquad\qquad (8-52)$$

$$\langle \dot{\omega} \rangle^{(1)} = \frac{3}{4} \frac{n J_2 r_e^2}{a^2 \beta^4} (-1 + 5\cos^2 i)$$

$$\langle \dot{M} \rangle^{(1)} = \frac{3}{4} \frac{n J_2 r_e^2}{a^2 \beta^3} (-1 + 3\cos^2 i)$$

变换后的微分方程（8-52）不含快变量 M，达到小参数 J_2 的一阶。平均法要求变换在卫星近点角上是纯周期性的。我们将这些变换周期项称为"短周期项"，因为它们与卫星绕地球运动的周期相同。这个过程似乎有点颠倒，因为我们已经找到了变换后的方程［式（8-52）］，但还不知道产生这些方程的变换。请放心，我们可以确定这些变换方程。它们将由平均法所提供的显式约束方程的积分来确定。

慢变量的周期项由式（8-33）的解给出

$$\omega_\beta \frac{\partial \eta_i^{(1)}}{\partial \chi_\beta} = f_i^{(1)}(\boldsymbol{\xi}, \boldsymbol{\chi}) - M_i^{(1)}(\boldsymbol{\xi})$$

对于我们正在考虑的问题，只有一个快变量。偏微分方程式（8-33）的解为

$$\eta_i^{(1)} = \frac{1}{\omega_\beta} \int \left[f_i^{(1)}(\boldsymbol{\xi}, \boldsymbol{\chi}) - M_i^{(1)}(\boldsymbol{\xi}) \right] d\chi + c_i(\boldsymbol{\xi}) \qquad (8-53)$$

其中，$c_i(\boldsymbol{\xi})$ 为任意的积分常数。为方便起见，可以将其选择为零，也可以选择为使变换后的方程具有某些理想的性质，如正则的。就我们的目的而言，选择 $c_i(\boldsymbol{\xi})$ 使周期项的均值为零是有用的。该选择可得到

$$c_i(\boldsymbol{\xi}) = -\frac{1}{\omega_\beta} \langle f_i^{(1)}(\boldsymbol{\xi}, \boldsymbol{\chi}) - M_i^{(1)}(\boldsymbol{\xi}) \rangle$$

现在我们将式（8-53）应用于五个慢变量轨道根数中

$$\delta n_{SP} = -\frac{3}{na^2} \int \left[\frac{\partial \mathcal{R}}{\partial M} - \left\langle \frac{\partial \mathcal{R}}{\partial M} \right\rangle \right] dM + c_n^{(1)}(\boldsymbol{\xi})$$

$$\delta e_{SP} = \left(\frac{\beta^2}{n^2 a^2 e} \right) \int \left[\frac{\partial \mathcal{R}}{\partial M} - \left\langle \frac{\partial \mathcal{R}}{\partial M} \right\rangle \right] dM - \left(\frac{\beta}{n^2 a^2 e} \right) \int \left[\frac{\partial \mathcal{R}}{\partial \omega} - \left\langle \frac{\partial \mathcal{R}}{\partial \omega} \right\rangle \right] dM + c_e^{(1)}(\boldsymbol{\xi})$$

$$\delta i_{SP} = \left(\frac{\cos i}{n^2 a^2 \beta \sin i} \right) \int \left[\frac{\partial \mathcal{R}}{\partial \omega} - \left\langle \frac{\partial \mathcal{R}}{\partial \omega} \right\rangle \right] dM - \left(\frac{1}{n^2 a^2 \beta \sin i} \right) \int \left[\frac{\partial \mathcal{R}}{\partial \Omega} - \left\langle \frac{\partial \mathcal{R}}{\partial \Omega} \right\rangle \right] dM + c_i^{(1)}(\boldsymbol{\xi})$$

$$\delta \Omega_{SP} = \left(\frac{1}{n^2 a^2 \beta \sin i} \right) \int \left[\frac{\partial \mathcal{R}}{\partial i} - \left\langle \frac{\partial \mathcal{R}}{\partial i} \right\rangle \right] dM + c_\Omega^{(1)}(\boldsymbol{\xi})$$

$$\delta \omega_{SP} = \frac{\beta}{n^2 a^2 e} \int \left[\frac{\partial \mathcal{R}}{\partial e} - \left\langle \frac{\partial \mathcal{R}}{\partial e} \right\rangle \right] dM - \left(\frac{\cos i}{n^2 a^2 \beta \sin i} \right) \int \left[\frac{\partial \mathcal{R}}{\partial i} - \left\langle \frac{\partial \mathcal{R}}{\partial i} \right\rangle \right] dM + c_\omega^{(1)}(\boldsymbol{\xi})$$

$$(8-54)$$

其中，我们引入符号 δx_{SP} 来表示变量 x 的短周期变换。

一阶变换方程需要以下积分：

$$\int \left[\frac{\partial \mathcal{R}}{\partial M} - \left\langle \frac{\partial \mathcal{R}}{\partial M} \right\rangle \right] dM \quad \int \left[\frac{\partial \mathcal{R}}{\partial \omega} - \left\langle \frac{\partial \mathcal{R}}{\partial \omega} \right\rangle \right] dM \quad \int \left[\frac{\partial \mathcal{R}}{\partial \Omega} - \left\langle \frac{\partial \mathcal{R}}{\partial \Omega} \right\rangle \right] dM$$

$$\int \left[\frac{\partial \mathcal{R}}{\partial i} - \left\langle \frac{\partial \mathcal{R}}{\partial i} \right\rangle \right] dM \quad \int \left[\frac{\partial \mathcal{R}}{\partial e} - \left\langle \frac{\partial \mathcal{R}}{\partial e} \right\rangle \right] dM$$

$$(8-55)$$

现在，除了平近点角外，右侧的所有轨道根数均保持不变。因此，除了平近点角之外，相对于任何经典根数的偏导数都可以移到积分符号之外。首先，我们考虑关于平近点角的偏导数项。

利用式（8-49）的结果，我们得到

$$\int \left[\frac{\partial \mathcal{R}}{\partial M} - \left\langle \frac{\partial \mathcal{R}}{\partial M} \right\rangle \right] dM = \int \frac{\partial \mathcal{R}}{\partial M} dM - \left\langle \frac{\partial \mathcal{R}}{\partial M} \right\rangle \int dM = \mathcal{R} \qquad (8-56)$$

在式（8-54）的第一个方程中应用式（8-56），我们得到

$$\delta n_{SP} = -\frac{3}{na^2} \mathcal{R} + c_n^{(1)}(\boldsymbol{\xi})$$

由于 δn_{SP} 是纯周期性的，我们要求

$$\langle \delta n_{SP} \rangle = -\frac{3}{na^2} \langle \mathcal{R} \rangle + c_n^{(1)}(\boldsymbol{\xi}) = 0$$

然后我们有

$$c_n^{(1)}(\boldsymbol{\xi}) = \frac{3}{na^2}\langle\mathcal{R}\rangle$$

和

$$\delta n_{SP} = -\frac{3}{na^2}\mathcal{R} + \frac{3}{na^2}\langle\mathcal{R}\rangle = -\frac{3}{na^2}[\mathcal{R} - \langle\mathcal{R}\rangle]$$

$$= -\frac{3}{2}\frac{nJ_2 r_e^2}{a^2}\left[\left(\frac{a}{r}\right)^3\left(1 - \frac{3}{2}\sin^2 i + \frac{3}{2}\sin^2 i\cos 2u\right) - \frac{1}{\beta^3}\left(1 - \frac{3}{2}\sin^2 i\right)\right]$$

$$(8-57)$$

对于所有其他的偏导数，我们可以利用偏导数能移到积分符号之外的这个事实，因为除 M 之外的所有量都是常数：

$$\int\left[\frac{\partial\mathcal{R}}{\partial\Lambda} - \left\langle\frac{\partial\mathcal{R}}{\partial\Lambda}\right\rangle\right]\mathrm{d}M = \frac{\partial}{\partial\Lambda}\int[\mathcal{R} - \langle\mathcal{R}\rangle]\mathrm{d}M$$

根据式（8-47），我们已经得到

$$\int[\mathcal{R} - \langle\mathcal{R}\rangle]\mathrm{d}M = \frac{1}{4}\frac{n^2 J_2 r_e^2}{\beta^3}(2 - 3\sin^2 i)(f - M + e\sin f) + \frac{1}{8}\frac{n^2 J_2 r_e^2}{\beta^3}(3\sin^2 i)$$

$$\times\left[\sin 2u + \frac{e}{3}\sin(3f + 2\omega) + e\sin(f + 2\omega)\right]$$

$$(8-58)$$

通过观察可知，该函数的均值为零。所以我们将所有其他的积分常数设为零。

我们需要计算式（8-58）的各种偏导数以应用于式（8-54）。因此我们得到

$$\frac{\partial}{\partial\omega}\int[\mathcal{R} - \langle\mathcal{R}\rangle]\mathrm{d}M = \frac{1}{8}\frac{n^2 J_2 r_e^2}{\beta^3}(3\sin^2 i)$$

$$\times\frac{\partial}{\partial\omega}\left[\sin 2u + \frac{e}{3}\sin(3f + 2\omega) + e\sin(f + 2\omega)\right]$$

$$= \frac{1}{8}\frac{n^2 J_2 r_e^2}{\beta^3}(3\sin^2 i)$$

$$\times\left[2\cos 2u + \frac{2e}{3}\cos(3f + 2\omega) + 2e\cos(f + 2\omega)\right] \quad (8-59)$$

$$\frac{\partial}{\partial\Omega}\int[\mathcal{R} - \langle\mathcal{R}\rangle]\mathrm{d}M = 0 \quad\quad\quad\quad\quad (8-60)$$

$$\frac{\partial}{\partial i}\int[\mathcal{R}-\langle\mathcal{R}\rangle]\mathrm{d}M=\frac{1}{4}\frac{n^2J_2r_e^2}{\beta^3}\frac{\partial}{\partial i}(2-3\sin^2i)(f-M+e\sin f)$$

$$+\frac{1}{8}\frac{n^2J_2r_e^2}{\beta^3}\frac{\partial}{\partial i}(3\sin^2i)$$

$$\times\left[\sin2u+\frac{e}{3}\sin(3f+2\omega)+e\sin(f+2\omega)\right]$$

$$(8-61)$$

$$=-\frac{3}{2}\frac{n^2J_2r_e^2}{\beta^3}(\sin i\cos i)(f-M+e\sin f)$$

$$+\frac{3}{4}\frac{n^2J_2r_e^2}{\beta^3}(\sin i\cos i)$$

$$\times\left[\sin2u+\frac{e}{3}\sin(3f+2\omega)+e\sin(f+2\omega)\right]$$

　　在建立拉格朗日行星方程时，我们选择了一组独立变量 n，e，i，Ω，ω 和 M。因此，任何辅助角度变量，如真近点角或偏近点角，都与偏心率有关，所以我们在求偏导数时必须特别小心。对式（2 - 76）求关于偏心率的偏导数，得到

$$-\sin f\frac{\partial f}{\partial e}=\frac{(1-e\cos E)\left(-\sin E\frac{\partial E}{\partial e}-1\right)-(\cos E-e)\left(e\sin E\frac{\partial E}{\partial e}-\cos E\right)}{(1-e\cos E)^2}$$

并将式（4 - 33）应用于 $\partial E/\partial e$，最终得到

$$\frac{\partial f}{\partial e}=\frac{1}{\beta^2}\sin f(2+e\cos f)\qquad(8-62)$$

　　现在我们计算相对于偏心率的偏导数

$$\frac{\partial}{\partial e}\int[\mathcal{R}-\langle\mathcal{R}\rangle]\mathrm{d}M=\frac{3}{4}\frac{n^2eJ_2r_e^2}{\beta^5}(2-3\sin^2i)(f-M+e\sin f)$$

$$+\frac{1}{4}\frac{n^2J_2r_e^2}{\beta^3}(2-3\sin^2i)(\sin f)$$

$$+\frac{1}{4}\frac{n^2J_2r_e^2}{\beta^3}(2-3\sin^2i)(1+e\cos f)\frac{\partial f}{\partial e}$$

$$+\frac{3}{8}\frac{n^2eJ_2r_e^2}{\beta^5}(3\sin^2i)$$

$$\times\left[\sin2u+\frac{e}{3}\sin(3f+2\omega)+e\sin(f+2\omega)\right]$$

$$+\frac{1}{8}\frac{n^2J_2r_e^2}{\beta^3}(3\sin^2i)\left[\frac{1}{3}\sin(3f+2\omega)+\sin(f+2\omega)\right]$$

$$+\frac{1}{8}\frac{n^2J_2r_e^2}{\beta^3}(3\sin^2i)$$

$$\times\left[2\cos2u+e\cos(3f+2\omega)+e\cos(f+2\omega)\right]\frac{\partial f}{\partial e}$$

应用式（8 - 62）和大量代数运算，我们得到

$$\frac{\partial}{\partial e}\int [\mathcal{R}-\langle\mathcal{R}\rangle]\mathrm{d}M = \frac{3}{4}\frac{n^2 e J_2 r_e^2}{\beta^5}(2-3\sin^2 i)(f-M+e\sin f)$$

$$+\frac{3}{2}\frac{n^2 J_2 r_e^2}{\beta^5}\left(1-\frac{3}{2}\sin^2 i\right)$$

$$\times\left[\left(1-\frac{1}{4}e^2\right)\sin f+\frac{1}{2}e\sin 2f+\frac{1}{12}e^2\sin 3f\right]$$

$$+\frac{3}{8}\frac{n^2 J_2 r_e^2}{\beta^5}(\sin^2 i)\left[\sin(f+2\omega)\left(-1+\frac{7}{4}e^2\right)\right. \tag{8-63}$$

$$+3e\sin(2f+2\omega)+\left(\frac{7}{3}+\frac{11}{12}e^2\right)\sin(3f+2\omega)$$

$$+\frac{3}{2}e\sin(4f+2\omega)+\frac{1}{4}e^2\sin(5f+2\omega)$$

$$\left.-\frac{1}{4}e^2\sin(2\omega-f)-\frac{3}{2}e\sin 2\omega\right]$$

我们已经完成了式（8-55）中列出的所有积分的计算。

现在我们回到式（8-54），我们将逐一计算这些短周期项。在式（8-54）的第二个公式中应用式（8-56）和式（8-59），我们得到

$$\delta e_{SP}=\left(\frac{\beta^2}{n^2 a^2 e}\right)$$

$$\times\left[\frac{1}{2}n^2 J_2 r_e^2\left(\frac{a}{r}\right)^3\left(1-\frac{3}{2}\sin^2 i+\frac{3}{2}\sin^2 i\cos 2u\right)-\frac{1}{2}\frac{n^2 J_2 r_e^2}{\beta^3}\left(1-\frac{3}{2}\sin^2 i\right)\right]$$

$$-\left(\frac{\beta}{n^2 a^2 e}\right)\frac{1}{8}\frac{n^2 J_2 r_e^2}{\beta^3}(3\sin^2 i)$$

$$\times\left[2\cos 2u+\frac{2e}{3}\cos(3f+2\omega)+2e\cos(f+2\omega)\right]$$

简化后得到

$$\delta e_{SP}=\frac{1}{2}\frac{J_2 r_e^2}{a^2\beta^4 e}\left(1-\frac{3}{2}\sin^2 i\right)\left(1+\frac{3e^2}{2}-\beta^3\right)$$

$$+\frac{1}{2}\frac{J_2 r_e^2}{a^2\beta^4}\left(1-\frac{3}{2}\sin^2 i\right)\left[3\left(1+\frac{e^2}{4}\right)\cos f+\frac{3e}{2}\cos 2f+\frac{e^2}{4}\cos 3f\right]$$

$$+\frac{1}{8}\frac{J_2 r_e^2}{a^2\beta^4}(3\sin^2 i)\left[\left(1+\frac{11e^2}{4}\right)\cos(f+2\omega)+\frac{e^2}{4}\cos(-f+2\omega)\right.$$

$$+5e\cos(2f+2\omega)+\frac{1}{3}\left(7+\frac{17e^2}{4}\right)\cos(3f+2\omega)+\frac{3e}{2}\cos(4f+2\omega)$$

$$\left.+\frac{e^2}{4}\cos(5f+2\omega)+\frac{3e}{2}\cos 2\omega\right]$$

$$\tag{8-64}$$

在式（8-54）的第 3 个公式中应用式（8-59）和式（8-60），我们得到

$$\delta i_{SP} = \left(\frac{\cos i}{n^2 a^2 \beta \sin i}\right) \frac{1}{8} \frac{n^2 J_2 r_e^2}{\beta^3} (3\sin^2 i)$$

$$\times \left[2\cos 2u + \frac{2e}{3}\cos(3f + 2\omega) + 2e\cos(f + 2\omega)\right]$$

简化后得到

$$\delta i_{SP} = \frac{3}{8} \frac{J_2 r_e^2}{a^2 \beta^4} (\sin 2i) \left[\cos 2u + \frac{e}{3}\cos(3f + 2\omega) + e\cos(f + 2\omega)\right] \qquad (8-65)$$

在式 (8-54) 的第 4 个公式中应用式 (8-61)，我们得到

$$\delta \Omega_{SP} = -\left(\frac{1}{n^2 a^2 \beta \sin i}\right) \frac{3}{2} \frac{n^2 J_2 r_e^2}{\beta^3} (\sin i \cos i)(f - M + e\sin f)$$

$$+ \left(\frac{1}{n^2 a^2 \beta \sin i}\right) \frac{3}{4} \frac{n^2 J_2 r_e^2}{\beta^3} (\sin i \cos i)$$

$$\times \left[\sin 2u + \frac{e}{3}\sin(3f + 2\omega) + e\sin(f + 2\omega)\right]$$

简化后得到

$$\delta \Omega_{SP} = -\frac{3}{2} \frac{J_2 r_e^2}{a^2 \beta^4} (\cos i)$$

$$\times \left[(f - M + e\sin f) - \frac{1}{2}\sin 2u - \frac{e}{6}\sin(3f + 2\omega) - \frac{e}{2}\sin(f + 2\omega)\right]$$

$$(8-66)$$

在式 (8-54) 的第 5 个公式中应用式 (8-61) 和式 (8-63)，我们得到

$$\delta \omega_{SP} = \frac{\beta}{n^2 a^2 e} \frac{3}{4} \frac{n^2 e J_2 r_e^2}{\beta^5} (2 - 3\sin^2 i)(f - M + e\sin f)$$

$$+ \frac{\beta}{n^2 a^2 e} \frac{3}{2} \frac{n^2 J_2 r_e^2}{\beta^5} \left(1 - \frac{3}{2}\sin^2 i\right)$$

$$\times \left[\left(1 - \frac{1}{4}e^2\right)\sin f + \frac{1}{2}e\sin 2f + \frac{1}{12}e^2 \sin 3f\right]$$

$$+ \frac{\beta}{n^2 a^2 e} \frac{3}{8} \frac{n^2 J_2 r_e^2}{\beta^5} (\sin^2 i) \left[\sin(f + 2\omega)\left(-1 + \frac{7}{4}e^2\right) + 3e\sin(2f + 2\omega)\right]$$

$$+ \left(\frac{7}{3} + \frac{11}{12}e^2\right)\sin(3f + 2\omega) + \frac{3}{2}e\sin(4f + 2\omega) + \frac{1}{4}e^2 \sin(5f + 2\omega)$$

$$- \frac{1}{4}e^2 \sin(2\omega - f) - \frac{3}{2}e\sin 2\omega \Big]$$

$$+ \left(\frac{\cos i}{n^2 a^2 \beta \sin i}\right) \frac{3}{2} \frac{n^2 J_2 r_e^2}{\beta^3} (\sin i \cos i)(f - M + e\sin f)$$

$$- \left(\frac{\cos i}{n^2 a^2 \beta \sin i}\right) \frac{3}{4} \frac{n^2 J_2 r_e^2}{\beta^3} (\sin i \cos i)$$

$$\times \left[\sin 2u + \frac{e}{3}\sin(3f + 2\omega) + e\sin(f + 2\omega)\right]$$

简化后得到

$$
\begin{aligned}
\delta\omega_{SP} =\ & \frac{3}{4}\frac{J_2 r_e^2}{a^2\beta^4}(4-5\sin^2 i)(f-M+e\sin f) \\
& + \frac{3}{2}\frac{J_2 r_e^2}{a^2\beta^4}\left(1-\frac{3}{2}\sin^2 i\right)\left[\frac{1}{e}\left(1-\frac{1}{4}e^2\right)\sin f+\frac{1}{2}\sin 2f+\frac{1}{12}e\sin 3f\right] \\
& -\frac{3}{2}\frac{J_2 r_e^2}{a^2\beta^4}\frac{1}{e}\left[\frac{1}{4}\sin^2 i+\frac{1}{2}e^2\left(1-\frac{15}{8}\sin^2 i\right)\right]\sin(f+2\omega) \\
& -\frac{3}{2}\frac{J_2 r_e^2}{a^2\beta^4}\left[\frac{1}{16}e\sin^2 i\sin(2\omega-f)+\frac{1}{2}\left(1-\frac{5}{2}\sin^2 i\right)\sin(2f+2\omega)\right. \\
& -\frac{1}{e}\left(\frac{7}{12}\sin^2 i-\frac{e^2}{6}\left(1-\frac{19}{8}\sin^2 i\right)\right)\sin(3f+2\omega) \\
& \left.-\frac{3}{8}\sin^2 i\sin(4f+2\omega)-\frac{1}{16}e\sin^2 i\sin(5f+2\omega)+\frac{3}{8}\sin^2 i\sin 2\omega\right]
\end{aligned}
$$

$$(8-67)$$

现在我们需要求解快变量的周期项。对于式（8-36）中专门针对这一问题的公式，我们有 $\omega_a = n$，所以

$$
n\frac{\partial\phi}{\partial M}=\eta_j\frac{\partial n}{\partial\xi_i}-\frac{\partial n}{\partial\xi_j}\langle\eta_j\rangle+u_1-\langle u_1\rangle
$$

简化为

$$
n\frac{\partial\phi}{\partial M}=\delta n_{SP}-\langle\delta n_{SP}\rangle+u_1-\langle u_1\rangle \tag{8-68}
$$

δn_{SP} 的周期性是通过选择使其具有零均值的积分常数来构建的。因此，我们有

$$
\langle\delta n_{SP}\rangle=-\frac{3}{na^2}\langle\mathcal{R}\rangle+\frac{3}{na^2}\langle\langle\mathcal{R}\rangle\rangle=0
$$

式（8-68）简化为

$$
n\frac{\partial\phi}{\partial M}=\delta n_{SP}+u_1-\langle u_1\rangle \tag{8-69}
$$

在式（8-69）中应用式（8-57），我们可以积分得到

$$
\delta M_{SP}=-\frac{3}{n^2 a^2}\int[\mathcal{R}-\langle\mathcal{R}\rangle]\mathrm{d}M+\frac{1}{n}\int u_1\mathrm{d}M-\frac{1}{n}\int\langle u_1\rangle\mathrm{d}M \tag{8-70}
$$

在式（8-39）的最后一个方程，我们代入函数 u_1 和 $\langle u_1\rangle$，可以写出

$$
\begin{aligned}
\delta M_{SP}=\ & -\frac{3}{n^2 a^2}\int[\mathcal{R}-\langle\mathcal{R}\rangle]\mathrm{d}M-\left(\frac{\beta^2}{n^2 a^2 e}\right)\int\left[\frac{\partial\mathcal{R}}{\partial e}-\left\langle\frac{\partial\mathcal{R}}{\partial e}\right\rangle\right]\mathrm{d}M \\
& +\left(\frac{3}{na^2}\right)\int\left[\left(\frac{\partial\mathcal{R}}{\partial n}\right)_M-\left\langle\left(\frac{\partial\mathcal{R}}{\partial n}\right)_M\right\rangle\right]\mathrm{d}M
\end{aligned}
$$

$$(8-71)$$

在式（8-71）中，我们可以将偏导数放在积分符号之外，因为除平近点角之外，积分符号下的所有量都被视为常数。因此，我们有

$$\delta M_{SP} = -\frac{3}{n^2 a^2}\int[\mathcal{R}-\langle\mathcal{R}\rangle]\mathrm{d}M - \left(\frac{\beta^2}{n^2 a^2 e}\right)\frac{\partial}{\partial e}\int[\mathcal{R}-\langle\mathcal{R}\rangle]\mathrm{d}M$$
$$+\left(\frac{3}{na^2}\right)\frac{\partial}{\partial n}\int[\mathcal{R}-\langle\mathcal{R}\rangle]\mathrm{d}M \tag{8-72}$$

应用式（8-58），我们可以计算出偏导数

$$\frac{\partial}{\partial n}\int[\mathcal{R}-\langle\mathcal{R}\rangle]\mathrm{d}M = \frac{1}{2}\frac{nJ_2 r_e^2}{\beta^3}(2-3\sin^2 i)(f-M+e\sin f)$$
$$+\frac{1}{4}\frac{nJ_2 r_e^2}{\beta^3}(3\sin^2 i) \tag{8-73}$$
$$\times\left[\sin 2u + \frac{e}{3}\sin(3f+2\omega) + e\sin(f+2\omega)\right]$$

将式（8-47）代入式（8-72）的第一项，将式（8-63）代入式（8-72）的第二项，将式（8-73）代入式（8-72）的第三项，我们得到

$$\delta M_{SP} = -\frac{3}{4}\frac{J_2 r_e^2}{a^2\beta^3}(2-3\sin^2 i)(f-M+e\sin f)$$
$$-\frac{3}{8}\frac{J_2 r_e^2}{a^2\beta^3}(3\sin^2 i)\left[\sin 2u+\frac{e}{3}\sin(3f+2\omega)+e\sin(f+2\omega)\right]$$
$$-\frac{3}{4}\frac{J_2 r_e^2}{a^2\beta^3}(2-3\sin^2 i)(f-M+e\sin f)$$
$$-\frac{3}{2}\frac{J_2 r_e^2}{a^2\beta^3 e}\left(1-\frac{3}{2}\sin^2 i\right)\left[\left(1-\frac{1}{4}e^2\right)\sin f+\frac{1}{2}e\sin 2f+\frac{1}{12}e^2\sin 3f\right]$$
$$-\frac{3}{8}\frac{J_2 r_e^2}{a^2\beta^3 e}(\sin^2 i)\left[\sin(f+2\omega)\left(-1+\frac{7}{4}e^2\right)+3e\sin(2f+2\omega)\right.$$
$$+\left(\frac{7}{3}+\frac{11}{12}e^2\right)\sin(3f+2\omega)+\frac{3}{2}e\sin(4f+2\omega)+\frac{1}{4}e^2\sin(5f+2\omega)$$
$$\left.-\frac{1}{4}e^2\sin(2\omega-f)-\frac{3}{2}e\sin 2\omega\right]$$
$$+\frac{3}{2}\frac{J_2 r_e^2}{a^2\beta^3}(2-3\sin^2 i)(f-M+e\sin f)$$
$$+\frac{3}{4}\frac{J_2 r_e^2}{a^2\beta^3}(3\sin^2 i)\left[\sin 2u+\frac{e}{3}\sin(3f+2\omega)+e\sin(f+2\omega)\right]$$

简化为

$$\delta M_{SP} = -\frac{3}{2}\frac{J_2 r_e^2}{a^2\beta^3}\frac{1}{e}\left(1-\frac{3}{2}\sin^2 i\right)\left[\left(1-\frac{1}{4}e^2\right)\sin f+\frac{1}{2}e\sin 2f+\frac{1}{12}e^2\sin 3f\right]$$
$$-\frac{3}{2}\frac{J_2 r_e^2}{a^2\beta^3}\frac{1}{e}(\sin^2 i)\left[-\frac{1}{4}\sin(f+2\omega)\left(1+\frac{5}{4}e^2\right)\right.$$
$$+\frac{7}{12}\left(1-\frac{1}{28}e^2\right)\sin(3f+2\omega)+\frac{3}{8}e\sin(4f+2\omega)$$
$$\left.+\frac{1}{16}e^2\sin(5f+2\omega)-\frac{1}{16}e^2\sin(2\omega-f)-\frac{3}{8}e\sin 2\omega\right]$$

$$\tag{8-74}$$

综上所述，我们有

$$\delta n_{SP} = -\frac{3}{2}\frac{nJ_2r_e^2}{a^2}\left[\left(\frac{a}{r}\right)^3\left(1-\frac{3}{2}\sin^2 i+\frac{3}{2}\sin^2 i\cos 2u\right)-\frac{1}{\beta^3}\left(1-\frac{3}{2}\sin^2 i\right)\right]$$

$$\delta e_{SP} = \frac{1}{2}\frac{J_2r_e^2}{a^2\beta^4 e}\left(1-\frac{3}{2}\sin^2 i\right)\left(1+\frac{3e^2}{2}-\beta^3\right)$$

$$+\frac{1}{2}\frac{J_2r_e^2}{a^2\beta^4}\left(1-\frac{3}{2}\sin^2 i\right)\left[3\left(1+\frac{e^2}{4}\right)\cos f+\frac{3e}{2}\cos 2f+\frac{e^2}{4}\cos 3f\right]$$

$$+\frac{1}{8}\frac{J_2r_e^2}{a^2\beta^4}(3\sin^2 i)\left[\left(1+\frac{11e^2}{4}\right)\cos(f+2\omega)+\frac{e^2}{4}\cos(-f+2\omega)\right.$$

$$+5e\cos(2f+2\omega)+\frac{1}{3}\left(7+\frac{17e^2}{4}\right)\cos(3f+2\omega)+\frac{3e}{2}\cos(4f+2\omega)$$

$$\left.+\frac{e^2}{4}\cos(5f+2\omega)+\frac{3e}{2}\cos 2\omega\right]$$

$$\delta i_{SP} = \frac{3}{8}\frac{J_2r_e^2}{a^2\beta^4}(\sin 2i)\left[\cos 2u+\frac{e}{3}\cos(3f+2\omega)+e\cos(f+2\omega)\right]$$

$$\delta\Omega_{SP} = -\frac{3}{2}\frac{J_2r_e^2}{a^2\beta^4}(\cos i)$$

$$\times\left[(f-M+e\sin f)-\frac{1}{2}\sin 2u-\frac{e}{6}\sin(3f+2\omega)-\frac{e}{2}\sin(f+2\omega)\right]$$

$$\delta\omega_{SP} = \frac{3}{4}\frac{J_2r_e^2}{a^2\beta^4}(4-5\sin^2 i)(f-M+e\sin f)$$

$$+\frac{3}{2}\frac{J_2r_e^2}{a^2\beta^4}\left(1-\frac{3}{2}\sin^2 i\right)\left[\frac{1}{e}\left(1-\frac{1}{4}e^2\right)\sin f+\frac{1}{2}\sin 2f+\frac{1}{12}e\sin 3f\right]$$

$$-\frac{3}{2}\frac{J_2r_e^2}{a^2\beta^4}\frac{1}{e}\left[\frac{1}{4}\sin^2 i+\frac{1}{2}e^2\left(1-\frac{15}{8}\sin^2 i\right)\right]\sin(f+2\omega)$$

$$-\frac{3}{2}\frac{J_2r_e^2}{a^2\beta^4}\left[\frac{1}{16}e\sin^2 i\sin(2\omega-f)+\frac{1}{2}\left(1-\frac{5}{2}\sin^2 i\right)\sin(2f+2\omega)\right.$$

$$-\frac{1}{e}\left(\frac{7}{12}\sin^2 i-\frac{e^2}{6}\left(1-\frac{19}{8}\sin^2 i\right)\right)\sin(3f+2\omega)$$

$$\left.-\frac{3}{8}\sin^2 i\sin(4f+2\omega)-\frac{1}{16}e\sin^2 i\sin(5f+2\omega)+\frac{3}{8}\sin^2 i\sin 2\omega\right]$$

$$\delta M_{SP} = -\frac{3}{2}\frac{J_2r_e^2}{a^2\beta^3}\frac{1}{e}\left(1-\frac{3}{2}\sin^2 i\right)\left[\left(1-\frac{1}{4}e^2\right)\sin f+\frac{1}{2}e\sin 2f+\frac{1}{12}e^2\sin 3f\right]$$

$$-\frac{3}{2}\frac{J_2r_e^2}{a^2\beta^3}\frac{1}{e}(\sin^2 i)\left[-\frac{1}{4}\sin(f+2\omega)\left(1+\frac{5}{4}e^2\right)\right.$$

$$+\frac{7}{12}\left(1-\frac{1}{28}e^2\right)\sin(3f+2\omega)+\frac{3}{8}e\sin(4f+2\omega)$$

$$\left.+\frac{1}{16}e^2\sin(5f+2\omega)-\frac{1}{16}e^2\sin(2\omega-f)-\frac{3}{8}e\sin 2\omega\right]$$

$$(8-75)$$

这一结果完成了变量变换的确定，将我们原来的密切微分方程系统［式（8－39）］转变为与卫星近点角无关的新微分方程系统［式（8－52）］。因此，这些方程将比原始方程变化得更慢。变换后的轨道根数在卫星旋转一圈时不会有任何周期性的变化。因此，轨道根数通常被称为单平均根数或平均根数。重要的是我们并没有失去对卫星密切运动的了解。对于平均根数的给定状态，式（8－75）准确地告诉我们如何将短周期项加到平均状态上，以恢复密切状态。

我们可以这样认为，我们发现了一个非常聪明的框架，它以一种特殊的方式相对于密切世界摆动。由于该框架以特殊的方式摆动，框架内的运动就不会摆动了。因此，在这个特殊的框架内，微分方程的表现更好，也许可以进行积分。

如果我们只想要一阶解，那么平均法已经实现了它的承诺，我们只需对变换后的微分方程（8－52）进行积分即可。通过观察，我们发现这很容易做到。但我们有更远大的目标——致力于求解这个问题以达到 J_2 的二阶精度。因此，在反思之后，我们继续推进吧。

慢变量变换微分方程中的二阶项由式（8－37）描述，为方便起见，在此重复：

$$M_i^{(2)} + M_j^{(1)} \frac{\partial \eta_i^{(1)}}{\partial \xi_j} + \Omega_\beta^{(1)} \frac{\partial \eta_i^{(1)}}{\partial \chi_\beta} + \omega_\beta \frac{\partial \eta_i^{(2)}}{\partial \chi_\beta} = \eta_j^{(1)} \frac{\partial f_i^{(1)}}{\partial \xi_j} + \phi_\beta^{(1)} \frac{\partial f_i^{(1)}}{\partial \chi_\beta} + f_i^{(2)}(\boldsymbol{\xi}, \boldsymbol{\chi})$$

$$(8-76)$$

然后，我们可以在卫星的一个周期内进行定积分，得到

$$M_i^{(2)} = \langle f_i^{(2)} \rangle - M_j^{(1)} \left\langle \frac{\partial \eta_i^{(1)}}{\partial \xi_j} \right\rangle - \Omega_1^{(1)} \left\langle \frac{\partial \eta_i^{(1)}}{\partial M} \right\rangle$$

$$- n \left\langle \frac{\partial \eta_i^{(2)}}{\partial M} \right\rangle + \left\langle \eta_j^{(1)} \frac{\partial f_i^{(1)}}{\partial \xi_j} \right\rangle + \left\langle \phi_\beta^{(1)} \frac{\partial f_i^{(1)}}{\partial M} \right\rangle$$

$$(8-77)$$

现在

$$\langle f_i^{(2)} \rangle = 0$$

因为我们的模型中没有包括任何二阶力，而且

$$\left\langle \frac{\partial \eta_i^{(1)}}{\partial \xi_j} \right\rangle = 0 \quad \left\langle \frac{\partial \eta_i^{(1)}}{\partial M} \right\rangle = 0 \quad \left\langle \frac{\partial \eta_i^{(2)}}{\partial M} \right\rangle = 0$$

因为我们要求周期项的均值为零。因此，式（8－76）简化为

$$M_i^{(2)} = \left\langle \eta_j^{(1)} \frac{\partial f_i^{(1)}}{\partial \xi_j} \right\rangle + \left\langle \phi_\beta^{(1)} \frac{\partial f_i^{(1)}}{\partial M} \right\rangle$$

$$(8-78)$$

快变量的变换微分方程的二阶项由式（8－38）描述，为方便起见，在此重复

$$\Omega_\alpha^{(2)} + M_j^{(1)} \frac{\partial \phi_\alpha^{(1)}}{\partial \xi_j} + \Omega_\beta^{(1)} \frac{\partial \phi_\alpha^{(1)}}{\partial \chi_\beta} + \omega_\beta \frac{\partial \phi_\alpha^{(2)}}{\partial \chi_\beta} = \eta_j^{(2)} \frac{\partial \omega_\alpha}{\partial \xi_j} + \frac{1}{2} \eta_j^{(1)} \eta_k^{(1)} \frac{\partial^2 \omega_\alpha}{\partial \xi_j \partial \xi_k}$$

$$+ \eta_j^{(1)} \frac{\partial u_\alpha^{(1)}}{\partial \xi_j} + \phi_\beta^{(1)} \frac{\partial u_\alpha^{(1)}}{\partial \chi_\beta}$$

$$+ u_\alpha^{(2)}(\boldsymbol{\xi}, \boldsymbol{\chi})$$

$$(8-79)$$

然后，我们可以在卫星的一个周期内进行定积分，得到

$$\Omega_1^{(2)} = \langle u_1^{(2)} \rangle - M_j^{(1)} \left\langle \frac{\partial \phi_a^{(1)}}{\partial \xi_j} \right\rangle - \Omega_1^{(1)} \left\langle \frac{\partial \phi_a^{(1)}}{\partial M} \right\rangle - n \left\langle \frac{\partial \phi_a^{(2)}}{\partial M} \right\rangle + \langle \eta_j^{(2)} \rangle \frac{\partial n}{\partial \xi_j}$$

$$+ \frac{1}{2} \langle \eta_j^{(1)} \eta_k^{(1)} \rangle \frac{\partial^2 n}{\partial \xi_j \partial \xi_k} + \left\langle \eta_j^{(1)} \frac{\partial u_1^{(1)}}{\partial \xi_j} \right\rangle + \left\langle \phi_1^{(1)} \frac{\partial u_1^{(1)}}{\partial M} \right\rangle \tag{8-80}$$

现在

$$\langle u_1^{(2)} \rangle = 0$$

因为我们的模型中没有包括任何二阶力，而且

$$\left\langle \frac{\partial \phi_a^{(1)}}{\partial \xi_j} \right\rangle = 0 \quad \left\langle \frac{\partial \phi_a^{(1)}}{\partial M} \right\rangle = 0 \quad \left\langle \frac{\partial \phi_a^{(2)}}{\partial M} \right\rangle = 0 \quad \langle \eta_j^{(2)} \rangle = 0$$

因为我们要求周期项的均值为零。同时

$$\frac{\partial^2 n}{\partial \xi_j \partial \xi_k} = 0$$

于是式（8-80）简化为

$$\Omega_1^{(2)} = \left\langle \eta_j^{(1)} \frac{\partial u_1^{(1)}}{\partial \xi_j} \right\rangle + \left\langle \phi_1^{(1)} \frac{\partial u_1^{(1)}}{\partial M} \right\rangle \tag{8-81}$$

因此，慢变量和快变量的二阶作用可以用式（8-78）和式（8-81）计算。右侧仅包含式（8-39）中给出的原始一阶函数和式（8-75）中给出的一阶周期项。这些计算简单明了，在此不再赘述。我们直接提供来自 Liu 和 Alford（1980）论文的这些结果。二阶长期项为

$$\dot{n}^{(2)} = 0$$

$$\dot{e}^{(2)} = -\frac{3}{32} n J_2^2 \left(\frac{R}{p} \right)^4 \sin^2 i \, (14 - 15\sin^2 i) \, e\beta^2 \sin 2\omega$$

$$\frac{\mathrm{d}i^{(2)}}{\mathrm{d}t} = \frac{3}{64} n J_2^2 \left(\frac{R}{p} \right)^4 \sin 2i \, (14 - 15\sin^2 i) \, e^2 \sin 2\omega$$

$$\dot{\Omega}^{(2)} = -\frac{3}{2} n J_2^2 \left(\frac{R}{p} \right)^4 \cos i \left[\frac{9}{4} + \frac{3}{2}\beta - \sin^2 i \left(\frac{5}{2} + \frac{9}{4}\beta \right) + \frac{e^2}{4} \left(1 + \frac{5}{4}\sin^2 i \right) \right.$$

$$\left. + \frac{e^2}{8} (7 - 15\sin^2 i) \cos 2\omega \right]$$

$$\dot{\omega}^{(2)} = \frac{3}{16} n J_2^2 \left(\frac{R}{p} \right)^4 \left\{ 48 - 103\sin^2 i + \frac{215}{4}\sin^4 i + \left(7 - \frac{9}{2}\sin^2 i - \frac{45}{8}\sin^4 i \right) e^2 \right.$$

$$+ 6 \left(1 - \frac{3}{2}\sin^2 i \right) (4 - 5\sin^2 i)\beta$$

$$\left. - \frac{1}{4} \left[2(14 - 15\sin^2 i)\sin^2 i - (28 - 158\sin^2 i + 135\sin^4 i) e^2 \right] \cos 2\omega \right\}$$

$$\tag{8-82}$$

$$\dot{M}^{(2)} = \frac{3}{2} n J_2^2 \left(\frac{R}{p}\right)^4 \left\{ \left(1 - \frac{3}{2}\sin^2 i\right)^2 \beta^2 + \left[\frac{5}{4}\left(1 - \frac{5}{2}\sin^2 i + \frac{13}{8}\sin^4 i\right)\right.\right.$$

$$+ \frac{5}{8}\left(1 - \sin^2 i - \frac{5}{8}\sin^4 i\right)e^2$$

$$\left.\left. + \frac{1}{16}\sin^2 i \, (14 - 15\sin^2 i)\left(1 - \frac{5}{2}e^2\right)\cos 2\omega\right]\beta\right\}$$

$$+ \frac{3}{8} n J_2^2 \left(\frac{R}{p}\right)^4 \frac{1}{\beta}\left\{3\left[3 - \frac{15}{2}\sin^2 i + \frac{47}{8}\sin^4 i + \left(\frac{3}{2} - 5\sin^2 i + \frac{117}{16}\sin^4 i\right)e^2\right.\right.$$

$$\left. - \frac{1}{8}\left(1 + 5\sin^2 i - \frac{101}{8}\sin^4 i\right)e^4\right]$$

$$+ \frac{e^2}{8}\sin^2 i \left[70 - 123\sin^2 i + (56 - 66\sin^2 i)e^2\right]\cos 2\omega$$

$$\left. + \frac{27}{128}e^4 \sin^4 i \cos 4\omega\right\}$$

我们看到，微分方程的二阶部分现在出现了对近地点幅角 ω 的依赖。这种依赖性是由于一阶变换周期项之间的耦合产生了二阶项。这些二阶项不包含对卫星轨道近点角的任何依赖，但仍然存在对近地点幅角的依赖。该角度的周期为 2π，符合建立变量变换以消除对 ω 的依赖的要求。我们可以利用式（8-52）和式（8-82）来描述变换后的微分方程的特征，可得

$$\dot{n} = 0$$
$$\dot{e} = \dot{e}^{(2)}(\boldsymbol{\xi}, \omega)$$
$$\frac{\mathrm{d}i}{\mathrm{d}t} = \left(\frac{\mathrm{d}i}{\mathrm{d}t}\right)^{(2)}(\boldsymbol{\xi}, \omega) \tag{8-83}$$
$$\dot{\Omega} = \langle \dot{\Omega}^{(1)}(\boldsymbol{\xi}, -)\rangle + \dot{\Omega}^{(2)}(\boldsymbol{\xi}, \omega)$$
$$\dot{\omega} = \langle \dot{\omega}^{(1)}(\boldsymbol{\xi}, -)\rangle + \dot{\omega}^{(2)}(\boldsymbol{\xi}, \omega)$$
$$\dot{M} = n + \langle \dot{M}^{(1)}(\boldsymbol{\xi}, -)\rangle + \dot{M}^{(2)}(\boldsymbol{\xi}, \omega)$$

其中，用符号（-）代替变量的函数表示该函数明确不依赖于缺失的变量。在这里，我们不再依赖于变量 $\boldsymbol{\chi}$。

方程（8-83）包含三个快变量 Ω、ω、M 和三个慢变量 n、e、i。虽然摄动在绝对意义上是二阶的，但相对于主要速率项来说是一阶的。

如果将这些方程与慢变量平均法的一般描述公式（8-22）联系起来，我们可得

$$f_1 = 0$$
$$f_2 = \dot{e}^{(2)}$$
$$f_3 = \left(\frac{\mathrm{d}i}{\mathrm{d}t}\right)^{(2)} \tag{8-84}$$

而对于快变量，即式（8-23），我们有

$$\omega_1 = n + \langle \dot{M}^{(1)} \rangle \quad u_1 = \dot{M}^{(2)}$$

$$\omega_2 = \langle \dot{\Omega}^{(1)} \rangle \quad\quad u_2 = \dot{\Omega}^{(2)} \qquad\qquad (8-85)$$

$$\omega_3 = \langle \dot{\omega}^{(1)} \rangle \quad\quad u_3 = \dot{\omega}^{(2)}$$

我们之前引入 $\langle F \rangle$ 符号来表示函数 F 在一个角度变量周期内的平均值。但正如我们在式 (8-82) 中看到的，这些平均化的函数现在与另一个角度变量 ω 有关。近地点幅角也是周期性的，周期为 2π。根据式 (8-83)，ω 的变化率与 J_2 成正比。因此，其周期将比卫星的周期长得多，我们将这些周期项称为"长周期项"。我们寻求一种变量变换，以消除对近地点幅角的依赖。现在我们再次应用平均法；即对一个周期的近地点幅角进行第二次平均。两次平均的结果用符号 $\langle\langle F \rangle\rangle$ 表示。

对慢变量应用式 (8-28)，我们得到

$$M_i = f_i - \omega_\beta \frac{\partial \eta_i}{\partial \chi_\beta}$$

$$= \langle f_i \rangle - \omega_\beta \left\langle \frac{\partial \eta_i}{\partial \chi_\beta} \right\rangle$$

$$= \langle f_i \rangle$$

那么变换后的方程就是式 (8-82) 中前三个方程关于 ω 的平均值。我们得到

$$\langle\langle \dot{n} \rangle\rangle^{(2)} = 0 \qquad\qquad (8-86)$$

$$\langle\langle \dot{e} \rangle\rangle^{(2)} = \frac{1}{2\pi} \int_0^{2\pi} \left[-\frac{3}{32} n J_2^2 \left(\frac{R}{p}\right)^4 \sin^2 i \,(14 - 15\sin^2 i)\, e\beta^2 \right] \sin 2\omega \, d\omega$$

$$= -\frac{3}{32} n J_2^2 \left(\frac{R}{p}\right)^4 \sin^2 i \,(14 - 15\sin^2 i)\, e\beta^2 \, \frac{1}{2\pi} \int_0^{2\pi} \sin 2\omega \, d\omega \qquad (8-87)$$

$$= 0$$

$$\left\langle\left\langle \frac{d i}{d t} \right\rangle\right\rangle^{(2)} = \frac{1}{2\pi} \int_0^{2\pi} \left[\frac{3}{64} n J_2^2 \left(\frac{R}{r}\right)^4 \sin 2i \,(14 - 15\sin^2 i)\, e^2 \sin 2\omega \right] d\omega$$

$$= \frac{3}{64} n J_2^2 \left(\frac{R}{r}\right)^4 \sin 2i \,(14 - 15\sin^2 i)\, e^2 \, \frac{1}{2\pi} \int_0^{2\pi} \sin 2\omega \, d\omega \qquad (8-88)$$

$$= 0$$

对快变量应用式 (8-29)，我们有

$$\Omega_\alpha + \omega_\beta \frac{\partial \phi_\alpha}{\partial \chi_\beta} = \eta_j \frac{\partial \omega_\alpha}{\partial x_j} + u_\alpha(\boldsymbol{\xi}, \boldsymbol{\chi})$$

$$\Omega_\alpha = -\omega_\beta \left\langle \frac{\partial \phi_\alpha}{\partial \chi_\beta} \right\rangle + \langle \eta_j \rangle \frac{\partial \omega_\alpha}{\partial x_j} + \langle u_\alpha \rangle$$

$$= \langle \eta_j \rangle \frac{\partial \omega_\alpha}{\partial x_j} + \langle u_\alpha \rangle$$

$$= \langle u_\alpha \rangle$$

那么变换后的方程就是式 (8-82) 后三个方程关于 ω 的平均值。我们得到

$$\langle\langle\dot{\Omega}\rangle\rangle^{(2)} = -\frac{3}{2}nJ_2^2\left(\frac{R}{p}\right)^4\cos i\left[\frac{9}{4}+\frac{3}{2}\beta-\sin^2 i\left(\frac{5}{2}+\frac{9}{4}\beta\right)+\frac{e^2}{4}\left(1+\frac{5}{4}\sin^2 i\right)\right]$$

$$(8-89)$$

$$\langle\langle\dot{M}\rangle\rangle^{(2)} = \frac{15}{16}nJ_2^2\left(\frac{R}{p}\right)^4\beta\left[\left(2-5\sin^2 i+\frac{13}{4}\sin^4 i\right)+\left(1-\sin^2 i-\frac{5}{8}\sin^4 i\right)e^2\right.$$
$$\left.+\frac{8}{5}\left(1-\frac{3}{2}\sin^2 i\right)^2\beta\right]+\frac{9}{8}nJ_2^2\left(\frac{R}{p}\right)^4\frac{1}{\beta}\left[3-\frac{15}{2}\sin^2 i+\frac{47}{8}\sin^4 i\right.$$
$$\left.+\left(\frac{3}{2}-5\sin^2 i+\frac{117}{16}\sin^4 i\right)e^2-\frac{1}{8}\left(1+5\sin^2 i-\frac{101}{8}\sin^4 i\right)e^4\right]$$

$$(8-90)$$

$$\langle\langle\dot{\omega}\rangle\rangle^{(2)} = \frac{3}{4}nJ_2^2\left(\frac{R}{p}\right)^4\left[\left(12-\frac{103}{4}\sin^2 i+\frac{215}{16}\sin^4 i\right)+\left(\frac{7}{4}-\frac{9}{8}\sin^2 i-\frac{45}{32}\sin^4 i\right)e^2\right.$$
$$\left.+\frac{3}{2}\left(1-\frac{3}{2}\sin^2 i\right)(4-5\sin^2 i)\beta\right]$$

$$(8-91)$$

变换后的微分方程（8-86）～（8-91）不含近地点幅角 ω。平均法要求在近地点幅角上的变换是纯周期性的。尽管我们已经找到了变换后的方程［式（8-86）～式（8-91）］，但还不知道产生它们的变换。该变换将通过平均法中提供的显式约束方程的积分来确定。

慢变量的周期项由式（8-33）描述，并由以下方程的解给出

$$\delta x_{LP} = \frac{1}{\langle\dot{\omega}^{(1)}\rangle}\int[\dot{x}-\langle\dot{x}\rangle]\mathrm{d}\omega$$

其中，下标表示长周期，其频率为近地点幅角的频率。那么我们有

$$\delta e_{LP} = \frac{1}{\langle\dot{\omega}^{(1)}\rangle}\int\left[-\frac{3}{32}nJ_2^2\left(\frac{R}{p}\right)^4\sin^2 i(14-15\sin^2 i)e\beta^2\right]\sin 2\omega\,\mathrm{d}\omega$$
$$= \frac{1}{\langle\dot{\omega}^{(1)}\rangle}\frac{3}{64}nJ_2^2\left(\frac{R}{p}\right)^4\sin^2 i(14-15\sin^2 i)e\beta^2\cos 2\omega \qquad (8-92)$$
$$= \frac{1}{16}J_2\left(\frac{R}{p}\right)^2\gamma\sin^2 i(14-15\sin^2 i)e\beta^2\cos 2\omega$$

其中

$$\gamma = \frac{1}{4-5\sin^2 i}$$

和

$$\delta i_{LP} = \frac{1}{\langle\dot{\omega}^{(1)}\rangle}\int\left[\frac{3}{64}nJ_2^2\left(\frac{R}{p}\right)^4\sin 2i(14-15\sin^2 i)e^2\right]\sin 2\omega\,\mathrm{d}\omega$$

$$(8-93)$$

$$= -\frac{1}{32}J_2\left(\frac{R}{p}\right)^2\gamma\sin 2i(14-15\sin^2 i)e^2\cos 2\omega$$

快变量的周期项由式（8-36）描述，并由以下方程的解给出：

$$\phi_\alpha = \frac{1}{\omega_\beta} \frac{\partial \omega_\alpha}{\partial \xi_j} \int [\eta_j - \langle \eta_j \rangle] \, \mathrm{d}\omega + \frac{1}{\omega_\beta} \int [u_\alpha - \langle u_\alpha \rangle] \, \mathrm{d}\omega \qquad (8-94)$$

慢变量的周期项均为零均值。所以式（8-94）简化为

$$\phi_\alpha = \frac{1}{\langle \dot{\omega}^{(1)} \rangle} \frac{\partial \omega_\alpha}{\partial \xi_j} \int \eta_j \, \mathrm{d}\omega + \frac{1}{\langle \dot{\omega}^{(1)} \rangle} \int [u_\alpha - \langle u_\alpha \rangle] \, \mathrm{d}\omega \qquad (8-95)$$

得到

$$\delta\Omega_{LP} = \frac{1}{\langle \dot{\omega}^{(1)} \rangle} \frac{\partial \langle \dot{\Omega}^{(1)} \rangle}{\partial e} \int \delta e \, \mathrm{d}\omega + \frac{1}{\langle \dot{\omega}^{(1)} \rangle} \frac{\partial \langle \dot{\Omega}^{(1)} \rangle}{\partial i} \int \delta i \, \mathrm{d}\omega$$
$$+ \frac{1}{\langle \dot{\omega}^{(1)} \rangle} \int [u_\Omega - \langle u_\Omega \rangle] \, \mathrm{d}\omega \qquad (8-96)$$

$$\delta\omega_{LP} = \frac{1}{\langle \dot{\omega}^{(1)} \rangle} \frac{\partial \langle \dot{\omega}^{(1)} \rangle}{\partial e} \int \delta e \, \mathrm{d}\omega + \frac{1}{\langle \dot{\omega}^{(1)} \rangle} \frac{\partial \langle \dot{\omega}^{(1)} \rangle}{\partial i} \int \delta i \, \mathrm{d}\omega$$
$$+ \frac{1}{\langle \dot{\omega}^{(1)} \rangle} \int [u_\omega - \langle u_\omega \rangle] \, \mathrm{d}\omega \qquad (8-97)$$

$$\delta M_{LP} = \frac{1}{\langle \dot{\omega}^{(1)} \rangle} \frac{\partial \langle \dot{M}^{(1)} \rangle}{\partial e} \int \delta e \, \mathrm{d}\omega + \frac{1}{\langle \dot{\omega}^{(1)} \rangle} \frac{\partial \langle \dot{M}^{(1)} \rangle}{\partial i} \int \delta i \, \mathrm{d}\omega$$
$$+ \frac{1}{\langle \dot{\omega}^{(1)} \rangle} \int [u_M - \langle u_M \rangle] \, \mathrm{d}\omega \qquad (8-98)$$

我们需要以下的偏导数：

$$\frac{\partial \langle \dot{\Omega}^{(1)} \rangle}{\partial e} = -\frac{3}{2} \frac{n J_2 r_e^2}{a^2 \beta^4} \cos i \left(4 \frac{e}{\beta^2}\right) = 4 \frac{e}{\beta^2} \langle \dot{\Omega}^{(1)} \rangle$$

$$\frac{\partial \langle \dot{\Omega}^{(1)} \rangle}{\partial i} = -\frac{3}{2} \frac{n J_2 r_e^2}{a^2 \beta^4} (-\sin i) = -\frac{\sin i}{\cos i} \langle \dot{\Omega}^{(1)} \rangle$$

$$\frac{\partial \langle \dot{\omega}^{(1)} \rangle}{\partial e} = \frac{3}{4} \frac{n J_2 r_e^2}{a^2 \beta^4} (4 - 5\sin^2 i) \left(4 \frac{e}{\beta^2}\right) = 4 \frac{e}{\beta^2} \langle \dot{\omega}^{(1)} \rangle$$

$$\frac{\partial \langle \dot{\omega}^{(1)} \rangle}{\partial i} = \frac{3}{4} \frac{n J_2 r_e^2}{a^2 \beta^4} (-10\sin i \cos i) = (-5\gamma \sin 2i) \langle \dot{\omega}^{(1)} \rangle \qquad (8-99)$$

$$\frac{\partial \langle \dot{M}^{(1)} \rangle}{\partial e} = \frac{3}{4} \frac{n J_2 r_e^2}{a^2 \beta^3} (-1 + 3\cos^2 i) \left(3 \frac{e}{\beta^2}\right) = 3 \frac{e}{\beta^2} \langle \dot{M}^{(1)} \rangle$$

$$\frac{\partial \langle \dot{M}^{(1)} \rangle}{\partial i} = \frac{3}{4} \frac{n J_2 r_e^2}{a^2 \beta^3} (-6\sin i \cos i) = \frac{3}{4} \frac{n J_2 r_e^2}{a^2 \beta^3} (-3\sin 2i)$$

在式（8-96）中应用式（8-92）、式（8-93）和式（8-99）的结果，我们得到

$$\delta\Omega_{LP} = \frac{1}{\langle \dot{\omega}^{(1)} \rangle} 4 \frac{e}{\beta^2} \langle \dot{\Omega}^{(1)} \rangle \frac{1}{16} J_2 \left(\frac{R}{p}\right)^2 \gamma \sin^2 i (14 - 15\sin^2 i) e\beta^2 \int \cos 2\omega \, \mathrm{d}\omega$$

$$+ \frac{1}{\langle \dot{\omega}^{(1)} \rangle} \left(\frac{-\sin i}{\cos i}\right) \langle \dot{\Omega}^{(1)} \rangle \left(-\frac{1}{32} J_2\right) \left(\frac{R}{p}\right)^2$$

$$\times \gamma \sin 2i (14 - 15\sin^2 i) e^2 \int \cos 2\omega \, \mathrm{d}\omega$$

$$+ \frac{1}{\langle \dot{\omega}^{(1)} \rangle} \int \left[-\frac{3}{2} n J_2^2 \left(\frac{R}{p}\right)^4 \cos i \frac{e^2}{8} (7 - 15\sin^2 i)\right] \cos 2\omega \, \mathrm{d}\omega$$

上式简化为

$$\delta\Omega_{LP} = -\frac{1}{8}J_2\left(\frac{R}{p}\right)^2\gamma e^2\cos i\left[(7-15\sin^2 i)+\frac{5}{2}\gamma\sin^2 i(14-15\sin^2 i)\right]\sin 2\omega$$

$$(8-100)$$

在式（8-97）中应用式（8-92）、式（8-93）和式（8-99）的结果，我们得到

$$\delta\omega_{LP} = \frac{1}{\langle\dot\omega^{(1)}\rangle}4\frac{e}{\beta^2}\langle\dot\omega^{(1)}\rangle\frac{1}{16}J_2\left(\frac{R}{p}\right)^2\gamma\sin^2 i(14-15\sin^2 i)e\beta^2\int\cos 2\omega\,d\omega$$

$$+\frac{1}{\langle\dot\omega^{(1)}\rangle}(-5\gamma\sin 2i)\langle\dot\omega^{(1)}\rangle\left(-\frac{1}{32}\right)J_2\left(\frac{R}{p}\right)^2$$

$$\times\gamma\sin 2i(14-15\sin^2 i)e^2\int\cos 2\omega\,d\omega \qquad (8-101)$$

$$-\frac{1}{32}J_2\left(\frac{R}{p}\right)^2\gamma$$

$$\times\left[2(14-15\sin^2 i)\sin^2 i-(28-158\sin^2 i+135\sin^4 i)e^2\right]\sin 2\omega$$

上式简化为

$$\delta\omega_{LP} = -\frac{1}{32}J_2\left(\frac{R}{p}\right)^2\gamma\{2\sin^2 i(14-15\sin^2 i)\left[1-\gamma(13-15\sin^2 i)e^2\right] \qquad (8-102)$$

$$-(28-158\sin^2 i+135\sin^4 i)e^2\}\sin 2\omega$$

在式（8-98）中应用式（8-92）、式（8-93）和式（8-99）的结果，我们得到

$$\delta M_{LP} = \frac{1}{\langle\dot\omega^{(1)}\rangle}\frac{3}{4}\frac{nJ_2 r_e^2}{a^2\beta^3}(-1+3\cos^2 i)\left(3\frac{e}{\beta^2}\right)\frac{1}{16}J_2\left(\frac{R}{p}\right)^2$$

$$\times\gamma\sin^2 i(14-15\sin^2 i)e\beta^2\int\cos 2\omega\,d\omega$$

$$+\frac{1}{\langle\dot\omega^{(1)}\rangle}\frac{3}{4}\frac{nJ_2 r_e^2}{a^2\beta^3}(-3\sin 2i)$$

$$\times\int\left(-\frac{1}{32}\right)J_2\left(\frac{R}{p}\right)^2\gamma\sin 2i(14-15\sin^2 i)e^2\cos 2\omega\,d\omega$$

$$+\frac{1}{\langle\dot\omega^{(1)}\rangle}\int\left[\frac{3}{2}nJ_2^2\left(\frac{R}{p}\right)^4\frac{1}{16}\sin^2 i(14-15\sin^2 i)\left(1-\frac{5}{2}e^2\right)\beta\right]\cos 2\omega\,d\omega$$

$$+\frac{1}{\langle\dot\omega^{(1)}\rangle}\int\left[\frac{3}{8}nJ_2^2\left(\frac{R}{p}\right)^4\frac{1}{\beta}\frac{e^2}{8}\sin^2 i\left[70-123\sin^2 i+(56-66\sin^2 i)e^2\right]\right]$$

$$\times\cos 2\omega\,d\omega$$

$$+\frac{1}{\langle\dot\omega^{(1)}\rangle}\int\left[\frac{3}{8}nJ_2^2\left(\frac{R}{p}\right)^4\frac{1}{\beta}\frac{27}{128}e^4\sin^4 i\right]\cos 4\omega\,d\omega$$

$$(8-103)$$

上式简化为

$$\delta M_{LP} = \frac{1}{16} J_2 \left(\frac{R}{p}\right)^2 \beta\gamma \sin^2 i (14-15\sin^2 i)(1-e^2)\sin 2\omega$$

$$+ \frac{1}{32} J_2 \left(\frac{R}{p}\right)^2 \frac{1}{\beta}\gamma \sin^2 i \left[(70-123\sin^2 i)e^2 + (56-66\sin^2 i)e^4\right]\sin 2\omega$$

$$+ \frac{27}{1\,024} J_2 \left(\frac{R}{p}\right)^2 \frac{1}{\beta} e^4 \gamma \sin^4 i \sin 4\omega$$

$$(8-104)$$

综上所述，我们有

$$\delta n_{LP} = 0$$

$$\delta e_{LP} = \frac{1}{16} J_2 \left(\frac{R}{p}\right)^2 \gamma \sin^2 i (14-15\sin^2 i) e\beta^2 \cos 2\omega$$

$$\delta i_{LP} = -\frac{1}{32} J_2 \left(\frac{R}{p}\right)^2 \gamma \sin 2i (14-15\sin^2 i) e^2 \cos 2\omega$$

$$\delta \Omega_{LP} = -\frac{1}{8} J_2 \left(\frac{R}{p}\right)^2 \gamma e^2 \cos i \left[(7-15\sin^2 i) + \frac{5}{2}\gamma \sin^2 i (14-15\sin^2 i)\right]\sin 2\omega$$

$$\delta \omega_{LP} = -\frac{1}{32} J_2 \left(\frac{R}{p}\right)^2 \gamma \left\{2\sin^2 i (14-15\sin^2 i)\left[1-\gamma(13-15\sin^2 i)e^2\right]\right.$$

$$\left. - (28-158\sin^2 i + 135\sin^4 i)e^2\right\}\sin 2\omega$$

$$\delta M_{LP} = \frac{1}{16} J_2 \left(\frac{R}{p}\right)^2 \beta\gamma \sin^2 i (14-15\sin^2 i)(1-e^2)\sin 2\omega$$

$$+ \frac{1}{32} J_2 \left(\frac{R}{p}\right)^2 \frac{1}{\beta}\gamma \sin^2 i \left[(70-123\sin^2 i)e^2 + (56-66\sin^2 i)e^4\right]\sin 2\omega$$

$$+ \frac{27}{1\,024} J_2 \left(\frac{R}{p}\right)^2 \frac{1}{\beta} e^4 \gamma \sin^4 i \sin 4\omega$$

$$(8-105)$$

这组方程完成了变量变换的确定，将我们的平均微分方程系统［式（8-82）］变换为与近地点幅角无关的新微分方程系统［式（8-86）～式（8-91）］。除倾角外，这些方程不再依赖于其他角度。因此，轨道根数经常被称为双平均根数、双变换根数或平均根数。我们要强调的是，我们并没有失去对卫星密切运动的了解。对于双平均根数的给定状态，式（8-92）、式（8-93）、式（8-100）、式（8-102）和式（8-104）准确地告诉我们如何将长周期项添加到双平均状态上，以恢复单平均状态。然后，式（8-75）准确地告诉我们如何将短周期项加到单平均状态上，以恢复密切状态。

变换后的微分方程是式（8-52）的一阶部分和式（8-86）～式（8-91）的二阶部分之和。我们还须记住，平近点角包括原来的零阶项。因此，我们有

$$\langle\langle\dot{n}\rangle\rangle = 0$$

$$\langle\langle\dot{e}\rangle\rangle = 0$$

$$\left\langle\left\langle\frac{\mathrm{d}i}{\mathrm{d}t}\right\rangle\right\rangle = 0$$

$$\langle\langle\dot{\Omega}\rangle\rangle = -\frac{3}{2}\frac{nJ_2r_e^2}{a^2\beta^4}\cos i$$

$$-\frac{3}{2}nJ_2^2\left(\frac{R}{p}\right)^4\cos i\left[\frac{9}{4}+\frac{3}{2}\beta-\sin^2 i\left(\frac{5}{2}+\frac{9}{4}\beta\right)+\frac{e^2}{4}\left(1+\frac{5}{4}\sin^2 i\right)\right]$$

$$\langle\langle\dot{\omega}\rangle\rangle = \frac{3}{4}\frac{nJ_2r_e^2}{a^2\beta^4}(-1+5\cos^2 i)+\frac{3}{4}nJ_2^2\left(\frac{R}{p}\right)^4\left[\left(12-\frac{103}{4}\sin^2 i+\frac{215}{16}\sin^4 i\right)\right.$$

$$\left.+\left(\frac{7}{4}-\frac{9}{8}\sin^2 i-\frac{45}{32}\sin^4 i\right)e^2+\frac{3}{2}\left(1-\frac{3}{2}\sin^2 i\right)(4-5\sin^2 i)\beta\right]$$

$$\langle\langle\dot{M}\rangle\rangle = n+\frac{3}{4}\frac{nJ_2r_e^2}{a^2\beta^3}(-1+3\cos^2 i)+\frac{15}{16}nJ_2^2\left(\frac{R}{p}\right)^4\beta\left[\left(2-5\sin^2 i+\frac{13}{4}\sin^4 i\right)\right.$$

$$\left.+\left(1-\sin^2 i-\frac{5}{8}\sin^4 i\right)e^2+\frac{8}{5}\left(1-\frac{3}{2}\sin^2 i\right)^2\beta\right]$$

$$+\frac{9}{8}nJ_2^2\left(\frac{R}{p}\right)^4\frac{1}{\beta}\left[\left(3-\frac{15}{2}\sin^2 i+\frac{47}{8}\sin^4 i\right)+\left(\frac{3}{2}-5\sin^2 i+\frac{117}{16}\sin^4 i\right)e^2\right.$$

$$\left.-\frac{1}{8}\left(1+5\sin^2 i-\frac{101}{8}\sin^4 i\right)e^4\right]$$

$$(8-106)$$

请注意，式（8-106）右侧的大部分项都取决于 J_2 带谐项的平方。这种依赖性清楚地表明，如果认为平均法仅仅意味着对原始微分方程的右侧进行"平均"，那是很危险的。这种方法将完全忽略耦合项的存在和重要性，其得出的任何结果都将是错误的。

求解变换后的微分方程，可以得到

$$n = n_0$$

$$e = e_0$$

$$i = i_0$$

$$\Omega = \Omega_0 + \langle\langle\dot{\Omega}_0\rangle\rangle t$$

$$\omega = \omega_0 + \langle\langle\dot{\omega}_0\rangle\rangle t$$

$$M = M_0 + n_0 t + \langle\langle\dot{M}_0\rangle\rangle t$$

长周期项由式（8-105）给出，短周期项由式（8-75）给出。最终结果为

$$n = n_0 + \delta n_{SP}$$

$$e = e_0 + \delta e_{LP} + \delta e_{SP}$$

$$i = i_0 + \delta i_{LP} + \delta i_{SP}$$

$$\Omega = \Omega_0 + \langle\langle \dot{\Omega}_0 \rangle\rangle t + \delta\Omega_{LP} + \delta\Omega_{SP}$$

$$\omega = \omega_0 + \langle\langle \dot{\omega}_0 \rangle\rangle t + \delta\omega_{LP} + \delta\omega_{SP}$$

$$M = M_0 + n_0 t + \langle\langle \dot{M}_0 \rangle\rangle t + \delta M_{LP} + \delta M_{SP}$$

总之，我们从仅受扁行星摄动的拉格朗日行星方程开始。我们使用 MOA 建立了变量变换，以消除对轨道近点角的依赖。变换后的方程仍然包含对近地点幅角的依赖。我们进行了第二次变量变换，以消除对近地点幅角的依赖性。变换后的方程可以作为时间的封闭函数进行积分。通过应用长周期项和短周期项，这些方程的解被转换回原始状态空间。

8.4　地球扁率对轨道的影响

式（8 - 106）描述了受摄轨道的长期演化。这些方程显著地证明，通过解析摄动方法得到的显式公式能给人们带来深刻的见解。首先，我们考虑升交点赤经变化率方程（最高到 J_2 阶）

$$\dot{\Omega} = -\frac{3}{2} \frac{n J_2 r_e^2}{a^2 \beta^4} \cos i \tag{8-107}$$

我们观察到，该速率与倾角的余弦成正比。

让我们以高度为 300 km 的圆形轨道为例。图 8 - 1 显示，当倾角小于 90° 时，节线后退（向西移动），当倾角大于 90° 时，节线前进（向东移动）。倾角为 90° 的极轨道是稳定的，既不后退也不前进。

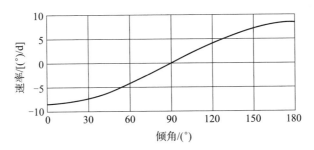

图 8 - 1　升交点赤经速率主要受倾角控制

这一见解的一个非常重要的应用是在地球观测领域。卫星成像或测绘需要一致的光照条件。图 8 - 2（a）显示了一颗极轨道卫星（其中 $i = 90°$）在一年内的光照条件。由于升交点赤经速率为零，轨道平面的方位在惯性空间中是固定的。当地球围绕太阳运动时，光照条件会发生变化，从夏季的头顶直接照射变为秋季的黎明和黄昏照射。到了冬季，再次出现头顶直射，然后是春季的黎明和黄昏照射。

相比之下，图 8-2（b）展示了一种更理想的遥感布局，即全年的光照条件是相同的。为实现这一结果，我们需要节线每 3 个月旋转 90°。我们研究式（8-107），以确定是否可以实现所需的速率。我们继续使用 300 km 圆形轨道示例，并确定所需的倾角。

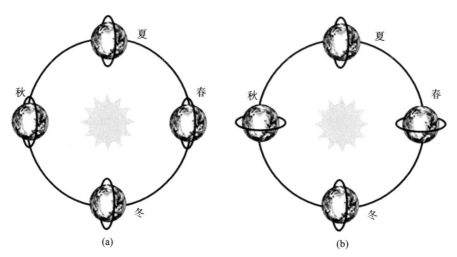

图 8-2　（a）极轨道的轨道平面方位；（b）理想的"太阳同步"轨道平面方位

［地球图片来源：NOAA 国家环境卫星、数据和信息服务局（NESDIS）］

式（8-107）得出

$$i = \cos^{-1}\left(-\frac{2a^2\beta^4\dot{\Omega}}{3nJ_2r_e^2}\right) \tag{8-108}$$

其中

$$\dot{\Omega} = \frac{360}{365} \approx 0.986(°)/d$$

对于我们的例子，所需的倾角是 96.7°，这使得轨道平面每天进动约 1°。对于不同的高度，所需的倾角是不同的。通过式（8-108），我们可以计算出这种行为所需的倾角与高度的函数关系。以该方式设计的轨道被称为"太阳同步轨道"。它们被设计为使轨道平面与太阳的视运动保持同步。因此，遥感卫星全年都有相似的光照条件（一天中的当地时间）。

接下来，我们考虑近地点幅角的变化率方程（最高到 J_2 阶）

$$\dot{\omega} = \frac{3}{4}\frac{nJ_2r_e^2}{a^2\beta^4}(-1+5\cos^2 i) \tag{8-109}$$

与上述的升交点赤经一样，我们看到对近地点幅角速率影响最大的是倾角。我们考虑一个高度为 300 km、偏心率为 0.1 的轨道。

图 8-3 表明，近地点幅角的后退或前进取决于倾角。其稳定点可以通过求解以下方程来确定

$$-1+5\cos^2 i = 0 \tag{8-110}$$

式（8-110）的解为

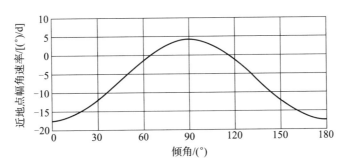

图 8-3 近地点幅角的速率也主要由倾角控制，有两个稳定点

$$i = 63.43° \text{ 和 } i = 116.57°$$

这些解称为临界倾角。由于地球向东自转，顺行解（$i = 63.4°$）的可达成本较低，其在卫星轨道设计中有着非常重要的应用。在我们的例子中，我们使用了一个中等偏心率的轨道。这意味着轨道在经过近地点时离地球最近，使得对地观测距离更近，分辨率更高。如果希望重复提高分辨率，那么临界倾角的轨道将带来这种好处。另一方面，临界倾角轨道还可以在感兴趣的区域上保持较长的远地点停留时间，这在卫星通信应用中是普遍需要的。"闪电轨道"是一个 12 小时周期的轨道，其倾角为 63.4°，以控制远地点停留在特定半球（例如北半球）上空。

地球扁率对平近点角速率（最高到 J_2 阶）产生的最终长期影响如下：

$$\dot{M} = \frac{3}{4} \frac{n J_2 r_e^2}{a^2 \beta^3} (-1 + 3\cos^2 i) \tag{8-111}$$

根据倾角的不同，该项仅仅增加或减少平近点角速率。一般来说，这种特性在卫星轨道设计中并不重要。

参 考 文 献

Cefola, P. J., Folcik, Z., Di - Costanzo, R., Bernard, N., Setty, S., & San Juan, J. F. (2014). Revisiting the DSST standalone orbit propagator. *Advances in the Astronautical Sciences*, 152, 2891 - 2914.

Chao, C. - C., & Hoots, F. R. (2018). *Applied orbit perturbations and maintenance* (2nd ed.). El Segundo: The Aerospace Press.

Danielson, D. A., Neta, B., & Early, L. W. (1994). *Semianalytic satellite theory* (SST): Mathematical algorithms. Naval Postgraduate School. Report Number NPS - MA94 - 001.

Kwok, J. H. (1986). *The long -term orbit predictor (LOP)*. JPL Technical Report EM 312/86 - 151.

Liu, J. F.. F., & Alford, R. L. (1980). Semianalytic theory for a close - earth artificial satellite. *Journal of Guidance and Control*, 3 (4), 304 - 311.

Morrison, J. A. (1966). Generalized method of averaging and the von Zeipel Method. In R. Duncombe, & V. Szebehely (Eds.), *Progress in astronautics and aeronautics—methods in astrodynamics and celestial mechanics* (Vol. 17). London: Academic Press.

Steinberg, S. (1984). Lie series and nonlinear ordinary differential equations. *Journal of Mathematical Analysis and Applications*, 101 (1), 39 - 63.

von Zeipel, H. (1916). Recherches sur le mouvement des petites planètes. *Arkivför Matematik, Astronomi och Fysik*, 11 (1).

第 9 章　非线性振荡的周期解

9.1　长期项

现代摄动理论归功于庞加莱（Poincaré）。天文学家早期的研究受到了随时间增长的项的困扰。这类项称为长期项，可能会影响解的收敛性。人们开发了大量抑制长期项的摄动方法，包括由庞加莱和林德斯泰特提出的方法（参见 Meirovitch（1970），第 293 - 302 页）。

在天体力学中，我们经常会遇到非线性微分方程。由于我们通常期望运动是有界的，因此如果解中出现诸如 f^n 或 $f^n \cos mf$ 之类的长期项（其中 f 为真近点角），我们应该保持警惕。长期项将导致我们的解无约束增长。我们当然不期望保守系统会有这样的行为。

然而，请注意，由于问题的性质，我们有时必须保留长期项。例如，在地球扁率的情况下，升交点赤经和近地点幅角是时间的显式函数，并且无限增长。但是，这种长期增长仅是节线和近地点幅角围绕地球旋转。

另一个可以接受的例子是，由于地球的扁率（$\delta\Omega_{SP}$）而导致的升交点赤经的短周期振荡。式（8 - 66）包含以下项

$$(f - M + e\sin f) \tag{9 - 1}$$

f 和 M 都会随着时间的推移而周期性增长，但它们的差值是纯周期性的，并且在所有时间内都是有界的。

庞加莱-林德斯泰特法（又称林德斯泰特-庞加莱法）的重要性不言而喻，因为它不仅适用于天体力学问题，也适用于工程、物理、机械系统和许多其他领域的问题。在本章中，我们将该方法应用于单摆问题、广义相对论导致的水星近日点的进动，以及卫星在扁行星赤道面上的运动。9.3 节给出了该方法的关键方程，即式（9 - 26），它适用于许多非线性动力学问题。通过分析该方程，我们可以深入了解哪些情况下时间不应出现（由于系统的已知行为）或从物理学角度来看确实是长期的情况。

9.2　何时不应出现长期项

如果物理和数学推导证明某个量是有界的，那么解中就不应该有长期项，因为长期项的存在是方法的缺陷造成的，而不是问题的本质造成的。

9.2.1　有缺陷的方法示例：单摆问题

考虑图 9 - 1 中的单摆。其运动方程为

$$ml^2\ddot{\theta} + mgl\sin\theta = 0 \qquad (9-2)$$

或

$$\ddot{\theta} + \frac{g}{l}\sin\theta = 0 \qquad (9-3)$$

我们令

$$\omega^2 = \frac{g}{l} \qquad (9-4)$$

则

$$\ddot{\theta} + \omega^2\sin\theta = 0 \qquad (9-5)$$

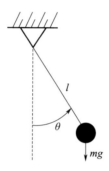

图 9 - 1　均匀重力场中的单摆，其中无质量杆的长度恒定为 l

问题：求式（9 - 5）在初始条件下（图 9 - 2）的解

$$
\begin{aligned}
t_0 &= 0 \\
\theta_0 &= \eta \\
\left(\frac{\mathrm{d}\theta}{\mathrm{d}t}\right)_0 &= 0
\end{aligned}
\qquad (9-6)
$$

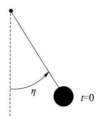

图 9 - 2　均匀重力场中的单摆，其中 η 可能很大

对于线性问题

$$\ddot{\theta} + \omega^2\theta = 0 \qquad (9-7)$$

$$\theta = A\cos\omega t + B\sin\omega t \qquad (9-8)$$

在式（9 - 8）中应用初始条件 [式（9 - 6）]，线性问题的解为

$$\theta = \eta\cos\omega t \qquad (9-9)$$

现在我们尝试改进解法（为说明起见，使用一种有缺陷的方法）。通过将 $\sin\theta$ 展开为

级数，我们可以写出

$$\ddot{\theta} + \omega^2 \left(\theta - \frac{\theta^3}{3!} + \frac{\theta^5}{5!} - \cdots \right) = 0 \tag{9-10}$$

重新排列式（9-10），我们有

$$\ddot{\theta} + \omega^2 \theta = \frac{\omega^2}{6} \theta^3 \tag{9-11}$$

其中，我们截断了 $\sin\theta$ 的级数，仅包括 θ^3 以内的项。现在我们对式（9-11）进行积分，将右侧视为由式（9-9）的近似解给出的强迫函数：

$$\ddot{\theta} + \omega^2 \theta = \frac{\omega^2}{6} \eta^3 \cos^3 \omega t \tag{9-12}$$

利用三角恒等式

$$\cos^3 \omega t = \frac{1}{4} \left[\cos(3\omega t) + 3\cos\omega t \right] \tag{9-13}$$

式（9-12）变为

$$\ddot{\theta} + \omega^2 \theta = \frac{\omega^2 \eta^3}{24} \left[\cos(3\omega t) + 3\cos\omega t \right] \tag{9-14}$$

$$= \theta_1 + \theta_3$$

其中

$$\theta_1 = \frac{\omega^2 \eta^3}{8} \cos\omega t \tag{9-15}$$

$$\theta_3 = \frac{\omega^2 \eta^3}{24} \cos(3\omega t) \tag{9-16}$$

令 θ_3 强迫函数的特解写为：

$$\theta_{3p} = b \cos(3\omega t) \tag{9-17}$$

于是

$$\dot{\theta}_{3p} = -3\omega b \sin(3\omega t) \tag{9-18}$$

$$\ddot{\theta}_{3p} = -9\omega^2 b \cos(3\omega t) \tag{9-19}$$

将式（9-17）～式（9-19）代入式（9-14）（略去 θ_1），我们得到

$$-9\omega^2 b \cos(3\omega t) + \omega^2 b \cos(3\omega t) = \frac{\omega^2 \eta^3}{24} \cos(3\omega t) \tag{9-20}$$

和

$$-8\omega^2 b = \frac{\omega^2 \eta^3}{24} \tag{9-21}$$

于是

$$b = -\frac{\eta^3}{192} \tag{9-22}$$

对于特解 θ_{3p}，我们有

$$\theta_{3p} = -\frac{\eta^3}{192}\cos 3\omega t \tag{9-23}$$

然而，对于特解 θ_{1p}，由于强迫函数与齐次解具有相同的频率，我们使用

$$\theta_{1p} = at\cos\omega t \tag{9-24}$$

因此，我们的"改进解"采用以下形式［来自式（9-9）、式（9-23）和式（9-24）］：

$$\theta = at\cos\omega t + b\cos 3\omega t + c\cos\omega t \tag{9-25}$$

由于长期项（右侧的第一项）的存在，式（9-25）的解只能在短时间内有效［参见Meirovitch（1970）］。对于长时间来说，长期项将导致解的发散。当然，我们知道单摆解的振幅不可能随时间单调地增加，因为系统是保守的。

9.3 周期解的林德斯泰特-庞加莱法

动力学中的许多问题都受制于以下类型的非线性方程

$$\frac{d^2\phi}{dt^2} + k^2\phi = \beta_2\frac{\phi^2}{2!} + \beta_3\frac{\phi^3}{3!} + \beta_4\frac{\phi^4}{4!} + \cdots \tag{9-26}$$

其中，$k > 0$ 和 β_1 为给定的常数。该方程很容易满足平衡解，$\phi = 0$。设初始条件为

$$t_0 = 0$$
$$\phi_0 = \eta \tag{9-27}$$
$$\left(\frac{d\phi}{dt}\right)_0 = 0$$

如果 $\beta_i = 0$，$i = 2, 3, \cdots$，则

$$\frac{d^2\phi}{dt^2} + k^2\phi = 0 \tag{9-28}$$

其解为

$$\phi = \eta\cos kt \tag{9-29}$$

式（9-28）的振荡周期为

$$P = \frac{2\pi}{k} \tag{9-30}$$

对于式（9-26）的解，我们假设振荡周期的形式为

$$P = \frac{2\pi}{k}(1 + h_1\eta + h_2\eta^2 + h_3\eta^3 + \cdots) \tag{9-31}$$

其中 η 为 ϕ 的初始值，假定其足够小，且 $h_i(i = 1, 2, 3, \cdots)$ 为待定的常数系数（我们将用它来消除不需要的长期项）。

我们改变时间尺度，令

$$t = \frac{\tau}{k}(1 + h_1\eta + h_2\eta^2 + h_3\eta^3 + \cdots) \tag{9-32}$$

其想法是，在上一节的缺陷方法示例中，我们有

$$\frac{d^2\phi}{dt^2} + k^2\phi = d\cos kt$$

形式为 $\phi_p = ct\cos kt$［式（9-25）］的长期项破坏了我们的求解。现在我们尝试如下的方案

$$\frac{d^2\phi}{d\tau^2} + k^2\phi = (d - h_1)\cos k\tau$$

其中我们取 $d = h_1$，以消除长期项。

根据式（9-32），应用

$$\frac{d\tau}{dt} = \frac{k}{(1 + h_1\eta + h_2\eta^2 + \cdots)}$$

和链式法则，我们有

$$\frac{d}{dt}(\ \ ) = \frac{d}{d\tau}(\ \ )\ \frac{k}{(1 + h_1\eta + h_2\eta^2 + h_3\eta^3 + \cdots)} \tag{9-33}$$

$$\frac{d^2}{dt^2}(\ \ ) = \frac{d^2}{d\tau^2}(\ \ )\ \frac{k^2}{(1 + h_1\eta + h_2\eta^2 + h_3\eta^3 + \cdots)^2} \tag{9-34}$$

将式（9-34）代入式（9-26），我们得到

$$\frac{d^2\phi}{d\tau^2} + (1 + h_1\eta + h_2\eta^2 + \cdots)^2\phi = (1 + h_1\eta + h_2\eta^2 + \cdots)^2 \tag{9-35}$$

$$\times\left(\frac{\beta_2}{k^2}\frac{\phi^2}{2!} + \frac{\beta_3}{k^2}\frac{\phi^3}{3!} + \cdots\right)$$

我们寻求 ϕ 的解，形式为

$$\phi = \eta\phi_1(\tau) + \eta^2\phi_2(\tau) + \eta^3\phi_3(\tau) + \cdots \tag{9-36}$$

其中 $\phi_1(\tau)$ 为周期为 2π 的 τ 的周期函数，满足初始条件：

$$\tau = 0$$
$$\phi_1(0) = 1$$
$$\phi_1'(0) = 0 \tag{9-37}$$
$$\phi_i(0) = 0$$
$$\phi_i'(0) = 0 \quad i = 2, 3, 4, \cdots$$

其中撇号表示相对于 τ 的微分。将式（9-36）代入式（9-35），我们得到

$$\eta\phi_1'' + \eta^2\phi_2'' + \eta^3\phi_3'' + (1 + h_1\eta + h_2\eta^2 + \cdots)^2(\eta\phi_1 + \eta^2\phi_2 + \cdots)$$

$$= (1 + h_1\eta + h_2\eta^2 + \cdots)^2 \tag{9-38}$$

$$\times\left[\frac{\beta_2}{2!\ k^2}(\eta\phi_1 + \eta^2\phi_2 + \cdots)^2 + \frac{\beta_3}{3!\ k^2}(\eta\phi_1 + \eta^2\phi_2 + \cdots)^3 + \cdots\right]$$

将式（9-38）中的项展开（保留 η^3 以内的项），我们有

$$(1+h_1\eta+h_2\eta^2)^2=1+h_1\eta+h_2\eta^2+h_1\eta+h_1^2\eta^2+h_2\eta^2 \tag{9-39}$$
$$=[1+2h_1\eta+(h_1^2+2h_2)\eta^2]$$

式（9-38）左侧的乘积展开为

$$(1+h_1\eta+h_2\eta^2)^2(\eta\phi_1+\eta^2\phi_2)=\eta\phi_1+\eta^2(2h_1\phi_1)+\eta^3(h_1^2\phi_1+2h_2\phi_1)$$
$$+\eta^2\phi_2+\eta^3(2h_1\phi_2) \tag{9-40}$$
$$=\eta\phi_1+\eta^2(\phi_2+2h_1\phi_1)$$
$$+\eta^3(h_1^2\phi_1+2h_2\phi_1+2h_1\phi_2)$$

式（9-38）的右侧为

$$(1+h_1\eta)^2\left[\frac{\beta_2}{2k^2}(\eta^2\phi_1^2+\eta^3 2\phi_1\phi_2)+\frac{\beta_3}{6k^2}\eta^3\phi_1^3\right] \tag{9-41}$$
$$=\eta^2\frac{\beta_2\phi_1^2}{2k^2}+\eta^3\left(\frac{\beta_2}{k^2}\phi_1\phi_2+\frac{\beta_2}{2k^2}h_1\phi_1^2+\frac{\beta_3}{6k^2}\phi_1^3\right)$$

将 η 的同次幂的系数进行等价处理，我们根据式（9-38）～式（9-41）可以得到式 $\phi_i(\tau)$ 的方程：

$$\phi_1''+\phi_1=0 \tag{9-42}$$

$$\phi_2''+\phi_2=-2h_1\phi_1+\frac{\beta_2}{2k^2}\phi_1^2 \tag{9-43}$$

$$\phi_3''+\phi_3=-h_1^2\phi_1-2h_1\phi_2-2h_2\phi_1+\frac{\beta_2}{k^2}\phi_1\phi_2+\frac{h_1\beta_2}{2k^2}\phi_1^2+\frac{\beta_3}{6k^2}\phi_1^3 \tag{9-44}$$

对式（9-42）积分可得

$$\phi_1=\cos\tau \tag{9-45}$$

其中，我们回顾式（9-37）的初始条件：

$$\tau=0$$
$$\phi_1(0)=1$$
$$\phi_1'(0)=0 \tag{9-46}$$
$$\phi_i(0)=0$$
$$\phi_i'(0)=0 \quad i=2,3,4,\cdots$$

在式（9-43）中应用式（9-45），可以得到

$$\phi_2''+\phi_2=-2h_1\cos\tau+\frac{\beta_2}{2k^2}\cos^2\tau$$
$$=-2h_1\cos\tau+\frac{\beta_2}{2k^2}\left[\frac{1}{2}(1+\cos2\tau)\right] \tag{9-47}$$

或

$$\phi_2''+\phi_2=-2h_1\cos\tau+\frac{\beta_2}{4k^2}+\frac{\beta_2}{4k^2}\cos2\tau \tag{9-48}$$

对于周期解，我们选择

$$h_1=0 \tag{9-49}$$

由式（9–49）和式（9–48）可知

$$\phi''_2 + \phi_2 = \frac{\beta_2}{4k^2} + \frac{\beta_2}{4k^2}\cos 2\tau \tag{9-50}$$

对于式（9–50）的特解，我们有

$$\phi_{2p} = c_1 + c_2\cos 2\tau \tag{9-51}$$

于是

$$\phi'_{2p} = -2c_2\sin 2\tau \tag{9-52}$$

$$\phi''_{2p} = -4c_2\cos 2\tau \tag{9-53}$$

将式（9–51）和式（9–53）代入式（9–50），我们有

$$-4c_2\cos 2\tau + c_2\cos 2\tau + c_1 = \frac{\beta_2}{4k^2}\cos 2\tau + \frac{\beta_2}{4k^2} \tag{9-54}$$

于是

$$c_1 = \frac{\beta_2}{4k^2} \tag{9-55}$$

$$c_2 = -\frac{\beta_2}{12k^2} \tag{9-56}$$

由于式（9–50）的齐次解为 $c_3\cos\tau$，我们可以将总解写为

$$\phi_{2\,\text{total}} = \frac{\beta_2}{4k^2} - \frac{\beta_2}{12k^2}\cos 2\tau + c_3\cos\tau \tag{9-57}$$

将初始条件［式（9–46）］应用于式（9–57），我们得到

$$c_3 = \frac{\beta_2}{12k^2} - \frac{\beta_2}{4k^2} = -\frac{\beta_2}{6k^2} \tag{9-58}$$

因此，ϕ_2 的解为

$$\phi_2 = \frac{\beta_2}{4k^2} - \frac{\beta_2}{6k^2}\cos\tau - \frac{\beta_2}{12k^2}\cos 2\tau \tag{9-59}$$

在式（9–44）中应用我们对 h_1，ϕ_1 和 ϕ_2 的解［式（9–49），式（9–45）和式（9–59）］，我们有

$$\phi''_3 + \phi_3 = -2h_2\cos\tau + \frac{\beta_3}{6k^2}\cos^3\tau + \frac{\beta_2}{k^2}\left(\frac{\beta_2\cos\tau}{4k^2} - \frac{\beta_2\cos^2\tau}{6k^2} - \frac{\beta_2}{12k^2}\cos\tau\cos 2\tau\right) \tag{9-60}$$

利用三角恒等式：

$$\cos^2\tau = \frac{1}{2} + \frac{1}{2}\cos 2\tau \tag{9-61}$$

$$\cos^3\tau = \frac{1}{4}\cos 3\tau + \frac{3}{4}\cos\tau \tag{9-62}$$

$$\cos\tau\cos 2\tau = \frac{1}{2}\cos 3\tau + \frac{1}{2}\cos\tau \tag{9-63}$$

将式（9–61）～式（9–63）代入式（9–60），可得

$$\phi''_3 + \phi_3 = -2h_2\cos\tau + \frac{\beta_3}{24k^2}\cos3\tau + \frac{3\beta_3}{24k^2}\cos\tau + \frac{\beta_2^2}{4k^4}\cos\tau - \frac{\beta_2^2}{12k^4}$$

$$-\frac{\beta_2^2}{12k^4}\cos2\tau - \frac{\beta_2^2}{24k^4}\cos3\tau - \frac{\beta_2^2}{24k^4}\cos\tau \tag{9-64}$$

整理式（9-64）中的项，我们得到

$$\phi''_3 + \phi_3 = -\frac{\beta_2^2}{12k^4} + (\cos\tau)\left(\frac{\beta_3}{8k^2} + \frac{\beta_2^2}{4k^4} - \frac{\beta_2^2}{24k^4} - 2h_2\right) + (\cos2\tau)\left(-\frac{\beta_2^2}{12k^4}\right)$$

$$+ (\cos3\tau)\left(\frac{\beta_3}{24k^2} - \frac{\beta_2^2}{24k^4}\right) \tag{9-65}$$

或

$$\phi''_3 + \phi_3 = -\frac{\beta_2^2}{12k^4} + \left(\frac{5\beta_2^2}{24k^4} + \frac{\beta_3}{8k^2} - 2h_2\right)\cos\tau$$

$$-\frac{\beta_2^2}{12k^4}\cos2\tau + \left(\frac{\beta_3}{24k^2} - \frac{\beta_2^2}{24k^4}\right)\cos3\tau \tag{9-66}$$

我们注意到，如果 $\cos\tau$ 不为零，系统将在其固有频率上受迫运动，从而立即导致时间项的显式出现。换句话说，长期项将会出现。为了避免长期项，式（9-66）中 $\cos\tau$ 的系数必须为零。因此，我们选择

$$h_2 = \frac{5\beta_2^2}{48k^4} + \frac{\beta_3}{16k^2} \tag{9-67}$$

在式（9-66）中应用式（9-67），我们有

$$\phi''_3 + \phi_3 = -\frac{\beta_2^2}{12k^4} - \frac{\beta_2^2}{12k^4}\cos2\tau + \left(\frac{\beta_3}{24k^2} - \frac{\beta_2^2}{24k^4}\right)\cos3\tau \tag{9-68}$$

对于式（9-68）的特解，我们写为

$$\phi_{3p} = c_1 + c_2\cos2\tau + c_3\cos3\tau \tag{9-69}$$

于是

$$\phi'_{3p} = -2c_2\sin2\tau - 3c_3\sin3\tau \tag{9-70}$$

$$\phi''_{3p} = -4c_2\cos2\tau - 9c_3\cos3\tau \tag{9-71}$$

将式（9-69）和式（9-71）代入式（9-68），我们得到

$$-4c_2\cos2\tau - 9c_3\cos3\tau + c_2\cos2\tau + c_3\cos3\tau + c_1$$

$$= -3c_2\cos2\tau - 8c_3\cos3\tau + c_1$$

$$= -\frac{\beta_2^2}{12k^4}\cos2\tau + \left(\frac{\beta_3}{24k^2} - \frac{\beta_2^2}{24k^4}\right)\cos3\tau - \frac{\beta_2^2}{12k^4} \tag{9-72}$$

于是

$$c_1 = -\frac{\beta_2^2}{12k^4}$$

$$c_2 = \frac{\beta_2^2}{36k^4} \qquad\qquad (9-73)$$

$$c_3 = \left(\frac{\beta_2^2}{192k^4} - \frac{\beta_3}{192k^2}\right)$$

由于式（9-68）的齐次解为 $c_4\cos\tau$，我们可以将总解写为

$$\phi_3 = -\frac{\beta_2^2}{12k^4} + \frac{\beta_2^2}{36k^4}\cos 2\tau + \left(\frac{\beta_2^2}{192k^4} - \frac{\beta_3}{192k^2}\right)\cos 3\tau + c_4\cos\tau \qquad (9-74)$$

将式（9-46）中的初始条件应用于式（9-74），我们得到

$$c_4 = \frac{\beta_2^2}{12k^4} - \frac{\beta_2^2}{36k^4} - \frac{\beta_2^2}{192k^4} + \frac{\beta_3}{192k^2} \qquad (9-75)$$

或

$$c_4 = \frac{29\beta_2^2}{576k^4} + \frac{\beta_3}{192k^2} \qquad (9-76)$$

因此，ϕ_3 的解为

$$\phi_3 = -\frac{\beta_2^2}{12k^4} + \left(\frac{29\beta_2^2}{576k^4} + \frac{\beta_3}{192k^2}\right)\cos\tau + \frac{\beta_2^2}{36k^4}\cos 2\tau$$
$$+ \left(\frac{\beta_2^2}{192k^4} - \frac{\beta_3}{192k^2}\right)\cos 3\tau \qquad (9-77)$$

所以，微分方程式（9-35）

$$\frac{\mathrm{d}^2\phi}{\mathrm{d}\tau^2} + (1 + h_1\eta + h_2\eta^2 + \cdots)^2\phi = (1 + h_1\eta + h_2\eta^2 + \cdots)^2$$
$$\times \left(\frac{\beta_2}{k^2}\frac{\phi^2}{2!} + \frac{\beta_3}{k^2}\frac{\phi^3}{3!} + \cdots\right) \qquad (9-78)$$

包含 η^3 阶的解为

$$\phi = \eta\phi_1(\tau) + \eta^2\phi_2(\tau) + \eta^3\phi_3(\tau) \qquad (9-79)$$

其中，ϕ_1、ϕ_2、ϕ_3 在式（9-45）、式（9-59）和式（9-77）中给出，η（如前所述）为 ϕ 的初始值，假设其足够小。

系数 h_3 是通过将 ϕ_4 的微分方程中 $\cos\tau$ 的系数等于零得到的。其值为

$$h_3 = -\frac{5\beta_2^3}{144k^6} - \frac{\beta_2\beta_3}{48k^4} \qquad (9-80)$$

从 $\phi(\tau)$ 的解中我们可知，以 τ 为单位的周期为 2π。根据式（9-31）、式（9-49）、式（9-67）和式（9-80），对于 h_1、h_2 和 h_3，以 t 为单位的 η^3 阶内的周期为：

$$P = \frac{2\pi}{k}\left[1 + \frac{\eta^2}{16k^2}\left(\frac{5\beta_2^2}{3k^2} + \beta_3\right) - \frac{\eta^3\beta_2}{48k^4}\left(\frac{5\beta_2^2}{3k^2} + \beta_3\right)\right] \qquad (9-81)$$

其中，$\beta_i(i=2,3,4,\cdots)$ 由非线性微分方程式（9-26）得到：

$$\frac{\mathrm{d}^2\phi}{\mathrm{d}t^2} + k^2\phi = \beta_2\frac{\phi^2}{2!} + \beta_3\frac{\phi^3}{3!} + \beta_4\frac{\phi^4}{4!} + \cdots \tag{9-82}$$

9.4　在水星轨道上的应用

我们考虑以下问题：使用林德斯泰特-庞加莱法，考虑相对论效应，从一个拱点开始对水星绕太阳运行的轨道运动方程进行积分。通过获得真近点角 f 的一阶摄动（图 9-3），推导广义相对论所预测的近日点的进动。

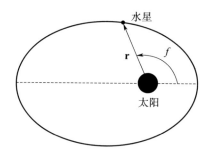

图 9-3　水星在围绕太阳的轨道上。其中 f 为真近点角，$\mathbf{r}$ 为位置矢量

式（2-18）中的第三项提供了极坐标中加速度的两个分量。广义相对论效应为径向分量增加了一个小的摄动［参见 Szebehely（1989）］。

$$\frac{\mathrm{d}^2 r}{\mathrm{d}t^2} - r\dot{f}^2 = -\frac{\mu}{r^2} - \frac{\mu}{r^2}\left(\frac{3h^2}{c^2 r^2}\right) \tag{9-83}$$

在式（9-83）中应用式（2-17）中的比角动量 $r^2\dot{f} = h$，我们得到标量方程：

$$\frac{\mathrm{d}^2 r}{\mathrm{d}t^2} - \frac{h^2}{r^3} = -\frac{\mu}{r^2} - \frac{\mu}{r^2}\left(\frac{3h^2}{c^2 r^2}\right) \tag{9-84}$$

在处理变量在分母中的方程时，常用的技巧是进行以下替换

$$r = \frac{1}{u} \tag{9-85}$$

则

$$\frac{\mathrm{d}r}{\mathrm{d}t} = \frac{\mathrm{d}r}{\mathrm{d}f}\frac{\mathrm{d}f}{\mathrm{d}t} = \frac{\mathrm{d}}{\mathrm{d}f}\left(\frac{1}{u}\right)\frac{\mathrm{d}f}{\mathrm{d}t} = -\frac{1}{u^2}\frac{\mathrm{d}u}{\mathrm{d}f}(hu^2) = -h\frac{\mathrm{d}u}{\mathrm{d}f} \tag{9-86}$$

和

$$\frac{\mathrm{d}^2 r}{\mathrm{d}t^2} = -h\frac{\mathrm{d}}{\mathrm{d}t}\left(\frac{\mathrm{d}u}{\mathrm{d}f}\right) = -h\frac{\mathrm{d}^2 u}{\mathrm{d}f^2}\frac{\mathrm{d}f}{\mathrm{d}t} = -h^2 u^2\frac{\mathrm{d}^2 u}{\mathrm{d}f^2} \tag{9-87}$$

将式（9-85）和式（9-87）代入式（9-84），可得

$$-h^2 u^2\frac{\mathrm{d}^2 u}{\mathrm{d}f^2} - h^2 u^3 = -\mu u^2 - \mu u^4\frac{3h^2}{c^2},$$

$$\frac{\mathrm{d}^2 u}{\mathrm{d}f^2} + u = \frac{\mu}{h^2} + \epsilon u^2 \tag{9-88}$$

其中 $\epsilon = 3\mu/c^2$，c 为光速。将式（9－88）写为

$$\frac{\mathrm{d}^2 u}{\mathrm{d}f^2} + u = \frac{\mu}{h^2}\left(1 + \frac{h^2}{\mu}\epsilon u^2\right) \tag{9-89}$$

假设初始条件为

$$f_0 = 0$$

$$u_0 = \frac{1}{r_0} \tag{9-90}$$

$$\left(\frac{\mathrm{d}u}{\mathrm{d}f}\right)_0 = 0$$

我们假设 u 的解有如下形式

$$u = u_0(\tau) + \epsilon u_1(\tau) \tag{9-91}$$

其中 u_i 是周期为 2π 的 τ 中的周期函数，定义为〔式（9－32）〕

$$f = \tau(1 + h_1\epsilon) \tag{9-92}$$

根据链式法则，我们有

$$\frac{\mathrm{d}u}{\mathrm{d}f} = \frac{\mathrm{d}u}{\mathrm{d}\tau}\frac{\mathrm{d}\tau}{\mathrm{d}f} = \frac{\mathrm{d}u}{\mathrm{d}\tau}\frac{1}{(1 + h_1\epsilon)} \tag{9-93}$$

$$\frac{\mathrm{d}^2 u}{\mathrm{d}f^2} = \frac{\mathrm{d}^2 u}{\mathrm{d}\tau^2}\frac{1}{(1 + h_1\epsilon)^2} \tag{9-94}$$

如式（9－33）和式（9－34）所示。

将式（9－94）代入式（9－89），我们有

$$\frac{\mathrm{d}^2 u}{\mathrm{d}\tau^2} + (1 + h_1\epsilon)^2 u = (1 + h_1\epsilon)^2\left(\frac{\mu}{h^2} + \epsilon u^2\right) \tag{9-95}$$

如式（9－35）所示。接下来我们在式（9－95）中应用式（9－91）并保留 ϵ：

$$\frac{\mathrm{d}^2 u_0}{\mathrm{d}\tau^2} + \epsilon\frac{\mathrm{d}^2 u_1}{\mathrm{d}\tau^2} + (1 + 2h_1\epsilon)(u_0 + \epsilon u_1) = (1 + 2h_1\epsilon)\left(\frac{\mu}{h^2} + \epsilon u_0^2\right) \tag{9-96}$$

或

$$\frac{\mathrm{d}^2 u_0}{\mathrm{d}\tau^2} + \epsilon\frac{\mathrm{d}^2 u_1}{\mathrm{d}\tau^2} + u_0 + \epsilon u_1 + 2\epsilon h_1 u_0 = \frac{\mu}{h^2} + \epsilon u_0^2 + 2\epsilon h_1\frac{\mu}{h^2} \tag{9-97}$$

整理式（9－97）中的零阶项和 ϵ 项，我们有

$$\frac{\mathrm{d}^2 u_0}{\mathrm{d}\tau^2} + u_0 = \frac{\mu}{h^2} \tag{9-98}$$

$$\frac{\mathrm{d}^2 u_1}{\mathrm{d}\tau^2} + u_1 = u_0^2 + 2h_1\frac{\mu}{h^2} - 2h_1 u_0 \tag{9-99}$$

式（9－98）和式（9－99）可与式（9－42）～式（9－44）进行比较。

应用式（9－90）中的初始条件，求解式（9－98）

$$u_0 = A\cos\tau + B\sin\tau + \frac{\mu}{h^2} \tag{9-100}$$

$$u_0(0) = \frac{1}{r_0} = A + \frac{\mu}{h^2}$$

$$A = \frac{1}{r_0} - \frac{\mu}{h^2} \tag{9-101}$$

由于 $B = 0$，我们有

$$u_0 = \left(\frac{1}{r_0} - \frac{\mu}{h^2}\right)\cos\tau + \frac{\mu}{h^2} \tag{9-102}$$

使得

$$r = \frac{1}{u_0} = \frac{1}{\dfrac{\mu}{h^2} + \left(\dfrac{1}{r_0} - \dfrac{\mu}{h^2}\right)\cos\tau} \tag{9-103}$$

或

$$r = \frac{h^2/\mu}{1 + \left(\dfrac{h^2}{\mu r_0} - 1\right)\cos\tau} \tag{9-104}$$

上式即为圆锥曲线方程。

为方便起见，我们将式（9-102）写为

$$u_0 = \frac{\mu}{h^2}(1 + \eta\cos\tau) \tag{9-105}$$

将式（9-105）代入式（9-99），得到

$$\frac{\mathrm{d}^2 u_1}{\mathrm{d}\tau^2} + u_1 = \frac{\mu^2}{h^4}(1 + 2\eta\cos\tau + \eta^2\cos^2\tau) + 2h_1\frac{\mu}{h^2} - 2h_1\frac{\mu}{h^2}(1 + \eta\cos\tau) \tag{9-106}$$

由于 $\cos\tau$ 可能同时出现在方程的齐次侧和强制侧，因此可能会出现长期项。为了避免 u_1 解中存在长期项，我们必须选择 h_1 使 $\cos\tau$ 项的系数等于零：

$$(\cos\tau)\left(2\eta\frac{\mu^2}{h^4} - 2\eta h_1\frac{\mu}{h^2}\right) = 0 \tag{9-107}$$

于是

$$h_1 = \frac{\mu}{h^2} \tag{9-108}$$

在式（9-92）中应用式（9-108），我们有

$$f = \tau + \tau\frac{\mu}{h^2}\epsilon \tag{9-109}$$

当下一个拱点出现在

$$\tau = 2\pi \tag{9-110}$$

真近点角的值将为

$$f = 2\pi\left(1 + \epsilon\frac{\mu}{h^2}\right) \tag{9-111}$$

因此，由于广义相对论效应导致的近地点的进动为

$$\Delta\omega = \frac{2\pi\epsilon\mu}{h^2} \qquad (9-112)$$

其中 $\epsilon = 3\mu/c^2$。

9.5　卫星在扁行星赤道面上的运动

对于在扁球形中心体赤道面上运行的卫星，力在赤道面内指向中心，且为平面运动，尽管它不再是开普勒运动。球体的势函数可以写成一系列谐波的形式［式（7-77）］:

$$U = \frac{\mu}{r}\left[1 - \sum_{n=2}^{\infty} J_n \left(\frac{r_e}{r}\right)^n P_n(\sin\phi)\right] \qquad (9-113)$$

其中，$P_n(\sin\phi)$ 为勒让德多项式:

$$P_2(\sin\phi) = \frac{1}{2}(3\sin^2\phi - 1) \qquad (9-114)$$

$$P_3(\sin\phi) = \frac{1}{2}(5\sin^2\phi - 3\sin\phi) \qquad (9-115)$$

$$P_4(\sin\phi) = \frac{1}{8}(35\sin^4\phi - 30\sin^2\phi + 3) \qquad (9-116)$$

$$P_5(\sin\phi) = \frac{1}{8}(63\sin^5\phi - 70\sin^3\phi + 15\sin\phi) \qquad (9-117)$$

回想一下，二体运动被限定在一个平面内，力通过大质量体的中心作用，这被称为中心力。对于一个扁行星来说，赤道上的物体受到中心力的作用。然而，该平面外的物体将受到非中心力的作用，例如，通过 O' 而不是 O 作用的力，如图 9-4 所示。

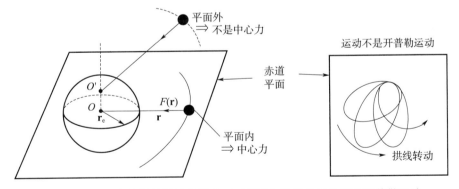

图 9-4　卫星在扁行星附近的运动，可能发生平面外运动和非开普勒运动

对于赤道面内的运动，我们设 $\sin\phi = 0$，则式（9-114）～式（9-117）变为

$$P_2 = -\frac{1}{2} \qquad (9-118)$$

$$P_3 = 0 \qquad (9-119)$$

$$P_4 = \frac{3}{8} \qquad (9-120)$$

$$P_5 = 0 \qquad (9-121)$$

在式（9-113）中应用式（9-118）～式（9-121），我们有

$$U = \frac{\mu}{r}\left[1 + \frac{J_2}{2}\left(\frac{r_e}{r}\right)^2 - \frac{3J_4}{8}\left(\frac{r_e}{r}\right)^4 + \cdots\right] \qquad (9-122)$$

运动方程为

$$\ddot{\mathbf{r}} = \nabla U \qquad (9-123)$$

或以标量形式：

$$\ddot{r} - r\dot{f}^2 = -\frac{\mu}{r^2}\left[1 + \frac{3J_2}{2}\left(\frac{r_e}{r}\right)^2 - \frac{15J_4}{8}\left(\frac{r_e}{r}\right)^4 + \cdots\right] \qquad (9-124)$$

$$\frac{1}{r}\frac{\mathrm{d}}{\mathrm{d}t}(r^2\dot{f}) = 0 \qquad (9-125)$$

其中第二个方程可得角动量守恒。我们利用拱点的初始条件对运动方程进行积分：

$$t = 0$$
$$r = r_0$$
$$V = V_0 \qquad (9-126)$$
$$\frac{\mathrm{d}r}{\mathrm{d}t} = 0$$

根据式（9-125），我们有

$$r^2\dot{f} = h \qquad (9-127)$$

或

$$\dot{f} = \frac{h}{r^2} \qquad (9-128)$$

我们注意到，比角动量的值为

$$h = r_0 V_0 \qquad (9-129)$$

我们应用变量替换，令

$$r = \frac{1}{u} \qquad (9-130)$$

那么我们可以写出

$$\frac{\mathrm{d}r}{\mathrm{d}t} = \frac{\mathrm{d}r}{\mathrm{d}f}\frac{\mathrm{d}f}{\mathrm{d}t} = hu^2\frac{\mathrm{d}}{\mathrm{d}f}u^{-1} = hu^2\left(-u^{-2}\frac{\mathrm{d}u}{\mathrm{d}f}\right) \qquad (9-131)$$

或

$$\frac{\mathrm{d}r}{\mathrm{d}t} = -h\frac{\mathrm{d}u}{\mathrm{d}f} \qquad (9-132)$$

和

$$\frac{\mathrm{d}^2 r}{\mathrm{d}t^2} = -h^2 u^2\frac{\mathrm{d}^2 u}{\mathrm{d}f^2} \qquad (9-133)$$

将式（9-130）和式（9-133）代入式（9-124），得到

$$-h^2 u^2\frac{\mathrm{d}^2 u}{\mathrm{d}f^2} - \frac{1}{u}(h^2 u^4) = -\mu u^2\left[1 + \frac{3J_2}{2}(r_e u)^2 - \frac{15J_4}{8}(r_e u)^4 + \cdots\right] \qquad (9-134)$$

或者，在除以 $-h^2u^2$ 后，

$$\frac{\mathrm{d}^2u}{\mathrm{d}f^2}+u=\frac{\mu}{h^2}\left[1+\frac{3J_2}{2}(r_eu)^2-\frac{15J_4}{8}(r_eu)^4+\cdots\right] \tag{9-135}$$

其中我们应用初始条件

$$f_0=0$$

$$u_0=\frac{1}{r_0} \tag{9-136}$$

$$\left(\frac{\mathrm{d}u}{\mathrm{d}f}\right)_0=0$$

9.5.1　林德斯泰特-庞加莱法

当

$$J_2=J_4=0 \tag{9-137}$$

我们得到未受摄的轨迹。由于 J_4 的阶数是 J_2^2，我们应用林德斯泰特-庞加莱法，如下所示：

$$u=u_0(\tau)+J_2u_1(\tau)+J_2^2u_2(\tau)+J_4u_3(\tau)+\cdots \tag{9-138}$$

其中 u_i 是关于 τ 的周期性函数，τ（周期为 2π）通常定义为

$$f=\tau(1+h_1J_2+h_2J_2^2+h_3J_4+\cdots) \tag{9-139}$$

然而，在本例中，我们使用一个更一般的定义，假设自变量的变换形式为：

$$f=\tau+J_2f_1(\tau)+J_2^2f_2(\tau)+J_4f_3(\tau)+\cdots \tag{9-140}$$

其中函数 $f_i(\tau)$ 可被选择来消除长期项（之前，我们使用常数 h_i 来消除长期项。这种方法提供了更多的灵活性）。

根据链式法则，我们有

$$\frac{\mathrm{d}u}{\mathrm{d}f}=\frac{\mathrm{d}u}{\mathrm{d}\tau}\frac{\mathrm{d}\tau}{\mathrm{d}f} \tag{9-141}$$

$$\frac{\mathrm{d}^2u}{\mathrm{d}f^2}=\frac{\mathrm{d}^2u}{\mathrm{d}\tau^2}\left(\frac{\mathrm{d}\tau}{\mathrm{d}f}\right)^2+\frac{\mathrm{d}u}{\mathrm{d}\tau}\frac{\mathrm{d}^2\tau}{\mathrm{d}f^2} \tag{9-142}$$

令

$$\frac{\mathrm{d}(\quad)}{\mathrm{d}\tau}\equiv(\quad)' \tag{9-143}$$

于是

$$\frac{\mathrm{d}\tau}{\mathrm{d}f}=\frac{1}{f'} \tag{9-144}$$

我们可以写出

$$\frac{\mathrm{d}^2\tau}{\mathrm{d}f^2}=\frac{\mathrm{d}}{\mathrm{d}f}\left(\frac{\mathrm{d}\tau}{\mathrm{d}f}\right)=\frac{\mathrm{d}}{\mathrm{d}\tau}\left(\frac{\mathrm{d}\tau}{\mathrm{d}f}\right)\frac{\mathrm{d}\tau}{\mathrm{d}f} \tag{9-145}$$

$$=\frac{1}{f'}\frac{\mathrm{d}}{\mathrm{d}\tau}\left(\frac{1}{f'}\right)=-\frac{1}{f'^3}\frac{\mathrm{d}f'}{\mathrm{d}\tau}=-\frac{f''}{f'^3}$$

在式（9-142）中应用式（9-143）～式（9-145），我们得到

$$\frac{\mathrm{d}^2 u}{\mathrm{d} f^2} = \frac{u''}{f'^2} - \frac{u' f''}{f'^3} \tag{9-146}$$

将式（9-146）代入式（9-135），可得

$$\frac{u''}{f'^2} - \frac{u' f''}{f'^3} + u = \frac{\mu}{h^2} \left[1 + \frac{3 J_2}{2} (r_e u)^2 - \frac{15 J_4}{8} (r_e u)^4 + \cdots \right] \tag{9-147}$$

我们应用初始条件

$$\tau = 0$$

$$u_0(0) = \frac{1}{r_0}$$

$$u_1 = u_2 = \cdots = 0 \tag{9-148}$$

$$f_1 = f_2 = \cdots = 0$$

$$\frac{\mathrm{d} u_0}{\mathrm{d} \tau} = \frac{\mathrm{d} u_1}{\mathrm{d} \tau} = \frac{\mathrm{d} u_2}{\mathrm{d} \tau} = \cdots = 0$$

将式（9-147）乘以 f'^3，可得

$$u'' f' - u' f'' + u f'^3 = \frac{\mu}{h^2} f'^3 \left[1 + \frac{3 J_2}{2} (r_e u)^2 - \frac{15 J_4}{8} (r_e u)^4 + \cdots \right] \tag{9-149}$$

将式（9-138）和式（9-140）的级数代入式（9-149），我们得到

$$(u_0'' + J_2 u_1'' + J_2^2 u_2'' + \cdots)(1 + J_2 f_1' + J_2^2 f_2' + \cdots)$$

$$- (u_0' + J_2 u_1' + J_2^2 u_2' + \cdots)(J_2 f_1'' + J_2^2 f_2'' + \cdots)$$

$$+ (u_0 + J_2 u_1 + J_2^2 u_2 + \cdots)(1 + J_2 f_1' + J_2^2 f_2' + \cdots)^3 \tag{9-150}$$

$$= \frac{\mu}{h^2} (1 + J_2 f_1' + \cdots)^3$$

$$\times \left[1 + \frac{3 J_2}{2} r_e^2 (u_0 + J_2 u_1 + \cdots)^2 - \frac{15 J_4}{8} r_e^4 (u_0 + J_2 u_1 + \cdots)^4 + \cdots \right]$$

将 J_2，J_2^2 和 J_4 中的相同幂次的系数相等（此处不显示与 J_4 相对应的项）：

$$u_0'' + u_0 = \frac{\mu}{h^2} \tag{9-151}$$

$$u_1'' + u_1 = \frac{\mu}{h^2} \left(3 f_1' + \frac{3}{2} r_e^2 u_0^2 \right) - u_0'' f_1' + u_0' f_1'' - 3 u_0 f_1' \tag{9-152}$$

$$u_2'' + u_2 = \frac{\mu}{h^2} \left(3 r_e^2 u_0 u_1 + \frac{9}{2} r_e^2 f_1' u_0^2 \right) - u_0'' f_2' + u_0' f_2'' - 3 u_0 f_2' - 3 u_0 f_1'^2 - u_1'' f_1'$$

$$+ u_1 f_1'' - 3 u_1 f_1' + \frac{\mu}{h^2} (3 f_1'^2 + 3 f_2') \tag{9-153}$$

对第一个方程［式（9-151）］进行积分，我们得到与式（9-105）相同的方程：

$$u_0 = \frac{\mu}{h^2} (1 + \eta \cos \tau) \tag{9-154}$$

上式实质为圆锥曲线方程。

在将式（9 - 154）代入式（9 - 152）之前，我们注意到：

$$u'_0 = -\frac{\mu}{h^2}\eta\sin\tau \tag{9-155}$$

$$u''_0 = -\frac{\mu}{h^2}\eta\cos\tau \tag{9-156}$$

$$(1+\eta\cos\tau)^2 = 1 + 2\eta\cos\tau + \eta^2\cos^2\tau$$
$$= 1 + 2\eta\cos\tau + \frac{\eta^2}{2} + \frac{\eta^2}{2}\cos2\tau \tag{9-157}$$

将式（9 - 154）～式（9 - 157）代入式（9 - 152），我们得到

$$u''_1 + u_1 = \frac{\mu}{h^2}3f'_1 + \frac{\mu}{h^2}\left(\frac{3}{2}r_e^2\right)\left(\frac{\mu}{h^2}\right)^2\left(1 + 2\eta\cos\tau + \frac{\eta^2}{2} + \frac{\eta^2}{2}\cos2\tau\right)$$
$$+ \frac{\mu}{h^2}\eta\cos\tau f'_1 - \frac{\mu}{h^2}\eta\sin\tau f''_1 - 3\frac{\mu}{h^2}(1+\eta\cos\tau)f'_1 \tag{9-158}$$

或

$$u''_1 + u_1 = \frac{\mu}{h^2}\left[\left(\frac{\mu}{h^2}\right)^2\left(\frac{3}{2}r_e^2\right)\left(1 + \frac{\eta^2}{2} + \frac{\eta^2}{2}\cos2\tau\right)\right]$$
$$+ \frac{\mu}{h^2}\cos\tau\left[\left(\frac{\mu}{h^2}\right)^2\left(\frac{3}{2}r_e^2\right)2\eta - 2\eta f'_1\right] - \frac{\mu}{h^2}\sin\tau(\eta f''_1) \tag{9-159}$$

如果允许强迫函数 $\cos\tau$ 不为零，那么系统将在其固有频率上受迫运动，这将再次导致长期项。为了避免长期项的出现，我们必须在式（9 - 159）中不含 $\cos\tau$ 和 $\sin\tau$ 项，所以

$$\left[\left(\frac{\mu}{h^2}\right)^2(3r_e^2) - 2f'_1\right]\cos\tau - f''_1\sin\tau = 0 \tag{9-160}$$

或

$$f''_1\sin\tau + 2f'_1\cos\tau = \left(\frac{\mu}{h^2}\right)^2(3r_e^2)\cos\tau \tag{9-161}$$

我们注意到，如果采用了式（9 - 139）中不太通用的形式：

$$f = \tau(1 + J_2 h_1 + \cdots)$$

与式（9 - 140）相比

$$f = \tau + J_2 f_1(\tau) + \cdots$$

那么我们就会得到

$$f_1 = h_1\tau$$
$$h_1 = \left(\frac{\mu}{h^2}\right)^2\left(\frac{3}{2}r_e^2\right)$$
$$f'_1 = h_1$$
$$f''_1 = 0$$

根据式（9 - 161），我们可知 f_1 的解为

$$f_1 = \left(\frac{\mu}{h^2}\right)^2 \left(\frac{3}{2} r_e^2\right) \tau \tag{9-162}$$

将式（9-160）应用于式（9-159），我们有

$$u_1'' + u_1 = \frac{\mu}{h^2} \left[\left(\frac{\mu}{h^2}\right)^2 \left(\frac{3}{2} r_e^2\right) \left(1 + \frac{\eta^2}{2} + \frac{\eta^2}{2}\cos 2\tau\right) \right] \tag{9-163}$$

为求解式（9-163），我们将其写为更方便的形式：

$$u_1'' + u_1 = q_1 + q_2 \cos 2\tau \tag{9-164}$$

其中

$$q_1 = \frac{\mu}{h^2} \left[\left(\frac{\mu}{h^2}\right)^2 \left(\frac{3}{2} r_e^2\right) \left(1 + \frac{\eta^2}{2}\right) \right] \tag{9-165}$$

$$q_2 = \frac{\mu}{h^2} \left[\left(\frac{\mu}{h^2}\right)^2 \left(\frac{3}{2} r_e^2\right) \frac{\eta^2}{2} \right] \tag{9-166}$$

式（9-164）的特解为

$$u_{1p} = c_1 q_1 + c_2 q_2 \cos 2\tau \tag{9-167}$$

和

$$u_{1p}' = -2 c_2 q_2 \sin 2\tau \tag{9-168}$$

$$u_{1p}'' = -4 c_2 q_2 \cos 2\tau \tag{9-169}$$

将式（9-167）和式（9-169）代入式（9-164），可得

$$-4 c_2 q_2 \cos 2\tau + c_2 q_2 \cos 2\tau + c_1 q_1 = q_1 + q_2 \cos 2\tau \tag{9-170}$$

根据式（9-170），我们有

$$c_1 = 1 \tag{9-171}$$

$$c_2 = -\frac{1}{3} \tag{9-172}$$

式（9-164）的完整解为如下形式

$$u_{1\text{ total}} = q_1 - \frac{1}{3} q_2 \cos 2\tau + c_3 \cos \tau \tag{9-173}$$

根据初始条件［式（9-148）］，我们有

$$u_{1\text{ total}}(0) = q_1 - \frac{1}{3} q_2 + c_3 = 0 \tag{9-174}$$

于是

$$c_3 = \frac{1}{3} q_2 - q_1 \tag{9-175}$$

将式（9-165）和式（9-166）代入式（9-175），得到

$$\begin{aligned}
c_3 &= \frac{\mu}{h^2} \left[\left(\frac{\mu}{h^2}\right)^2 \left(\frac{3}{2} r_e^2\right) \right] \left[\frac{1}{3} \frac{\eta^2}{2} - 1 - \frac{\eta^2}{2} \right] \\
&= -\frac{\mu}{h^2} \left[\left(\frac{\mu}{h^2}\right)^2 \left(\frac{3}{2} r_e^2\right) \right] \left(1 + \frac{\eta^2}{3}\right)
\end{aligned} \tag{9-176}$$

在式（9-173）中应用式（9-165）、式（9-166）、式（9-171）、式（9-172）和式

（9 - 176），我们得到

$$u_{1\,\text{total}} = \frac{\mu}{h^2}\left[\left(\frac{\mu}{h^2}\right)^2\left(\frac{3}{2}r_e^2\right)\right]\left[1 + \frac{\eta^2}{2} - \frac{\eta^2}{6}\cos2\tau - \left(1 + \frac{\eta^2}{3}\right)\cos\tau\right] \qquad (9 - 177)$$

在这里，我们回顾圆锥曲线方程（9 - 154）

$$u_0 = \frac{\mu}{h^2}(1 + \eta\cos\tau) \qquad (9 - 178)$$

因此

$$\eta = e \qquad (9 - 179)$$

根据式（9 - 138），J_2 阶的解为

$$u = u_0(\tau) + J_2 u_1(\tau) \qquad (9 - 180)$$

其中 $u = 1/r$，$u_0(\tau)$ 和 $u_1(\tau)$ 式（9 - 177）～式（9 - 179）给出。

根据式（9 - 140）和式（9 - 162），关于 J_2 阶的解 f 为

$$f = \tau + J_2 f_1 = \tau + J_2\left[\left(\frac{\mu}{h^2}\right)^2\left(\frac{3}{2}r_e^2\right)\right]\tau$$

$$f = \tau + \left(\frac{\mu}{h^2}\right)^2\left(\frac{3}{2}J_2 r_e^2\right)\tau \qquad (9 - 181)$$

由于我们已经对 $i = 0$ 的特殊情况进行了研究，因此式（9 - 181）预测了对 $f + \omega + \Omega$ 之和的摄动。对于零倾角，各个角度不是唯一定义的。然而，我们可以将摄动效应分为影响周期的部分和影响 $\omega + \Omega$ 的部分。下一次拱点出现在：

$$\tau = 2\pi \qquad (9 - 182)$$

因此，根据式（9 - 181）和式（9 - 182），得到

$$f = 2\pi\left[1 + \left(\frac{\mu}{h^2}\right)^2\frac{3}{2}J_2 r_e^2\right] \qquad (9 - 183)$$

因此，角度（$\omega + \Omega$）在一圈旋转中的进动量为

$$(\Delta\omega + \Delta\Omega)_{J_2} = 2\pi\left(\frac{\mu}{h^2}\right)^2\frac{3}{2}J_2 r_e^2 \qquad (9 - 184)$$

而进动速率为

$$\frac{(\Delta\omega + \Delta\Omega)_{J_2}}{\text{P}} = n\left(\frac{\mu}{h^2}\right)^2\frac{3}{2}J_2 r_e^2 = \frac{3}{2}\frac{nJ_2 r_e^2}{a^2\beta^4} \qquad (9 - 185)$$

其中我们应用了关系式 $\text{P} = 2\pi/n$ 和 $h^2 = \beta^2\mu a$。

我们可以将此方程与应用平均法得出的结果进行比较。取式（8 - 107）和式（8 - 109）的 $i = 0$，我们得到

$$\dot{\omega}_{J_2} + \dot{\Omega}_{J_2} = \frac{3}{4}\frac{nJ_2 r_e^2}{a^2\beta^4}(4) - \frac{3}{2}\frac{nJ_2 r_e^2}{a^2\beta^4}(1) = \frac{3}{2}\frac{nJ_2 r_e^2}{a^2\beta^4} \qquad (9 - 186)$$

因此，我们应用林德斯泰特-庞加莱法的结果和平均法的结果是一致的。

我们根据式（8 - 106）可知，J_2 也会对平近点角速率产生摄动。这种影响只改变卫星的周期，当我们在式（9 - 183）中将 τ 取为一个周期时，已经考虑到这点了。

参 考 文 献

Meirovitch，L. (1970)，*Methods of analytical dynamics*．New York：McGraw – Hill Book Company.

Szebehely，V. G. （1989）．*Adventures in celestial mechanics，a first course in the theory of orbits*．Austin：University of Texas Press.

第 10 章　地月系统

到目前为止，我们已经系统地开发并提出了一套工具，使读者能够利用拉格朗日行星方程以简单的方式阐述摄动问题。我们为平均法提出了一种严格的方法，它允许构建变量的变换，以消除对快变量的依赖，从而使所得方程更简单，也许更适合于解析求解。

作为摄动理论的一个例子，我们考虑在太阳的扰动影响下月球围绕地球的运动。完整的理论非常复杂［参见 Brown（1896），由 Dover 于 1960 年出版］。

Chao 和 Hoots（2018）研究了一个等效的问题（第 33 – 40 页）。他们应用平均法来考虑第三体对卫星运动的影响。其结果适用于"卫星"是月球、"第三体"是太阳的情况。他们提供了在快变量周期内的平均变换速率方程以及变换中的所有周期项。然而，许多依赖于摄动体的几何学的细节被嵌入到符号中，掩盖了真正的几何学相互作用。

有时，与实际计算的数值结果相比，我们更感兴趣的是理解复杂的动力学行为如何取决于轨道体和摄动体的相对几何结构。这种见解正是用解析方法而非数值积分方法来处理摄动的优点之一。

在本章中，我们将采取一种旨在明确地揭示这些依赖性的方法，以便以物理上可解释的方式检查和理解各项和几何的依赖关系。我们可能会牺牲前文解法的严谨性，并对问题中各根数的行为做出一些简化假设。然而，这些近似结果揭示了几何形状是如何影响运动的，并对动力学的长期演变提供了有价值的见解。

令

$$m_1 = 地球质量（主）$$
$$m = 月球质量（受摄的）$$
$$m' = 太阳质量（摄动）$$

月球轨道与黄道面倾角约 5°；为简单起见，我们假设这个倾角可以忽略不计。也就是说，我们假设 m_1，m 和 m' 共面。此外，我们假设地球围绕太阳的轨道是圆形的（即忽略偏心率，其约为 0.06）。我们注意到，在图 10 – 1 中，我们认为太阳绕着地球运行。

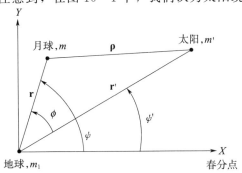

图 10 – 1　地月系统中，太阳和"绕"地球运行的月球

令角度 ψ 和 ψ' 分别为从春分点开始测量的月球和太阳的天体经度（见图 10-1）。回顾式（6-21），扰动函数为

$$\mathcal{R} = \frac{Gm'}{r'} \left[1 + \left(\frac{r}{r'}\right)^2 P_2 + \left(\frac{r}{r'}\right)^3 P_3 + \left(\frac{r}{r'}\right)^4 P_4 + \cdots \right] \qquad (10-1)$$

对于平面问题，我们有

$$\phi = \psi - \psi' \qquad (10-2)$$

此外，由于地球轨道被假设为圆形

$$r' = a' \qquad (10-3)$$

忽略勒让德多项式 P_3 及以上，式（10-1）变为

$$\mathcal{R} = \frac{Gm'}{r'} \left\{ 1 + \left(\frac{r}{a'}\right)^2 P_2 \left[\cos(\psi - \psi') \right] \right\} \qquad (10-4)$$

根据式（6-18）列出的勒让德系数，我们有

$$P_2 \left[\cos(\psi - \psi') \right] = \frac{1}{4} + \frac{3}{4} \cos 2(\psi - \psi') \qquad (10-5)$$

因为

$$\left(\frac{r}{a'}\right)^2 = \left(\frac{a}{a'}\right)^2 \left(\frac{r}{a}\right)^2 \qquad (10-6)$$

$\mathcal{R}$ 可以写为

$$\mathcal{R} = \frac{Gm'}{a'} \left[1 + \frac{1}{4}\left(\frac{a}{a'}\right)^2 \left(\frac{r}{a}\right)^2 + \frac{3}{4}\left(\frac{a}{a'}\right)^2 \left(\frac{r}{a}\right)^2 \cos 2(\psi - \psi') \right] \qquad (10-7)$$

忽略式（6-40）中含有 e' 的项（因为我们假设 $e'=0$），我们有

$$\left(\frac{r}{a'}\right)^2 = \left(\frac{a}{a'}\right)^2 \left(1 + \frac{3e^2}{2} - 2e\cos M - \frac{e^2}{2}\cos 2M \right) \qquad (10-8)$$

e 最高为二阶。因为我们假设三个天体 m_1，m 和 m' 是共面的，我们有

$$\psi = \Omega + \omega + f \qquad (10-9)$$

其中，f 为月球的真近点角。因此，式（10-7）中的最后一项为

$$\frac{r^2}{a^2} \cos 2(\psi - \psi') = \left(\frac{r}{a}\right)^2 \cos \left[2f + 2(\Omega + \omega - \psi') \right] \qquad (10-10)$$

上式可以展开为

$$\left(\frac{r}{a}\right)^2 \cos \left[2f + 2(\Omega + \omega - \psi') \right]$$

$$= \left(\frac{r}{a}\right)^2 \left[\cos 2f \cos 2(\Omega + \omega - \psi') - \sin 2f \sin 2(\Omega + \omega - \psi') \right]$$

$$= \left(\frac{r}{a}\right)^2 \left[(2\cos^2 f - 1) \cos 2(\Omega + \omega - \psi') - 2\sin f \cos f \sin 2(\Omega + \omega - \psi') \right]$$

$$= 2\left(\frac{r}{a}\right)^2 \cos^2 f \cos 2(\Omega + \omega - \psi') - \left(\frac{r}{a}\right)^2 \cos 2(\Omega + \omega - \psi')$$

$$\quad - 2\left[\left(\frac{r}{a}\right)\sin f \right] \left[\left(\frac{r}{a}\right)\cos f \right] \sin 2(\Omega + \omega - \psi')$$

$$\qquad\qquad (10-11)$$

回顾式（2-52）和式（2-56）：

$$\xi = r\cos f = a\cos E - ae \tag{10-12}$$

$$\eta = r\sin f = a\sqrt{1-e^2}\sin E \tag{10-13}$$

对较小的 e 应用式（6-29）和式（6-35）：

$$\cos E = -\frac{1}{2}e + \left(1-\frac{3}{8}e^2\right)\cos M + \frac{1}{2}e\cos 2M + \frac{3}{8}e^2\cos 3M \tag{10-14}$$

$$\sin E = \left(1-\frac{e^2}{8}\right)\sin M + \frac{e}{2}\sin 2M + \frac{3e^2}{8}\sin 3M \tag{10-15}$$

我们在平近点角 M 处展开为如下形式

$$\frac{r}{a}\cos f = -\frac{3e}{2} + \left(1-\frac{3e^2}{8}\right)\cos M + \frac{e}{2}\cos 2M + \frac{3e^2}{8}\cos 3M \tag{10-16}$$

$$\frac{r}{a}\sin f = \sqrt{1-e^2}\sin E$$

$$= \left(1-\frac{e^2}{2}+\cdots\right)\left[\left(1-\frac{e^2}{8}\right)\sin M + \frac{e}{2}\sin 2M + \frac{3e^2}{8}\sin 3M\right] \tag{10-17}$$

$$= \left(1-\frac{5e^2}{8}\right)\sin M + \frac{e}{2}\sin 2M + \frac{3e^2}{8}\sin 3M$$

其中，我们保留 e^2 阶及以下的项。由式（10-11）可知，我们需要将 $(r/a)^2\cos^2 f$ 和 $[(r/a)\sin f][(r/a)\cos f]$ 按 e 展开。

对式（10-16）求平方，我们得到

$$\left(\frac{r}{a}\right)^2\cos^2 f = \left[-\frac{3e}{2} + \left(1-\frac{3e^2}{8}\right)\cos M + \frac{e}{2}\cos 2M + \frac{3e^2}{8}\cos 3M\right]^2$$

$$= \frac{9e^2}{4} - \frac{3e}{2}\cos M - \frac{3e^2}{4}\cos 2M - \frac{3e}{2}\cos M + \left(1-\frac{3e^2}{4}\right)\cos^2 M$$

$$+ \frac{e}{2}\cos M\cos 2M + \frac{3e^2}{8}\cos 3M\cos M - \frac{3e^2}{4}\cos 2M \tag{10-18}$$

$$+ \frac{e}{2}\cos M\cos 2M + \frac{e^2}{4}\cos^2 2M + \frac{3e^2}{8}\cos M\cos 3M$$

$$= \frac{9e^2}{4} - 3e\cos M - \frac{3e^2}{2}\cos 2M + \left(1-\frac{3e^2}{4}\right)\cos^2 M$$

$$+ e\cos M\cos 2M + \frac{3e^2}{4}\cos M\cos 3M + \frac{e^2}{4}\cos^2 2M$$

我们应用等式 $\cos^2 M = \frac{1}{2}(1+\cos 2M)$，可以写出

$$\left(1-\frac{3e^2}{4}\right)\cos^2 M = \left(1-\frac{3e^2}{4}\right)\frac{1}{2}(1+\cos 2M)$$

$$= \frac{1}{2} - \frac{3e^2}{8} + \left(\frac{1}{2}-\frac{3e^2}{8}\right)\cos 2M \tag{10-19}$$

和

$$\frac{1}{4}e^2\cos^2 2M = \frac{e^2}{8}(1+\cos 4M)$$

$$= \frac{e^2}{8} + \frac{e^2}{8}\cos 4M \tag{10-20}$$

将式（10-19）和式（10-20）代入式（10-18），可得

$$\left(\frac{r}{a}\right)^2\cos^2 f = \frac{1}{2} - \frac{3e^2}{8} + \frac{e^2}{8} + \frac{9e^2}{4} - 3e\cos M - \frac{3e^2}{2}\cos 2M$$

$$+ \left(\frac{1}{2} - \frac{3e^2}{8}\right)\cos 2M$$

$$+ e\cos M\cos 2M + \frac{3e^2}{4}\cos M\cos 3M + \frac{e^2}{8}\cos 4M \tag{10-21}$$

$$= \frac{1}{2} + 2e^2 - 3e\cos M + \left(\frac{1}{2} - \frac{15e^2}{8}\right)\cos 2M$$

$$+ e\cos M\cos 2M + \frac{3e^2}{4}\cos M\cos 3M + \frac{e^2}{8}\cos 4M$$

接下来，我们写出式（10-16）和式（10-17）的乘积：

$$\left[\frac{r}{a}\sin f\right]\left[\frac{r}{a}\cos f\right] = \left[\left(1 - \frac{5e^2}{8}\right)\sin M + \frac{e}{2}\sin 2M + \frac{3e^2}{8}\sin 3M\right]$$

$$\times \left[-\frac{3e}{2} + \left(1 - \frac{3e^2}{8}\right)\cos M + \frac{e}{2}\cos 2M + \frac{3e^2}{8}\cos 3M\right]$$

$$= -\frac{3e}{2}\sin M - \frac{3e^2}{4}\sin 2M + (1-e^2)\sin M\cos M$$

$$+ \frac{e}{2}\cos M\sin 2M + \frac{3e^2}{8}\cos M\sin 3M + \frac{e}{2}\cos 2M\sin M$$

$$+ \frac{e^2}{4}\cos 2M\sin 2M + \frac{3e^2}{8}\sin M\cos 3M$$

$$\tag{10-22}$$

为进一步简化式（10-21）和式（10-22），我们应用三角恒等式：

$$\cos A\cos B = \frac{1}{2}\cos(A+B) + \frac{1}{2}\cos(A-B) \tag{10-23}$$

$$\sin A\cos B = \frac{1}{2}\sin(A+B) + \frac{1}{2}\sin(A-B) \tag{10-24}$$

因此，我们可以重写以下各项：

$$\cos M \cos 2M = \frac{1}{2}\cos 3M + \frac{1}{2}\cos M$$

$$\cos M \cos 3M = \frac{1}{2}\cos 4M + \frac{1}{2}\cos 2M$$

$$\sin M \cos M = \frac{1}{2}\sin 2M - \frac{1}{2}\sin 0 = \frac{1}{2}\sin 2M$$

$$\sin 2M \cos M = \frac{1}{2}\sin 3M + \frac{1}{2}\sin M$$

$$\sin 3M \cos M = \frac{1}{2}\sin 4M + \frac{1}{2}\sin 2M \qquad (10-25)$$

$$\sin M \cos 2M = \frac{1}{2}\sin 3M - \frac{1}{2}\sin M$$

$$\sin 2M \cos 2M = \frac{1}{2}\sin 4M - \frac{1}{2}\sin 0 = \frac{1}{2}\sin 4M$$

$$\sin M \cos 3M = \frac{1}{2}\sin 4M - \frac{1}{2}\sin 2M$$

其中，我们应用了性质 $\cos(-M) = \cos M$ 和 $\sin(-M) = -\sin M$ 。

在式（10-21）中应用式（10-25），我们得到

$$\begin{aligned}
\left(\frac{r}{a}\right)^2 \cos^2 f &= \frac{1}{2} + 2e^2 - 3e\cos M + \left(\frac{1}{2} - \frac{15e^2}{8}\right)\cos 2M \\
&\quad + \frac{e}{2}\cos 3M + \frac{e}{2}\cos M + \frac{3e^2}{8}\cos 4M + \frac{3e^2}{8}\cos 2M + \frac{e^2}{8}\cos 4M \\
&= \frac{1}{2} + 2e^2 - \frac{5e}{2}\cos M + \left(\frac{1}{2} - \frac{3e^2}{2}\right)\cos 2M + \frac{e}{2}\cos 3M + \frac{e^2}{2}\cos 4M
\end{aligned}$$

$$(10-26)$$

在式（10-22）中应用式（10-25），我们得到

$$\begin{aligned}
\left[(r/a)\sin f\right]\left[(r/a)\cos f\right] &= -\frac{3e}{2}\sin M - \frac{3e^2}{4}\sin 2M + \left(\frac{1}{2} - \frac{e^2}{2}\right)\sin 2M \\
&\quad + \frac{e}{4}\sin 3M + \frac{e}{4}\sin M + \frac{3e^2}{16}\sin 4M + \frac{3e^2}{16}\sin 2M \\
&\quad + \frac{e}{4}\sin 3M - \frac{e}{4}\sin M + \frac{e^2}{8}\sin 4M + \frac{3e^2}{16}\sin 4M - \frac{3e^2}{16}\sin 2M \\
&= -\frac{3e}{2}\sin M + \left(\frac{1}{2} - \frac{5e^2}{4}\right)\sin 2M + \frac{e}{2}\sin 3M + \frac{e^2}{2}\sin 4M
\end{aligned}$$

$$(10-27)$$

根据式（10-8），我们还可以得出

$$\left(\frac{r}{a}\right)^2 = \left(\frac{r}{a'}\right)^2\left(\frac{a'}{a}\right)^2 = 1 + \frac{3e^2}{2} - 2e\cos M - \frac{e^2}{2}\cos 2M \qquad (10-28)$$

将式（10-26）、式（10-27）和式（10-28）代入式（10-10）和式（10-11），可得

$$\left(\frac{r}{a}\right)^2 \cos 2(\psi - \psi') = \left[\cos 2(\Omega + \omega - \psi')\right]$$

$$\times \left[1 + 4e^2 - 5e\cos M + (1 - 3e^2)\cos 2M + e\cos 3M\right.$$

$$\left.+ e^2\cos 4M - 1 - \frac{3e^2}{2} + 2e\cos M + \frac{e^2}{2}\cos 2M\right]$$

$$+ \left[\sin 2(\Omega + \omega - \psi')\right]$$

$$\times \left[3e\sin M + \left(-1 + \frac{5e^2}{2}\right)\sin 2M - e\sin 3M - e^2\sin 4M\right]$$

$$= \left[\cos 2(\Omega + \omega - \psi')\right]$$

$$\times \left[\frac{5e^2}{2} - 3e\cos M + \left(1 - \frac{5e^2}{2}\right)\cos 2M + e\cos 3M\right.$$

$$\left.+ e^2\cos 4M\right] + \left[\sin 2(\Omega + \omega - \psi')\right]$$

$$\times \left[3e\sin M + \left(-1 + \frac{5e^2}{2}\right)\sin 2M - e\sin 3M - e^2\sin 4M\right]$$

$$(10-29)$$

我们可以进一步简化式（10 - 29），定义

$$\Omega^* \equiv 2(\Omega + \omega - \psi') \tag{10-30}$$

利用下面的等式

$$\cos\Omega^* \cos B = \frac{1}{2}\cos(\Omega^* + B) + \frac{1}{2}\cos(\Omega^* - B) \tag{10-31}$$

$$\sin\Omega^* \sin B = \frac{1}{2}\cos(\Omega^* - B) - \frac{1}{2}\cos(\Omega^* + B) \tag{10-32}$$

于是

$$\cos\Omega^* \cos M = \frac{1}{2}\cos(\Omega^* + M) + \frac{1}{2}\cos(\Omega^* - M)$$

$$\cos\Omega^* \cos 2M = \frac{1}{2}\cos(\Omega^* + 2M) + \frac{1}{2}\cos(\Omega^* - 2M)$$

$$\cos\Omega^* \cos 3M = \frac{1}{2}\cos(\Omega^* + 3M) + \frac{1}{2}\cos(\Omega^* - 3M)$$

$$\cos\Omega^* \cos 4M = \frac{1}{2}\cos(\Omega^* + 4M) + \frac{1}{2}\cos(\Omega^* - 4M)$$

$$\sin\Omega^* \cos M = \frac{1}{2}\cos(\Omega^* - M) - \frac{1}{2}\cos(\Omega^* + M)$$

$$\sin\Omega^* \cos 2M = \frac{1}{2}\cos(\Omega^* - 2M) - \frac{1}{2}\cos(\Omega^* + 2M)$$

$$\sin\Omega^* \cos 3M = \frac{1}{2}\cos(\Omega^* - 3M) - \frac{1}{2}\cos(\Omega^* + 3M)$$

$$\sin\Omega^* \cos 4M = \frac{1}{2}\cos(\Omega^* - 4M) - \frac{1}{2}\cos(\Omega^* + 4M)$$

$$(10-33)$$

在式（10 - 29）中应用式（10 - 33），我们得到

$$
\begin{aligned}
\left(\frac{r}{a}\right)^2 \cos 2(\psi - \psi') =& \frac{5e^2}{2}\cos\Omega^* - \frac{3e}{2}\cos(\Omega^* + M) - \frac{3e}{2}\cos(\Omega^* - M) \\
&+ \left(\frac{1}{2} - \frac{5e^2}{4}\right)\cos(\Omega^* + 2M) + \left(\frac{1}{2} - \frac{5e^2}{4}\right)\cos(\Omega^* - 2M) \\
&+ \frac{e}{2}\cos(\Omega^* + 3M) + \frac{e}{2}\cos(\Omega^* - 3M) \\
&+ \frac{e^2}{2}\cos(\Omega^* + 4M) + \frac{e^2}{2}\cos(\Omega^* - 4M) \\
&+ \frac{3e}{2}\cos(\Omega^* - M) - \frac{3e}{2}\cos(\Omega^* + M) \\
&+ \left(-\frac{1}{2} + \frac{5e^2}{4}\right)\cos(\Omega^* - 2M) + \left(\frac{1}{2} - \frac{5e^2}{4}\right)\cos(\Omega^* + 2M) \\
&+ \left(-\frac{e}{2}\right)\cos(\Omega^* - 3M) - \left(-\frac{e}{2}\right)\cos(\Omega^* + 3M) \\
&+ \left(-\frac{e^2}{2}\right)\cos(\Omega^* - 4M) - \left(-\frac{e^2}{2}\right)\cos(\Omega^* + 4M) \\
=& \frac{5e^2}{2}\cos\Omega^* - 3e\cos(\Omega^* + M) + \left(1 - \frac{5e^2}{2}\right)\cos(\Omega^* + 2M) \\
&+ e\cos(\Omega^* + 3M) + e^2\cos(\Omega^* + 4M)
\end{aligned}
$$

$$(10 - 34)$$

因此，我们有了显著的简化，其中所有的 $\cos(\Omega^* - nM)$ 项都消失了。

根据式（10 - 7），我们可以写出

$$
\mathcal{R} = \frac{Gm'a^2}{a'^3}\left[\frac{a'^2}{a^2} + \frac{1}{4}\left(\frac{r}{a}\right)^2 + \frac{3}{4}\left(\frac{r}{a}\right)^2\cos 2(\psi - \psi')\right] \tag{10 - 35}
$$

回顾式（10 - 28），我们有

$$
\left(\frac{r}{a}\right)^2 = 1 + \frac{3e^2}{2} - 2e\cos M - \frac{e^2}{2}\cos 2M \tag{10 - 36}
$$

将式（10 - 34）和式（10 - 36）代入式（10 - 35），我们最终得到太阳对月球轨道影响的扰动函数（在我们的简化模型中）：

$$
\begin{aligned}
\mathcal{R} =& \frac{Gm'a^2}{a'^3}\left\{\left(\frac{a'}{a}\right)^2 + \frac{1}{4} + \frac{3e^2}{8} - \frac{e}{2}\cos M - \frac{e^2}{8}\cos 2M + \frac{15e^2}{8}\cos\left[2(\Omega + \omega - \psi')\right]\right. \\
&- \frac{9e}{4}\cos\left[2(\Omega + \omega - \psi') + M\right] + \frac{3}{4}\cos\left[2(\Omega + \omega - \psi') + 2M\right] \\
&- \frac{15e^2}{8}\cos\left[2(\Omega + \omega - \psi') + 2M\right] + \frac{3e}{4}\cos\left[2(\Omega + \omega - \psi') + 3M\right] \\
&\left.+ \frac{3e^2}{4}\cos\left[2(\Omega + \omega - \psi') + 4M\right]\right\}
\end{aligned}
$$

$$(10 - 37)$$

　　Brown 指出，级数中的第一项 Gm'/a' 可以省略，因为它不包含月球的坐标。在式 (10-37) 中，我们忽略了比 e^2 更高阶的项，即月球的质量、月球轨道倾角和地球轨道的偏心率。即使这个简化的模型也意味着月球的运动是复杂的。我们注意到：

　　1）$\mathcal{R}$ 中的项，如 $(Gm'a^2/a'^3)(1/4+3e^2/8)$，会引起轨道根数的长期变化。

　　2）仅涉及 $\cos M$ 和 $\cos 2M$ 的项是由开普勒运动的级数表达式产生的椭圆项。

　　3）其余项取决于月球和太阳的相对位置；这些是严格的摄动项——例如，"出差项 (evection)" 和 "变分项 (variation)"。出差项：

$$\frac{15e^2}{8}\cos\left[2(\Omega+\omega-\psi')\right]$$

是经度中最大的周期性摄动，托勒密发现了这一点。第谷·布拉赫则发现了变分项：

$$\frac{3}{4}\cos\left[2(\Omega+\omega-\psi')+2M\right]$$

其导致月球在新月和满月阶段加速，而在上弦月和下弦月减速。

10.1　出差分析

　　出差项是月球经度上的最大周期性摄动。式（10-37）中地月系统的出差项可表示为

$$A=\frac{15}{8}n'^2a^2e^2\cos 2(\Omega+\omega-\psi') \tag{10-38}$$

其中

$$n'^2=Gm'/a'^3 \tag{10-39}$$

　　我们现在为月球扰动函数的出差项写出拉格朗日行星方程。根据拉格朗日行星方程 [式 (5-37)]，有

$$\dot{n}=-\frac{3}{a^2}\frac{\partial A}{\partial M}=0 \tag{10-40}$$

根据拉格朗日行星方程 [式 (5-37)] 中的 $\dot{e}$ 方程，我们有

$$\dot{e}=\left(\frac{\beta^2}{na^2e}\right)\frac{\partial A}{\partial M}-\left(\frac{\beta}{na^2e}\right)\frac{\partial A}{\partial \omega}$$

$$=-\left(\frac{\beta}{na^2e}\right)\frac{15}{8}n'^2a^2e^2(-2)\sin 2(\Omega+\omega-\psi') \tag{10-41}$$

于是

$$\dot{e}=\frac{15}{4}\frac{n'^2}{n}e\beta\sin 2(\Omega+\omega-\psi')$$

$$\approx\frac{15}{4}\frac{n'^2}{n}e\left(1-\frac{1}{2}e^2\right)\sin 2(\Omega+\omega-\psi') \tag{10-42}$$

去掉 e^3 阶和更高阶的项之后，我们得到

$$\dot{e}=\frac{15}{4}\frac{n'^2e}{n}\sin 2(\Omega+\omega-\psi') \tag{10-43}$$

根据拉格朗日行星方程 [式 (5-37)] 中的 $\dot{M}$ 方程，我们有

$$\dot{M} = n - \left(\frac{\beta^2}{na^2e}\right)\frac{\partial A}{\partial e} + \frac{3}{a^2}\left(\frac{\partial A}{\partial n}\right)_M \tag{10-44}$$

其中

$$\frac{\partial A}{\partial e} = \frac{15}{4}n'^2a^2e\cos 2(\Omega + \omega - \psi')$$
$$\frac{\partial A}{\partial n} = \frac{15}{4}n'^2ae^2\cos 2(\Omega + \omega - \psi')\left(\frac{\partial a}{\partial n}\right) \tag{10-45}$$

并应用

$$\frac{\partial a}{\partial n} = -\frac{2a}{3n}$$

得到

$$\frac{\partial A}{\partial n} = -\frac{5}{2}\frac{n'^2}{n}a^2e^2\cos 2(\Omega + \omega - \psi') \tag{10-46}$$

那么

$$\dot{M} = n - \left[\left(\frac{\beta^2}{na^2e}\right)\frac{15}{4}n'^2a^2e + \frac{3}{a^2}\left(\frac{5}{2}\right)\frac{n'^2}{n}a^2e^2\right]\cos 2(\Omega + \omega - \psi')$$
$$= n - \frac{15}{4}\frac{n'^2}{n}[1 - e^2 + 2e^2]\cos 2(\Omega + \omega - \psi') \tag{10-47}$$
$$= n - \frac{15}{4}\frac{n'^2}{n}(1 + e^2)\cos 2(\Omega + \omega - \psi')$$

根据拉格朗日行星方程 [式 (5-37)] 中的 $\dot{\omega}$ 方程，我们有

$$\dot{\omega} = \frac{\beta}{na^2e}\frac{\partial A}{\partial e} - \left(\frac{\cos i}{na^2\beta\sin i}\right)\frac{\partial A}{\partial i} \tag{10-48}$$

将式 (10-45) 代入式 (10-48)，可以得到

$$\dot{\omega} = \frac{\beta}{na^2e}\frac{15}{4}n'^2a^2e\cos 2(\Omega + \omega - \psi') \tag{10-49}$$

在式 (10-49) 中应用

$$\beta = \sqrt{1 - e^2} \approx 1 - \frac{1}{2}e^2 \tag{10-50}$$

我们有

$$\dot{\omega} = \frac{15}{4}\left(1 - \frac{e^2}{2}\right)\frac{n'^2}{n}\cos 2(\Omega + \omega - \psi') \tag{10-51}$$

根据拉格朗日行星方程 [式 (5-37)] 中的 $\dot{\Omega}$ 方程，我们得到

$$\dot{\Omega} = \left(\frac{1}{na^2\beta\sin i}\right)\frac{\partial A}{\partial i} \tag{10-52}$$

但倾角并没有出现在式 (10-38) 中，所以

$$\dot{\Omega} = 0 \tag{10-53}$$

根据拉格朗日行星方程［式（5-37）］中的 $\mathrm{d}i/\mathrm{d}t$ 方程，我们有

$$\frac{\mathrm{d}i}{\mathrm{d}t} = \left(\frac{\cos i}{na^2\beta\sin i}\right)\frac{\partial A}{\partial\omega} - \left(\frac{1}{na^2\beta\sin i}\right)\frac{\partial A}{\partial\Omega} \qquad (10-54)$$

我们注意到

$$\frac{\partial A}{\partial\omega} = -\frac{15}{4}n'^2 a^2 e^2 \sin 2(\Omega+\omega-\psi') \qquad (10-55)$$

$$\frac{\partial A}{\partial\Omega} = -\frac{15}{4}n'^2 a^2 e^2 \sin 2(\Omega+\omega-\psi') \qquad (10-56)$$

于是

$$\frac{\partial A}{\partial\omega} - \frac{\partial A}{\partial\Omega} = 0 \qquad (10-57)$$

因此

$$\frac{\mathrm{d}i}{\mathrm{d}t} = 0 \qquad (10-58)$$

整理式（10-40）、式（10-43）、式（10-47）、式（10-51）、式（10-53）和式（10-58）的结果，我们得到月球出差项的拉格朗日行星方程：

$$\dot{n} = 0$$

$$\dot{e} = \frac{15}{4}\frac{n'^2 e}{n}\sin 2(\Omega+\omega-\psi')$$

$$\dot{M} = n - \frac{15}{4}\frac{n'^2}{n}(1+e^2)\cos 2(\Omega+\omega-\psi')$$

$$\dot{\omega} = \frac{15}{4}\frac{n'^2}{n}\left(1-\frac{1}{2}e^2\right)\cos 2(\Omega+\omega-\psi') \qquad (10-59)$$

$$\dot{\Omega} = 0$$

$$\frac{\mathrm{d}i}{\mathrm{d}t} = 0$$

为对式（10-59）中的 $\dot{e}$，$\dot{M}$，$\dot{\omega}$ 进行积分，我们要记住太阳的经度为

$$\psi' = \psi'(t) = \Omega' + \omega' + n'(t-t_0) \qquad (10-60)$$

其中 n'，Ω' 和 ω' 指太阳围绕地球的视运动。因此

$$e = e_{\mathrm{osc}} - \frac{15}{4}\frac{n'^2 e}{n}\left[\cos 2(\Omega+\omega-\psi')\right]\left(\frac{-1}{2n'}\right) \qquad (10-61)$$

于是

$$e = e_{\mathrm{osc}} + \frac{15}{8}\frac{n'}{n}e_{\mathrm{osc}}\cos 2(\Omega_{\mathrm{osc}}+\omega_{\mathrm{osc}}-\psi') \qquad (10-62)$$

类似地

$$M = M_{\mathrm{osc}} + \frac{15}{8}\frac{n'}{n}(1+e_{\mathrm{osc}}^2)\sin 2(\Omega_{\mathrm{osc}}+\omega_{\mathrm{osc}}-\psi') \qquad (10-63)$$

其中 M 指的是月球的实际（受摄）轨道，M_{osc} 表示密切轨道：$M_{\mathrm{osc}} = n_{\mathrm{osc}}(t-T_0)$。对于 $i =$

0，我们可以将 $\Omega + \omega$ 作为变量。根据式（10 - 48）和式（10 - 53），我们可以写出

$$\dot{\omega} = \frac{\mathrm{d}}{\mathrm{d}t}(\Omega + \omega) \tag{10 - 64}$$

因此，对 $\dot{\omega}$ 方程进行积分，可以得到

$$\Omega + \omega = (\Omega + \omega)_{\mathrm{osc}} - \frac{15}{8}\left(1 - \frac{e_{\mathrm{osc}}^2}{2}\right)\left(\frac{n'}{n}\right)\sin 2(\Omega_{\mathrm{osc}} + \omega_{\mathrm{osc}} - \psi') \tag{10 - 65}$$

式（10 - 62）、式（10 - 63）和式（10 - 65）中的"osc"下标指的是参考密切轨道。综上所述，非零摄动为

$$\delta(e) = \frac{15}{8}\left(\frac{n'}{n}\right)e_{\mathrm{osc}}\cos 2(\Omega_{\mathrm{osc}} + \omega_{\mathrm{osc}} - \psi')$$

$$\delta(M) = \frac{15}{8}\left(\frac{n'}{n}\right)(1 + e_{\mathrm{osc}}^2)\sin 2(\Omega_{\mathrm{osc}} + \omega_{\mathrm{osc}} - \psi') \tag{10 - 66}$$

$$\delta(\Omega + \omega) = -\frac{15}{8}\left(\frac{n'}{n}\right)\left(1 - \frac{e_{\mathrm{osc}}^2}{2}\right)\sin 2(\Omega_{\mathrm{osc}} + \omega_{\mathrm{osc}} - \psi')$$

对经度的一阶摄动 $\delta(\psi)$，可以根据下式求得

$$\psi = \Omega + \omega + f \tag{10 - 67}$$

以及真近点角的级数展开式

$$f = M + 2e\sin M + \frac{5}{4}e^2\sin 2M + \cdots \tag{10 - 68}$$

上式称为中心方程。根据式（10 - 67）和式（10 - 68），我们可以写出

$$\delta(\psi) = \delta(\Omega + \omega) + \delta(M + 2e\sin M) \tag{10 - 69}$$

$$= \delta(\Omega + \omega) + (1 + 2e\cos M)\delta M + 2(\sin M)\delta e$$

其中，我们去掉比 e 高阶的项。将式（10 - 66）代入式（10 - 69），可得

$$\delta(\psi) = -\frac{15}{8}\left(\frac{n'}{n}\right)\left(1 - \frac{e_{\mathrm{osc}}^2}{2}\right)\sin 2(\Omega_{\mathrm{osc}} + \omega_{\mathrm{osc}} - \psi')$$

$$+ \frac{15}{8}\left(\frac{n'}{n}\right)(1 + e_{\mathrm{osc}}^2)\sin 2(\Omega_{\mathrm{osc}} + \omega_{\mathrm{osc}} - \psi') \tag{10 - 70}$$

$$+ \frac{15}{4}\left(\frac{n'}{n}\right)e_{\mathrm{osc}}(1 + e_{\mathrm{osc}}^2)\cos M\sin 2(\Omega_{\mathrm{osc}} + \omega_{\mathrm{osc}} - \psi')$$

$$+ \frac{15}{4}\left(\frac{n'}{n}\right)e_{\mathrm{osc}}\sin M\cos 2(\Omega_{\mathrm{osc}} + \omega_{\mathrm{osc}} - \psi')$$

在式（10 - 70）中，仅保留 e_{osc} 的一阶项（即去掉 e_{osc}^2 项），前两项相抵消，剩下

$$\delta(\psi) = \frac{15}{4}\left(\frac{n'}{n}\right)e_{\mathrm{osc}}[\cos M\sin 2(\Omega_{\mathrm{osc}} + \omega_{\mathrm{osc}} - \psi') \tag{10 - 71}$$

$$+ \sin M\cos 2(\Omega_{\mathrm{osc}} + \omega_{\mathrm{osc}} - \psi')]$$

注意三角恒等式

$$\sin(A + B) = \sin A\cos B + \cos A\sin B \tag{10 - 72}$$

可以将式（10 - 71）改写为

$$\delta(\psi) = \frac{15}{4}\left(\frac{n'}{n}\right)e_{\text{osc}}\sin\left[2(\Omega_{\text{osc}}+\omega_{\text{osc}}-\psi')+M\right] \qquad (10-73)$$

太阳的平均运动与月球的平均运动之比可表示为

$$\frac{n'}{n} = \frac{P}{P'} = \frac{P_{\text{Moon}}}{P_{\text{Earth}}} = \frac{27.322}{365.25} = 0.074\,80 \qquad (10-74)$$

取

$$e_{\text{osc}} = 0.054\,9 \qquad (10-75)$$

为月球轨道的偏心率，我们得到式（10-73）中的系数：

$$\frac{15}{4}\left(\frac{n'}{n}\right)e_{\text{osc}} = \frac{15}{4}(0.074\,8)(0.054\,9) = 15.4\times10^{-3} = 0.882° \qquad (10-76)$$

为得到周期，我们注意到式（10-73）中唯一包含时间 t 的项是来自 $2\psi'$ [式（10-60）] 和 M。时间项简化为 $(n-2n')t$，因此经度上的摄动周期为

$$P_{\text{longitude}} = \frac{2\pi}{n-2n'} \qquad (10-77)$$

其中

$$n = \frac{2\pi}{27.322} \quad （单位为 \text{ d}^{-1}）$$
$$2n' = \frac{4\pi}{365.25} \quad （单位为 \text{ d}^{-1}） \qquad (10-78)$$

我们有

$$P_{\text{longtitude}} = 32.13 \quad （单位为 \text{ d}） \qquad (10-79)$$

因此，$\mathcal{R}$ 中的出差项引起的月球经度的摄动周期约为一个月，振幅约为 $1°$。（注意：月球的视宽约为 $0.5°$，因此我们可以从地球上很容易看到这种效应。）

10.2　其他长期影响

根据 Chobotov（2002），节点回归的方程为

$$\dot{\Omega} = -\frac{3}{8}\frac{n_3^2}{n}\frac{\left(1+\frac{3}{2}e^2\right)}{\sqrt{1-e^2}}\cos i\,(3\cos^2 i_3-1) \qquad (10-80)$$

其中 n_3 和 i_3 是扰动体相对于地球赤道面的平均运动和倾角（对应于 n' 和 i'）[注：Chobotov 参考了 Brouwer 和 Clemence（1961）]。假设

$$i_3 = 0 \qquad (10-81)$$

和 $i \approx 0$，并忽略 e^2，式（10-80）变为

$$\dot{\Omega} = -\frac{3}{8}\frac{n'^2}{n}(3-1)$$
$$= -\frac{3}{4}\frac{n'^2}{n} \qquad (10-82)$$

对式（10-82）进行积分，我们得到

$$\delta(\Omega) = -\frac{3}{4}\frac{n'^2}{n}(t-t_0) = -\frac{3}{4}\frac{n'}{n}n'\delta t \qquad (10-83)$$

其中 $n' = 2\pi/P_{Earth}$，P_{Earth} 为地球围绕太阳公转的周期。由于 $n = 2\pi/P_{Moon}$，对于月球，式（10-83）可以写为

$$\frac{\delta(\Omega)}{2\pi} = -\frac{3}{4}\left(\frac{P_{Moon}}{P_{Earth}}\right)\frac{n'}{2\pi}\delta t = -\frac{3}{4}\left(\frac{P_{Moon}}{P_{Earth}}\right)\frac{\delta t}{P_{Earth}}$$

$$= -\frac{3}{4}\left(\frac{27.322d}{365.25d}\right)\frac{\delta t}{P_{Earth}} = -0.056\,10\,\frac{\delta t}{P_{Earth}} \qquad (10-84)$$

所以

$$当\ 0.056\,10\,\frac{\delta t}{P_{Earth}} = 1,\ \delta\Omega = 2\pi \qquad (10-85)$$

或

$$\delta t = \frac{365.25}{0.056\,10}d = 6\,511\ d = 17.83\ yr \qquad (10-86)$$

即大约 18 年。式（10-84）中的负号表示月球轨道的节点在倒退，即沿黄道向西移动，大约 18 年完成一圈。从 Ω 是时间的线性函数的意义上讲，这种运动被认为是一种长期摄动。

现在再次参考 Chobotov（2002），我们得到近地点幅角变化率的方程：

$$\dot{\omega} = \frac{3}{4}\frac{n_3^2}{n}\frac{\left(1-\dfrac{3}{2}\sin^2 i_3\right)}{\sqrt{1-e^2}}\left(2-\frac{5}{2}\sin^2 i + \frac{e^2}{2}\right) \qquad (10-87)$$

假设 $i_3 = 0$，$i \approx 0$，忽略 e^2，并取 $n' = n_3$，我们得到

$$\dot{\omega} = \frac{3}{4}\frac{n'^2}{n}2 = \frac{3}{2}\frac{n'^2}{n} = -2\dot{\Omega} \qquad (10-88)$$

也就是说，近地点幅角变化率是节点回归率的两倍。

Brown（1896）提出了更详细的分析，其中主要的长期影响为：

1）节线平均每 18.6 年回归一圈。

2）拱线（轨道主轴）以平均每 8.9 年一圈的速度前进（即 $\dot{\omega} > 0$）。

如果在某次新月时，太阳足够接近日食发生的节点线，那么在一个沙罗周期（Saros）之后（6 585 天，或 18 年零 11 天），将会发生另一次日食。月食也以类似的方式重复发生。

参 考 文 献

Brouwer, D. , & Clemence, G. M. (1961) . *Methods of celestial mechanics*. New York: Academic Press.

Brown, E. W. (1896) . *An introductory treatise on lunar theory*. New York: Cambridge University Press.

Chao, C. - C. , & Hoots, F. R. (2018) . *Applied orbit perturbations and maintenance* (2nd ed.). El Segundo: The Aerospace Press.

Chobotov, V. A. (Ed.) (2002). *Orbital mechanics* (3rd ed.). Reston: American Institute of Aeronautics and Astronautics, Inc.

第 11 章　广义相对论效应

根据广义相对论，爱因斯坦预测了三种可以通过观测来检验的效应：1) 水星近日点的运动；2) 太阳对光线的偏转；3) 光谱线的引力红移 [参见 Weinberg (1972)]。在本章中，我们将研究其中的前两种效应。

11.1　水星近日点的运动

多年来对水星的观测表明，水星近日点移动的速度超过了牛顿理论所能解释的速度。爱因斯坦的广义相对论（GR）预测，在测量误差范围内，水星每个世纪超前 $43''$ 弧度。

根据 GR，加速度可以表示为

$$F(r) = -\frac{\mu}{r^2}\left(1 + \frac{3h^2}{c^2 r^2}\right) \tag{11-1}$$

其中

$$\mu = G(m_1 + m_2), \tag{11-2}$$

式中，c 为光速，m_1 为太阳的质量，m_2 为行星的质量，h 为式（2-17）中给出的比角动量

$$h = r^2 \dot{f} \tag{11-3}$$

比值 h/r 是行星在其轨道上的横向速度。因此，式（11-1）表明，对于近圆轨道，相对论加速度 $3h^2/(c^2 r^2)$ 与行星速度和光速的平方之比成正比：

$$\frac{3h^2}{c^2 r^2} = 3\frac{(r\dot{f})^2}{c^2}$$

式（11-1）中的第一项为牛顿加速度。对于地球来说，GR 修正与牛顿加速度的比值约为 3×10^{-8}。摄动加速度

$$R = -\frac{3\mu h^2}{c^2 r^4} \tag{11-4}$$

是纯径向的。利用拉格朗日行星方程 [式（5-103）]，我们得出

$$
\begin{aligned}
\dot{n} &= \left(\frac{3e}{a\beta}\sin f\right)\frac{3\mu h^2}{c^2 r^4} \\
\dot{e} &= -\left(\frac{\beta}{na}\sin f\right)\frac{3\mu h^2}{c^2 r^4} \\
\frac{\mathrm{d}i}{\mathrm{d}t} &= 0 \\
\dot{\Omega} &= 0 \\
\dot{\omega} &= \left(\frac{\beta\cos f}{nae}\right)\frac{3\mu h^2}{c^2 r^4} \\
\dot{M} &= n - \left(\frac{\beta^2}{nae}\cos f - \frac{2r}{na^2}\right)\frac{3\mu h^2}{c^2 r^4}
\end{aligned}
\tag{11-5}
$$

式（11-5）可以用平均法处理，平近点角是唯一的快变量。为进行积分，我们重新排列式（11-5）中的项，得到

$$\dot{n} = \frac{9en^4a^6\beta}{c^2}\sin f \frac{1}{r^4}$$

$$\dot{e} = -\frac{3n^3a^6\beta^3}{c^2}\sin f \frac{1}{r^4}$$

$$\frac{\mathrm{d}i}{\mathrm{d}t} = 0$$

$$\dot{\Omega} = 0 \tag{11-6}$$

$$\dot{\omega} = \frac{3n^3a^6\beta^3}{ec^2}\cos f \frac{1}{r^4}$$

$$\dot{M} = n - \frac{3n^3a^6\beta^4}{ec^2}\cos f \frac{1}{r^4} + \frac{6n^3a^5\beta^2}{c^2}\frac{1}{r^3}$$

为变换微分方程，我们需要以下积分：

$$\int \sin f \frac{1}{r^4}\mathrm{d}M \qquad \int \cos f \frac{1}{r^4}\mathrm{d}M \qquad \int \frac{1}{r^3}\mathrm{d}M \tag{11-7}$$

可以应用式（4-47）将积分变量改为真近点角

$$\mathrm{d}M = \frac{r^2}{a^2\beta}\mathrm{d}f$$

然后进行积分，得到

$$\int \sin f \frac{1}{r^4}\mathrm{d}M = \frac{1}{a^4\beta^5}\int \sin f (1+e\cos f)^2 \mathrm{d}f$$

$$= -\frac{1}{3a^4e\beta^5}(1+e\cos f)^3$$

$$\int \cos f \frac{1}{r^4}\mathrm{d}M = \frac{1}{a^4\beta^5}\int \cos f (1+e\cos f)^2 \mathrm{d}f \tag{11-8}$$

$$= \frac{1}{a^4\beta^5}\left[ef + \left(1+\frac{3}{4}e^2\right)\sin f + \frac{1}{2}e\sin 2f + \frac{1}{12}e^2\sin 3f\right]$$

$$\int \frac{1}{r^3}\mathrm{d}M = \frac{1}{a^3\beta^3}\int (1+e\cos f)\mathrm{d}f = \frac{1}{a^3\beta^3}(f + e\sin f)$$

相应的定积分为

$$\frac{1}{2\pi}\int_0^{2\pi} \sin f \frac{1}{r^4}\mathrm{d}M = 0$$

$$\frac{1}{2\pi}\int_0^{2\pi} \cos f \frac{1}{r^4}\mathrm{d}M = \frac{e}{a^4\beta^5} \tag{11-9}$$

$$\frac{1}{2\pi}\int_0^{2\pi} \frac{1}{r^3}\mathrm{d}M = \frac{1}{a^3\beta^3}$$

在式（11-6）中应用式（11-9），可以计算出慢变量变换后的速率。进一步，我们为平均运动周期项选择积分常数，使平均运动周期项的均值为零。根据这种方法，快变量

变换后的速率就是式（11-6）右侧的平均值。因此，慢变量和快变量变换后的速率为

$$\langle \dot{n} \rangle = 0$$

$$\langle \dot{e} \rangle = 0$$

$$\left\langle \frac{\mathrm{d}i}{\mathrm{d}t} \right\rangle = 0$$

$$\langle \dot{\Omega} \rangle = 0$$

$$\langle \dot{\omega} \rangle = \frac{3n^3 a^6 \beta^3}{ec^2} \frac{e}{a^4 \beta^5} = \frac{3n^3 a^2}{c^2 \beta^2}$$

$$\langle \dot{M} \rangle = n - \frac{3n^3 a^6 \beta^4}{ec^2} \frac{e}{a^4 \beta^5} + \frac{6n^3 a^5 \beta^2}{c^2} \frac{1}{a^3 \beta^3} = n - \frac{3n^3 a^2}{c^2 \beta} + \frac{6n^3 a^2}{c^2 \beta}$$

$$= n + \frac{3n^3 a^2}{c^2 \beta}$$

(11-10)

短周期（行星的轨道周期）由式（8-33）给出。

应用式（11-8）和式（11-10），我们得到

$$\delta n_{SP} = \frac{1}{n} \int \left[\frac{9en^4 a^6 \beta}{c^2} \sin f \frac{1}{r^4} - \langle \dot{n} \rangle \right] \mathrm{d}M + c_n$$

$$= \frac{1}{n} \frac{9en^4 a^6 \beta}{c^2} \int \left(\sin f \frac{1}{r^4} \right) \mathrm{d}M + c_n$$

$$= -\frac{3n^3 a^2}{c^2 \beta^4} (1 + e\cos f)^3 + c_n$$

由于希望周期项的平均值为零，我们需要

$$c_n = \frac{3n^3 a^2}{c^2 \beta^4} \langle (1 + e\cos f)^3 \rangle = \frac{3n^3 a^2}{c^2 \beta^4} \frac{1}{2\pi} \int_0^{2\pi} (1 + e\cos f)^3 \mathrm{d}M$$

$$= \frac{3n^3 a^2}{c^2 \beta^4} \frac{1}{2\pi} \int_0^{2\pi} (1 + e\cos f)^3 \frac{r^2}{a^2 \beta} \mathrm{d}f = \frac{3n^3 a^2}{c^2 \beta^4} \frac{1}{2\pi} \int_0^{2\pi} (1 + e\cos f) \beta^3 \mathrm{d}f$$

$$= \frac{3n^3 a^2}{c^2 \beta}$$

因此，平均运动的周期项为

$$\delta n_{SP} = -\frac{3n^3 a^2}{c^2 \beta^4} (1 + e\cos f)^3 + \frac{3n^3 a^2}{c^2 \beta}$$

(11-11)

$$= \frac{3n^3 a^2}{c^2 \beta^4} \left[\beta^3 - (1 + e\cos f)^3 \right]$$

类似地，对于偏心率，我们有

$$\delta e_{SP} = -\frac{1}{n}\int\left[\frac{3n^3a^6\beta^3}{c^2}\sin f\,\frac{1}{r^4} - \langle\dot{e}\rangle\right]\mathrm{d}M + c_e$$

$$= -\frac{1}{n}\,\frac{3n^3a^6\beta^3}{c^2}\int\left(\sin f\,\frac{1}{r^4}\right)\mathrm{d}M + c_e$$

$$= \frac{n^2a^2}{ec^2\beta^2}\left[(1+e\cos f)^3\right] + c_e$$

由于希望周期项的平均值为零，我们需要

$$c_e = -\frac{n^2a^2}{ec^2\beta^2}\langle(1+e\cos f)^3\rangle = -\frac{n^2a^2}{ec^2\beta^2}\,\frac{1}{2\pi}\int_0^{2\pi}(1+e\cos f)^3\mathrm{d}M$$

$$= -\frac{n^2a^2}{ec^2\beta^2}\,\frac{1}{2\pi}\int_0^{2\pi}(1+e\cos f)^3\,\frac{r^2}{a^2\beta}\mathrm{d}f = -\frac{n^2a^2}{ec^2\beta^2}\,\frac{1}{2\pi}\int_0^{2\pi}(1+e\cos f)\beta^3\mathrm{d}f$$

$$= -\frac{n^2a^2\beta}{ec^2}$$

因此，偏心率的周期项为

$$\delta e_{SP} = \frac{n^2a^2}{ec^2\beta^2}\left[(1+e\cos f)^3\right] - \frac{n^2a^2\beta}{ec^2} \tag{11-12}$$

$$= \frac{n^2a^2}{ec^2\beta^2}\left[(1+e\cos f)^3 - \beta^3\right]$$

由于倾角和升交点经度不存在摄动效应，变换后的速率与原始速率相同，周期项为

$$\delta i_{SP} = 0 \tag{11-13}$$

$$\delta\Omega_{SP} = 0 \tag{11-14}$$

近日点幅角的周期项为

$$\delta\omega_{SP} = \frac{1}{n}\int\left[\frac{3n^3a^6\beta^3}{ec^2}\cos f\,\frac{1}{r^4} - \langle\dot{\omega}\rangle\right]\mathrm{d}M + c_\omega$$

应用式（11-8）和式（11-10），我们得出

$$\delta\omega_{SP} = \frac{3n^2a^6\beta^3}{ec^2}\int\left[\cos f\,\frac{1}{r^4}\right]\mathrm{d}M - \frac{1}{n}\int\left[\frac{3n^3a^2}{c^2\beta^2}\right]\mathrm{d}M + c_\omega$$

$$= \frac{3n^2a^6\beta^3}{ec^2}\,\frac{1}{a^4\beta^5}\left[ef + \left(1+\frac{3}{4}e^2\right)\sin f + \frac{1}{2}e\sin2f + \frac{1}{12}e^2\sin3f\right]$$

$$\qquad - \frac{3n^2a^2}{c^2\beta^2}\int\mathrm{d}M + c_\omega$$

$$= \frac{3n^2a^2}{ec^2\beta^2}\left[e(f-M) + \left(1+\frac{3}{4}e^2\right)\sin f + \frac{1}{2}e\sin2f + \frac{1}{12}e^2\sin3f\right] + c_\omega$$

通过观察，我们可以看出该函数的均值为零，所以我们有

$$c_\omega = 0$$

和

$$\delta\omega_{SP} = \frac{3n^2a^2}{ec^2\beta^2}\left[e(f-M) + \left(1+\frac{3}{4}e^2\right)\sin f + \frac{1}{2}e\sin2f + \frac{1}{12}e^2\sin3f\right] \tag{11-15}$$

最后，我们计算快变量的周期项。应用式（8－36），我们得到

$$n \frac{\partial \phi}{\partial M} = \delta n_{SP} - \langle \delta n_{SP} \rangle + u_1 - \langle u_1 \rangle$$

并代入式（11－6）和式（11－11）中的指定函数，得到

$$\delta M_{SP} = \frac{1}{n} \int \left[\delta n_{SP} - \langle \delta n_{SP} \rangle \right] dM + \frac{1}{n} \int \left[u_1 - \langle u_1 \rangle \right] dM$$

$$= \frac{1}{n} \frac{3n^3 a^2}{c^2 \beta^4} \int \left[\beta^3 - (1 + e\cos f)^3 \right] dM$$

$$+ \frac{1}{n} \int \left[-\frac{3n^3 a^6 \beta^4}{ec^2} \cos f \frac{1}{r^4} + \frac{6n^3 a^5 \beta^2}{c^2} \frac{1}{r^3} \right] dM - \frac{1}{n} \int \left[\frac{3n^3 a^2}{c^2 \beta} \right] dM$$

$$= \frac{3n^2 a^2}{c^2 \beta^4} \int \beta^3 dM - \frac{3n^2 a^2}{c^2 \beta^4} \int (1 + e\cos f)^3 dM$$

$$- \frac{3n^2 a^6 \beta^4}{ec^2} \int \cos f \frac{1}{r^4} dM + \frac{6n^2 a^5 \beta^2}{c^2} \int \frac{1}{r^3} dM - \frac{3n^2 a^2}{c^2 \beta} \int dM$$

应用式（11－8）中的积分，我们得到

$$\delta M_{SP} = \frac{3n^2 a^2}{c^2 \beta} \int dM - \frac{3n^2 a^2}{c^2 \beta} \int dM - \frac{3n^2 a^2}{c^2 \beta^4} (f + e\sin f) \beta^3$$

$$- \frac{3n^2 a^6 \beta^4}{ec^2} \frac{1}{a^4 \beta^5} \left[ef + \left(1 + \frac{3}{4}e^2 \right) \sin f + \frac{1}{2} e\sin 2f + \frac{1}{12} e^2 \sin 3f \right]$$

$$+ \frac{6n^2 a^5 \beta^2}{c^2} \frac{1}{a^3 \beta^3} (f + e\sin f)$$

$$= \frac{3n^2 a^2}{c^2 \beta} (e\sin f) - \frac{3n^2 a^2}{ec^2 \beta} \left[\left(1 + \frac{3}{4}e^2 \right) \sin f + \frac{1}{2} e\sin 2f + \frac{1}{12} e^2 \sin 3f \right]$$

$$\tag{11-16}$$

综上所述，平均速率为

$$\langle \dot{n} \rangle = 0$$

$$\langle \dot{e} \rangle = 0$$

$$\left\langle \frac{di}{dt} \right\rangle = 0$$

$$\langle \dot{\Omega} \rangle = 0 \tag{11-17}$$

$$\langle \dot{\omega} \rangle = \frac{3n^3 a^2}{c^2 \beta^2}$$

$$\langle \dot{M} \rangle = n + \frac{3n^3 a^2}{c^2 \beta}$$

因此，平均运动、偏心率、倾角和升交点经度不会因为广义相对论而出现长期变化。值得注意的是，平近点角存在长期效应，它将略微改变水星的公转周期。这种周期变化与对近日点幅角的影响几乎相同。

周期项为

$$\delta n_{SP} = \frac{3n^3 a^2}{c^2 \beta^4} \left[\beta^3 - (1 + e\cos f)^3 \right]$$

$$\delta e_{SP} = \frac{n^2 a^2}{ec^2 \beta^2} \left[(1 + e\cos f)^3 - \beta^3 \right]$$

$$\delta i_{SP} = 0$$

$$\delta \Omega_{SP} = 0$$

$$\delta \omega_{SP} = \frac{3n^2 a^2}{ec^2 \beta^2} \left[e(f - M) + \left(1 + \frac{3}{4}e^2\right)\sin f + \frac{1}{2}e\sin 2f + \frac{1}{12}e^2\sin 3f \right]$$

$$\delta M_{SP} = \frac{3n^2 a^2}{c^2 \beta}(e\sin f) - \frac{3n^2 a^2}{ec^2 \beta} \left[\left(1 + \frac{3}{4}e^2\right)\sin f + \frac{1}{2}e\sin 2f + \frac{1}{12}e^2\sin 3f \right]$$

$$(11 - 18)$$

式（11-17）和式（11-18）共同预测了广义相对论效应引起的水星轨道根数的长期和周期性行为。由于其影响与光速的平方成反比，因此影响很小，但长期影响会逐渐累积。

根据爱因斯坦的建议，我们应用式（11-17）来研究对近日点运动的影响

$$\langle \dot{\omega} \rangle = \frac{3n^3 a^2}{c^2 \beta^2}$$

使用定义

$$n = \frac{2\pi}{P}$$

我们可以用轨道周期代替平均运动，得到

$$\langle \dot{\omega} \rangle = \frac{3n^3 a^2}{c^2 \beta^2} = \frac{24\pi^3 a^2}{c^2 \beta^2 P^3} \qquad (11 - 19)$$

单位是弧度/时间。式（11-19）的结果与式（9-112）中应用林德斯泰特-庞加莱法得出的近日点进动的结果相一致，其中我们注意到 $\langle \dot{\omega} \rangle \times P = \Delta\omega$。图 11-1 展示了对行星近日点的影响。

如果我们选择时间单位为秒，那么弧度/秒到弧秒/世纪的转换系数为

$$\text{factor} = \frac{100 \text{ yr}}{\text{century}} \times \frac{31.6 \times 10^6 \text{ sec}}{\text{yr}} \times \frac{57.3 \text{deg}}{\text{rad}} \times \frac{3\,600 \text{ arcsec}}{\text{deg}}$$

$$= 6.51 \times 10^{14} \text{ arcsec} \times \text{sec/century}$$

对于水星，我们采用以下数值：

$$a = 5.79 \times 10^{10} \text{ m}$$
$$e = 0.206$$
$$P = 88.0 \text{ d} = 7.60 \times 10^6 \text{ s} \qquad (11 - 20)$$
$$c = 3.00 \times 10^8 \text{ m/s}$$
$$1 \text{ 年} = 31.6 \times 10^6 \text{ s}$$

根据式（11-19）～式（11-20），可以得到

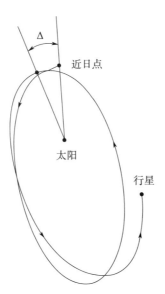

图 11-1　广义相对论效应导致的近日点进动。对水星轨道每世纪 43 弧秒的影响证实了爱因斯坦理论的正确性

〔改编自 Rindler（1969）〕

$$\Delta\omega_{\text{sec/cent}} = 42.9''/\text{century} \tag{11-21}$$

这与观察到的水星近日点的进动相匹配，而牛顿引力无法解释这一现象。表 11-1 比较了其他行星天体的近日点进动的情况。

表 11-1　理论和观测到的行星轨道百年进动的比较〔改编自 Weinberg（1972）〕

行星	$a \times 10^6/\text{km}$	e	周期/d	$\Delta\phi$ 广义相对论	观察到的/$[(''）/\text{century}]$
水星	57.9	0.206	88	43.0	43.1 ± 0.45
金星	108	0.006 8	225	8.6	8.4 ± 4.8
地球	150	0.016 7	365	3.8	5.0 ± 1.2
伊卡洛斯（Icarus）	161	0.827	408	10.3	9.8 ± 0.8

尽管我们通常认为广义相对论效应很小，但将其与扁率等非相对论的影响进行比较是很有启发的。我们可以应用式（8-109）求出由于太阳扁率 J_2 而导致的水星近日点的进动。假设倾角为零，我们得到

$$\dot{\omega}_{J_2} = 3 \frac{n J_2 r_{\text{Sun}}^2}{a^2 \beta^4} \tag{11-22}$$

我们将其与广义相对论效应导致的水星近日点进动公式（11-19）进行比较：

$$\dot{\omega}_{\text{GR}} = \frac{3n^3 a^2}{c^2 \beta^2}$$

计算比值

$$\frac{\dot{\omega}_{J_2}}{\dot{\omega}_{\text{GR}}} = \frac{3n J_2 r_{\text{Sun}}^2}{a^2 \beta^4} \frac{c^2 \beta^2}{3n^3 a^2} = \frac{J_2 r_{\text{Sun}}^2}{a^4 \beta^2} \frac{c^2}{n^2} \tag{11-23}$$

除了式（11-20）中的数据外，我们还需要太阳的数据：

$$J_2 = 1.7 \times 10^{-7}$$

$$r_{\mathrm{Sun}} = 6.9 \times 10^8 \ \mathrm{m}$$

来计算式（11-23）所示的比值。计算结果为

$$\frac{\dot{\omega}_{J_2}}{\dot{\omega}_{\mathrm{GR}}} \approx 1 \times 10^{-3}.$$

因此，太阳 J_2 引起的摄动远小于爱因斯坦广义相对论效应的影响。

11.2 牛顿引力辅助偏转方程

爱因斯坦预言了广义相对论的第二个效应——太阳引力场使光发生偏转。在研究这种效应之前，我们先来看看牛顿效应对经过引力体附近的航天器运动的影响。这种引力辅助效应为空间任务设计者所熟知。引力辅助机动使得前往木星、土星、天王星、海王星和冥王星的任务成为可能，并计划用于太阳系未来的任务。

我们假设航天器在接近行星时处于双曲线轨道上。最接近行星的点为 r_p，相对于行星的速度用 v_∞ 表示。符号 v_∞，或"$v_{无穷}$"为相对于引力辅助天体的双曲线超速。航天器与天体相遇的几何图形如图 11-2 所示。角度 ψ 称为转弯角或偏转角。

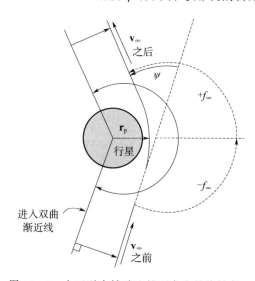

图 11-2 由于引力辅助飞越而产生的偏转角 ψ

图 11-2 展示了 $\mathbf{v}_\infty$ 矢量相对于引力辅助行星的转向方式，因此 $\mathbf{v}_\infty$ 和行星速度矢量相加可能导致相对于主天体（如太阳）的速度增加或减少。

我们注意到，引力辅助天体的日心能量会因航天器飞越而发生变化，但由于其质量远大于获得能量的航天器，因此改变的量很小（也就是说，不违反能量守恒，也不存在免费的午餐）。

在二体问题中，根据式（2-48），圆锥曲线偏心率的一般表达式为

$$e = \sqrt{1 + \frac{2\varepsilon h^2}{\mu^2}} \qquad (11-24)$$

其中 h 为角动量，μ 为引力辅助天体的引力参数（$\mu = Gm$），ε 为比能量。

根据式（2-38），圆锥轨道的比能量，用近拱点的位置和速度来表示

$$\varepsilon = \frac{v_p^2}{2} - \frac{\mu}{r_p} \qquad (11-25)$$

比角动量也可在近拱点处表示为〔根据式（2-39）〕

$$h = r_p v_p \qquad (11-26)$$

因此我们有

$$\begin{aligned}
e &= \sqrt{1 + \frac{2}{\mu^2} r_p^2 v_p^2 \left(\frac{1}{2} v_p^2 - \frac{\mu}{r_p} \right)} \\
&= \sqrt{1 + \frac{r_p^2 v_p^4}{\mu^2} - \frac{2 r_p v_p^2}{\mu}} \qquad (11-27) \\
&= \sqrt{\left(\frac{r_p v_p^2}{\mu} - 1 \right)^2}
\end{aligned}$$

偏心率为

$$e = \left| \frac{r_p v_p^2}{\mu} - 1 \right| \qquad (11-28)$$

对任意轨道，总比能量为

$$\varepsilon = \frac{v^2}{2} - \frac{\mu}{r}$$

随着 r 无限增大，我们可以得到

$$\lim_{r \to \infty} \varepsilon = \frac{1}{2} v_\infty^2 - \frac{\mu}{\infty} = \frac{1}{2} v_\infty^2 \qquad (11-29)$$

由于比能量是恒定的，我们可以将式（11-25）和式（11-29）等效，写出

$$\varepsilon = \frac{1}{2} v_p^2 - \frac{\mu}{r_p} = \frac{1}{2} v_\infty^2 \qquad (11-30)$$

因此，近拱点处的速度为

$$v_p^2 = v_\infty^2 + 2 \frac{\mu}{r_p}$$

将其代入式（11-28），我们得到

$$\begin{aligned}
e &= \left| \frac{r_p}{\mu} \left(v_\infty^2 + 2 \frac{\mu}{r_p} \right) - 1 \right| = \left| \frac{r_p}{\mu} v_\infty^2 + 2 - 1 \right| \qquad (11-31) \\
&= \frac{r_p}{\mu} v_\infty^2 + 1
\end{aligned}$$

其中我们去掉了绝对值符号，因为通过观察我们可以知道表达式始终为正。由图 11-2 可知

$$\psi = 2f_\infty - 180° \tag{11-32}$$

其中 f_∞ 给出了通过将圆锥曲线方程的分母设为零而得到的渐近真近点角。即

$$1 + e\cos f_\infty = 0$$

所以

$$\cos f_\infty = -\frac{1}{e} \tag{11-33}$$

根据式（11-32）

$$\sin\frac{\psi}{2} = \sin(f_\infty - 90°) = -\cos f_\infty \tag{11-34}$$

在式（11-34）中应用式（11-33），我们得到

$$\sin\frac{\psi}{2} = \frac{1}{e} \tag{11-35}$$

由图 11-3 可知，速度的变化为

$$\Delta v = 2v_\infty \sin\left(\frac{\psi}{2}\right) \tag{11-36}$$

应用式（11-31）和式（11-35），我们得到

$$\Delta v = \frac{2v_\infty}{\left(\dfrac{r_p v_\infty^2}{\mu} + 1\right)} \tag{11-37}$$

偏转角为

$$\psi = 2\sin^{-1}\left[\left(1 + \frac{r_p v_\infty^2}{\mu}\right)^{-1}\right] \tag{11-38}$$

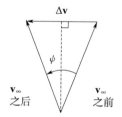

图 11-3　由于偏转角 ψ 引起的引力辅助 $\Delta\mathbf{v}$

11.3　广义相对论中的广义偏转方程

Longuski 等人（2001）提出了如下的"广义偏转方程"：

$$\Delta\phi_{\mathrm{def}} = 2\gamma\,\epsilon\left(\frac{x}{2+x}\right)^{1/2} + \epsilon\,\pi\,\frac{(2+2\gamma-\beta)}{2+x} + 2\left[1 + \epsilon\frac{(2+2\gamma-\beta)}{(2+x)}\right]\sin^{-1}\left(\frac{1}{1+x}\right)$$

$$\tag{11-39}$$

其中

$$\epsilon \equiv \frac{GM}{r_p c^2} \equiv \frac{\mu}{r_p c^2}$$

$$x \equiv \frac{v_\infty^2}{\epsilon} \frac{1}{c^2}$$

均为无量纲，β 和 γ 为后牛顿参数（在爱因斯坦的理论中等于 1）。

对于航天器的非相对论（NR）或"牛顿"偏转，我们去掉式（11-39）中的 ϵ 项：

$$\Delta\phi_{NR} = 2\sin^{-1}\left(\frac{1}{1+x}\right) \tag{11-40}$$

其中，当我们代入 x 和 ϵ 的表达式时，就会得到我们熟悉的航天器在引力辅助飞越期间的偏转表达式，如式（11-38）所示：

$$\Delta\phi_{NR} = 2\sin^{-1}\left(\frac{1}{1+\dfrac{r_p v_\infty^2}{\mu}}\right) \tag{11-41}$$

我们可以应用广义偏转方程来计算光线的偏转。我们取渐近速度 v_∞ 等于光速 c，因此有

$$x = \frac{1}{\epsilon} \tag{11-42}$$

将此表达式用于广义偏转方程［式（11-39）］的第一项，我们有（忽略阶次为 ϵ^2 的项）：

$$2\gamma\,\epsilon\left(\frac{x}{2+x}\right)^{1/2} = 2\gamma\,\epsilon\left(\frac{1/\epsilon}{2+1/\epsilon}\right)^{1/2} = 2\gamma\,\epsilon\left(\frac{1}{1+2\epsilon}\right)^{1/2} \approx 2\gamma\,\epsilon \tag{11-43}$$

类似地，将其代入第二和第三项的共同表达式中，可以得到

$$\epsilon\frac{(2+2\gamma-\beta)}{(2+x)} = \epsilon\frac{(2+2\gamma-\beta)}{2+1/\epsilon} = \frac{\epsilon^2(2+2\gamma-\beta)}{1+2\epsilon} \approx 0 \tag{11-44}$$

其中我们忽略了 ϵ^2 项。因此，式（11-39）的第二项为零，第三项简化为

$$2\sin^{-1}\left(\frac{1}{1+x}\right) = 2\sin^{-1}\left(\frac{1}{1+1/\epsilon}\right) = 2\sin^{-1}\left(\frac{\epsilon}{1+\epsilon}\right) \approx 2\,\epsilon \tag{11-45}$$

将式（11-43）～式（11-45）相加，我们得到

$$\Delta\phi_{def} = 2\,\epsilon(1+\gamma) = 4\,\epsilon = \frac{4GM}{r_p c^2} \tag{11-46}$$

其中，对于爱因斯坦的 GR 理论，我们取 $\gamma = 1$。因此，我们有

$$\Delta\phi_{def} = \frac{4GM}{r_p c^2} \tag{11-47}$$

即爱因斯坦关于引力体使光线偏转的公式，更多细节参见 Weinberg（1972）。

参 考 文 献

Longuski, J. M., Fischbach, E., & Scheeres, D. J. (2001). *Deflection of spacecraft trajectories as a new test of general relativity*. Physical Review Letters, 86 (14), 2942 – 2945.

Rindler, W. (1969). *Essential relativity: special, general, and cosmological*. New York: Springer – Verlag.

Weinberg, S. (1972). *Gravitation and cosmology: principles and applications of the general theory of relativity*. New York: Wiley.

第 12 章　大气阻力引起的摄动

12.1　大气阻力的影响

卫星围绕有大气层的行星运动的另一个重要摄动是大气阻力。为了分析这个问题，我们紧随 McCuskey（1963）和 Meirovitch（1970）的研究成果。在我们的分析中，我们假设卫星在椭圆轨道上运动，并且忽略由于行星扁率而造成的摄动效应（图 12-1）。阻力引起的加速度（每单位质量的力）可近似为

$$F = \frac{C_D A \rho V^2}{2m} \qquad (12-1)$$

其中，C_D 为阻力系数；A 为横截面积；m 为航天器的质量；V 为轨道速度；$\rho = \rho(r)$ 为距离行星中心 r 处的大气密度。阻力系数 C_D 的值约为

$$C_D \approx 2.2 \qquad (12-2)$$

对于一个与气体分子平均自由路径相比很小的球体来说，分子要么粘附在其表面，要么被完全反射。

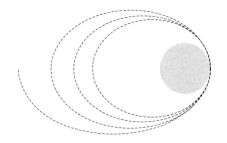

图 12-1　阻力导致的轨道衰减。其中，近拱点处出现显著的摄动力

假设阻力与轨道相切，方向与瞬时速度相反（因为我们忽略了大气旋转的影响），因此阻力的 TNW 分量为

$$
\begin{aligned}
T &= -\frac{1}{2m} C_D A \rho V^2 \\
N &= 0 \\
W &= 0
\end{aligned}
\qquad (12-3)
$$

在拉格朗日行星方程［式（5-114）］中应用式（12-3），可得

$$\dot{a} = -\frac{2b\rho V^2}{n\beta}\psi \tag{12-4}$$

$$\dot{e} = -\frac{2b\rho V^2\beta}{na}(\cos f + e)\frac{1}{\psi} \tag{12-5}$$

$$\frac{\mathrm{d}i}{\mathrm{d}t} = 0 \tag{12-6}$$

$$\dot{\Omega} = 0 \tag{12-7}$$

$$\dot{\omega} = -\frac{2b\rho V^2\beta}{nae}(\sin f)\frac{1}{\psi} \tag{12-8}$$

$$\dot{M} = n + \frac{2b\rho V^2}{na^2}\sin f\left(\frac{a\beta^2}{e} + re\right)\frac{1}{\psi} \tag{12-9}$$

其中

$$b = \frac{C_D A}{2m} \tag{12-10}$$

$$\psi = \sqrt{1 + e^2 + 2e\cos f} \tag{12-11}$$

式 (12-9) 可展开为

$$\dot{M} = n + \frac{2b\rho V^2\beta^2}{nae}\sin f\left(\frac{1 + e\cos f + e^2}{1 + e\cos f}\right)\frac{1}{\psi} \tag{12-12}$$

根据式 (2-43)，我们有

$$V^2 = \mu\left(\frac{2}{r} - \frac{1}{a}\right) = \frac{n^2 a^3}{a\beta^2}\left[2(1 + e\cos f) - \beta^2\right]$$

$$= \frac{n^2 a^2}{\beta^2}(1 + 2e\cos f + e^2) \tag{12-13}$$

在式 (12-4)、式 (12-5)、式 (12-8) 和式 (12-12) 中应用式 (12-13)，可得

$$\dot{a} = -\frac{2b\rho V^2}{n\beta}\psi = -\frac{2b\rho}{n\beta}\frac{n^2 a^2}{\beta^2}(1 + 2e\cos f + e^2)(1 + 2e\cos f + e^2)^{1/2}$$

$$= -2b\rho\frac{na^2}{\beta^3}(1 + 2e\cos f + e^2)^{3/2} \tag{12-14}$$

$$\dot{e} = -\frac{2b\rho\beta}{na}\frac{n^2 a^2}{\beta^2}(\cos f + e)(1 + 2e\cos f + e^2)(1 + 2e\cos f + e^2)^{-1/2}$$

$$= -2b\rho\frac{na}{\beta}(\cos f + e)(1 + 2e\cos f + e^2)^{1/2} \tag{12-15}$$

$$\dot{\omega} = -\frac{2b\rho\beta}{nae}\frac{n^2 a^2}{\beta^2}(1 + 2e\cos f + e^2)(\sin f)(1 + 2e\cos f + e^2)^{-1/2}$$

$$= -2b\rho\frac{na}{e\beta}(1 + 2e\cos f + e^2)^{1/2}(\sin f) \tag{12-16}$$

$$\dot{M} = n + \frac{2b\rho\beta^2}{nae} \frac{n^2 a^2}{\beta^2} (1 + 2e\cos f + e^2) \sin f \left(\frac{1 + e\cos f + e^2}{1 + e\cos f} \right)$$
$$\times (1 + 2e\cos f + e^2)^{-1/2} \tag{12-17}$$
$$= n + 2b\rho \frac{na}{e} (1 + 2e\cos f + e^2)^{1/2} \sin f \left(\frac{1 + e\cos f + e^2}{1 + e\cos f} \right)$$

为便于分析，有必要将式（12-14）～式（12-17）从对真近点角的依赖转换为对偏近点角的依赖。应用式（2-76），我们可知

$$1 + 2e\cos f + e^2 = 1 + 2e\frac{\cos E - e}{1 - e\cos E} + e^2$$
$$= \frac{1 - e\cos E + 2e\cos E - 2e^2 + e^2 - e^3\cos E}{1 - e\cos E}$$
$$= \frac{1 + e\cos E - e^2 - e^3\cos E}{1 - e\cos E} = \frac{1 - e^2 + e\cos E(1 - e^2)}{1 - e\cos E} \tag{12-18}$$
$$= \beta^2 \frac{1 + e\cos E}{1 - e\cos E}$$

同样应用式（2-76），我们得到

$$\cos f + e = \frac{\cos E - e}{1 - e\cos E} + e = \frac{\cos E - e + e - e^2\cos E}{1 - e\cos E}$$
$$= \beta^2 \frac{\cos E}{1 - e\cos E} \tag{12-19}$$

和

$$1 + e\cos f = 1 + e\frac{\cos E - e}{1 - e\cos E} = \frac{1 - e\cos E + e\cos E - e^2}{1 - e\cos E} = \frac{\beta^2}{1 - e\cos E} \tag{12-20}$$

所以

$$\frac{1 + e\cos f + e^2}{1 + e\cos f} = \frac{\beta^2 + e^2 - e^3\cos E}{\beta^2} = \frac{1 - e^3\cos E}{\beta^2} \tag{12-21}$$

我们现在可以应用式（12-18）、式（12-19）和式（12-22）的结果来完成对偏近点角的转换。在式（12-14）和式（12-16）中应用式（12-18），可完成半长轴和近拱点幅角的速率方程的转换。在式（12-15）中应用式（12-18）和式（12-19），可完成偏心率速率方程的转换。最后，在式（12-17）中应用式（12-18）和式（12-21），可完成平近点角速率方程的转换。因此，式（12-14）～式（12-17）简化为

$$\dot{a} = -2b\rho na^2 \left(\frac{1 + e\cos E}{1 - e\cos E} \right)^{3/2} \tag{12-22}$$

$$\dot{e} = -2b\rho na\beta^2 \frac{(1 + e\cos E)^{1/2}}{(1 - e\cos E)^{3/2}} \cos E \tag{12-23}$$

$$\dot{\omega} = -2b\rho \frac{na}{e} \left(\frac{1 + e\cos E}{1 - e\cos E} \right)^{1/2} \frac{\beta\sin E}{1 - e\cos E}$$
$$= -2b\rho \frac{na\beta}{e} \frac{(1 + e\cos E)^{1/2}}{(1 - e\cos E)^{3/2}} \sin E \tag{12-24}$$

$$\dot{M} = n + 2b\rho \frac{na}{e} \frac{(1 + e\cos E)^{1/2}}{(1 - e\cos E)^{3/2}} (1 - e^3 \cos E) \sin E \qquad (12-25)$$

其中我们应用式（2-77）代替了 $\sin f$。

12.2　大气阻力引起的轨道衰减

为了发展轨道衰减理论，我们遵循 Vinh，Busemann 和 Culp 的第 15 章［参见 Vinh 等人（1980）］。我们对大气密度采用严格的指数定律

$$\rho(r) = \rho_{p_0} \exp[\beta^*(r_{p_0} - r)] \qquad (12-26)$$

其中，反比例高度 β^* 可认为是常数。

$$\beta^* = \frac{1}{H} \qquad (12-27)$$

具有长度量纲的量 H 为比例高度。密度函数模拟了大气密度随着 r 的增加呈指数下降的情况。令 p_0 表示参考高度。那么 ρ_{p_0} 表示参考密度，r_{p_0} 表示近拱点距离。采用 Vinh 等人（1980）的符号，我们引入无量纲常数

$$Z_0 = \frac{\rho_{p_0} C_D A r_{p_0}}{2m} \qquad (12-28)$$

应用式（12-10）、式（12-26）和式（12-28），我们得到

$$\rho b = \rho_{p_0} \exp[\beta^*(r_{p_0} - r)] \frac{C_D A}{2m} = \frac{\rho_{p_0} C_D A r_{p_0}}{2m} \frac{1}{r_{p_0}} \exp[\beta^*(r_{p_0} - r)] \qquad (12-29)$$

$$= Z_0 \frac{1}{r_{p_0}} \exp[\beta^*(r_{p_0} - r)]$$

将式（12-29）代入式（12-22）~式（12-25），我们得到

$$\frac{da}{dt} = -2Z_0 \frac{na^2}{r_{p_0}} \left(\frac{1 + e\cos E}{1 - e\cos E}\right)^{3/2} \exp[\beta^*(r_{p_0} - r)] \qquad (12-30)$$

$$\frac{de}{dt} = -2Z_0 \frac{na\beta^2}{r_{p_0}} \cos E \frac{(1 + e\cos E)^{1/2}}{(1 - e\cos E)^{3/2}} \exp[\beta^*(r_{p_0} - r)] \qquad (12-31)$$

$$\frac{d\omega}{dt} = -2Z_0 \frac{an\beta}{r_{p_0} e} \frac{(1 + e\cos E)^{1/2}}{(1 - e\cos E)^{3/2}} \sin E \exp[\beta^*(r_{p_0} - r)] \qquad (12-32)$$

$$\frac{dM}{dt} = n + 2Z_0 \frac{na}{r_{p_0} e} \frac{(1 + e\cos E)^{1/2}}{(1 - e\cos E)^{3/2}} (1 - e^3 \cos E) \sin E \exp[\beta^*(r_{p_0} - r)] \qquad (12-33)$$

12.2.1　轨道衰减的平均法

描述大气阻力效应的完整微分方程系统为

$$\frac{\mathrm{d}a}{\mathrm{d}t} = -2Z_0 \, \frac{na^2}{r_{p_0}} \Big(\frac{1 + e\cos E}{1 - e\cos E}\Big)^{3/2} \exp\big[\beta^* \, (r_{p_0} - r)\big]$$

$$\frac{\mathrm{d}e}{\mathrm{d}t} = -2Z_0 \, \frac{na\beta^2}{r_{p_0}} \cos E \, \frac{(1 + e\cos E)^{1/2}}{(1 - e\cos E)^{3/2}} \exp\big[\beta^* \, (r_{p_0} - r)\big]$$

$$\frac{\mathrm{d}i}{\mathrm{d}t} = 0$$

$$\frac{\mathrm{d}\Omega}{\mathrm{d}t} = 0$$

$$\frac{\mathrm{d}\omega}{\mathrm{d}t} = -2Z_0 \, \frac{an\beta}{r_{p_0} e} \, \frac{(1 + e\cos E)^{1/2}}{(1 - e\cos E)^{3/2}} \sin E \exp\big[\beta^* \, (r_{p_0} - r)\big]$$

$$\frac{\mathrm{d}M}{\mathrm{d}t} = n + 2Z_0 \, \frac{na}{r_{p_0} e} \, \frac{(1 + e\cos E)^{1/2}}{(1 - e\cos E)^{3/2}} (1 - e^3\cos E) \sin E \exp\big[\beta^* \, (r_{p_0} - r)\big]$$

$$(12 - 34)$$

　　上述系统满足平均法（MOA）的应用条件。快变量为平近点角。用于定义处理阶次的无单位小参数可取为 Z_0。该方法类似于第 8 章扁率处理中将 J_2 确定为小参数。我们看到，所有其他变量的时间变化率都与 Z_0 成正比，这些变量可以视为慢变量。

　　MOA 的第一步是建立变量变换，以消除对平近点角快变量的依赖。对于阻力的处理，我们将只研究一阶长期项。因此，我们只需要确定慢变量的平均时间变化率。我们注意到，近拱点幅角和平近点角摄动是奇函数，且均值为零。因此，我们仅关注半长轴和偏心率方程。

　　我们即将开始一些重要的代数变换，其中我们引入偏心率幂级数展开式，以及一些由积分产生的特殊函数。这些函数涉及半长轴和偏心率变化率的积分。首先，我们研究 MOA 所需的积分，并说明如何在被积函数中正确地进行变量变换。

　　令 Λ 表示慢变量。使用链式法则，我们可以写出

$$\frac{\mathrm{d}\Lambda}{\mathrm{d}t} = \frac{\mathrm{d}\Lambda}{\mathrm{d}E} \, \frac{\mathrm{d}E}{\mathrm{d}t} \tag{12-35}$$

对该慢变量应用 MOA，得到

$$\Big\langle \frac{\mathrm{d}\Lambda}{\mathrm{d}t} \Big\rangle = \Big\langle \frac{\mathrm{d}\Lambda}{\mathrm{d}E} \, \frac{\mathrm{d}E}{\mathrm{d}t} \Big\rangle = \frac{1}{n} \, \frac{1}{2\pi} \int_0^{2\pi} \Big(\frac{\mathrm{d}\Lambda}{\mathrm{d}E} \, \frac{\mathrm{d}E}{\mathrm{d}t}\Big) \mathrm{d}M = \frac{1}{n} \, \frac{1}{2\pi} \int_0^{2\pi} \Big(\frac{\mathrm{d}\Lambda}{\mathrm{d}E} \, \frac{\mathrm{d}E}{\mathrm{d}t}\Big) n \, \mathrm{d}t$$

$$= \frac{1}{2\pi} \int_0^{2\pi} \frac{\mathrm{d}\Lambda}{\mathrm{d}E} \, \mathrm{d}E \tag{12-36}$$

因此，平均法的后续推导集中在以下积分的推导上

$$\frac{\mathrm{d}a}{\mathrm{d}E} \text{ 和 } \frac{\mathrm{d}e}{\mathrm{d}E} \tag{12-37}$$

　　为了表示这些积分，我们需要 $\mathrm{d}t / \mathrm{d}E$ 的表达式。我们首先对开普勒方程进行微分，得到

$$M = E - e\sin E$$

$$\mathrm{d}M = n \, \mathrm{d}t = (1 - e\cos E) \, \mathrm{d}E$$

然后，我们有

$$\frac{\mathrm{d}t}{\mathrm{d}E} = \frac{1 - e\cos E}{n} \tag{12-38}$$

和

$$\frac{\mathrm{d}a}{\mathrm{d}E} = \frac{\mathrm{d}a}{\mathrm{d}t}\frac{\mathrm{d}t}{\mathrm{d}E} = -2Z_0 \frac{a^2}{r_{p_0}} \frac{(1 + e\cos E)^{3/2}}{(1 - e\cos E)^{1/2}} \exp\left[\beta^*(r_{p_0} - r)\right] \tag{12-39}$$

$$\frac{\mathrm{d}e}{\mathrm{d}E} = \frac{\mathrm{d}e}{\mathrm{d}t}\frac{\mathrm{d}t}{\mathrm{d}E} = -2Z_0 \frac{a\beta^2}{r_{p_0}} \cos E \frac{(1 + e\cos E)^{1/2}}{(1 - e\cos E)^{1/2}} \exp\left[\beta^*(r_{p_0} - r)\right] \tag{12-40}$$

由式（12-39）和式（12-40）可知，在阻力的耗散作用下，半长轴持续减小，而偏心率虽然具有振荡行为，但也随时间而不断减小。轨道会发生衰减，随着 e 的减少，轨道会自然地趋向于圆形。我们应用平均法对方程进行积分。

对于径向距离 r，我们应用式（2-57）

$$r = a(1 - e\cos E) \tag{12-41}$$

$$r_{p_0} = a_0(1 - e_0) \tag{12-42}$$

将式（12-41）和式（12-42）代入式（12-26），可得

$$\rho = \rho_{p_0} \exp\left[\beta^*(r_{p_0} - r)\right] \tag{12-43}$$

$$= \rho_{p_0} \exp\left[\beta^*(a_0 - a - a_0 e_0) + \beta^* ae\cos E\right]$$

在每一圈中，a 几乎是恒定的，而变化量 $\beta^* ae\cos E$ 则提供了大气密度的波动。根据这一观察结果，可以自然地选择变量

$$x \equiv \beta^* ae \tag{12-44}$$

来代替偏心率［参见 King - Hele（1964）］。

应用式（12-39）和式（12-40）对式（12-44）进行求导，我们有

$$\frac{\mathrm{d}x}{\mathrm{d}E} = \beta^* \frac{\mathrm{d}a}{\mathrm{d}E}e + \beta^* a \frac{\mathrm{d}e}{\mathrm{d}E}$$

$$= \beta^* e\left\{-2Z_0 \frac{a^2}{r_{p_0}} \frac{(1 + e\cos E)^{3/2}}{(1 - e\cos E)^{1/2}} \exp\left[\beta^*(r_{p_0} - r)\right]\right\}$$

$$+ \beta^* a\left\{-2Z_0(1 - e^2)\frac{a}{r_{p_0}}\cos E\left(\frac{1 + e\cos E}{1 - e\cos E}\right)^{1/2} \exp\left[\beta^*(r_{p_0} - r)\right]\right\}$$

$$= \frac{-2\beta^* Z_0 e^{\beta^*(r_{p_0} - r)}}{(1 - e\cos E)^{1/2}} \frac{a^2}{r_{p_0}} \left\{(1 + e\cos E)^{1/2}\left[e(1 + e\cos E) + (1 - e^2)\cos E\right]\right\}$$

$$= \frac{-2a^2\beta^* Z_0}{r_{p_0}}\left(\frac{1 + e\cos E}{1 - e\cos E}\right)^{1/2}(e + \cos E)\exp\left[\beta^*(r_{p_0} - r)\right]$$

$$\tag{12-45}$$

因此，x 的方程为

$$\frac{\mathrm{d}x}{\mathrm{d}E} = -\frac{2a^2\beta^* Z_0}{r_{p_0}}(e + \cos E)\left(\frac{1 + e\cos E}{1 - e\cos E}\right)^{1/2} \exp\left[\beta^*(r_{p_0} - r)\right] \tag{12-46}$$

新的无量纲变量 x 的行为与偏心率类似；即在每次旋转过程中，当下式成立时，x 都会经过静止值

$$\cos E = -e \tag{12-47}$$

但平均而言，x 会随着时间的推移而减小。

12.2.2　轨道衰减的平均方程

由于衰减过程是缓慢的，我们可以应用式（12-36）中的平均法，来计算式（12-39）和式（12-46）右侧给出的 a 和 x 积分。对于半长轴，我们有平均方程

$$\left\langle \frac{\mathrm{d}a}{\mathrm{d}t} \right\rangle = -2Z_0 \frac{a^2}{r_{p_0}} \exp\left[\beta^*(a_0 - a - a_0 e_0)\right]$$
$$\times \frac{1}{2\pi} \int_0^{2\pi} \frac{(1 + e\cos E)^{3/2}}{(1 - e\cos E)^{1/2}} \exp(x\cos E)\mathrm{d}E \tag{12-48}$$

其中，我们在积分中将 $\beta^* ae$ 替换为 x。同样，根据式（12-46），我们得到 x（代替偏心率 e 的新无量纲变量）的平均方程

$$\left\langle \frac{\mathrm{d}x}{\mathrm{d}t} \right\rangle = -\frac{2a^2 \beta^* Z_0}{r_{p_0}} \exp\left[\beta^*(a_0 - a - a_0 e_0)\right]$$
$$\times \frac{1}{2\pi} \int_0^{2\pi} (e + \cos E)\left(\frac{1 + e\cos E}{1 - e\cos E}\right)^{1/2} \exp(x\cos E)\mathrm{d}E \tag{12-49}$$

引入新变量［式（12-44）］

$$x = \beta^* ae \tag{12-50}$$

当我们考虑 n 阶修正贝塞尔函数 $I_n(x)$ 的第一类定义时，就会明白上述目的：

$$I_n(x) \equiv \frac{1}{2\pi} \int_0^{2\pi} \cos nE \exp(x\cos E)\mathrm{d}E \tag{12-51}$$

修正贝塞尔函数是修正贝塞尔微分方程的解。给定阶数 n 和 x 的值，可以通过查表或编写子程序计算来得到数值。关于这些函数的细节，参见 Abramowitz 和 Stegun（1972）。

对于小偏心率，式（12-48）和式（12-49）的积分可以用 $e\cos E$ 的幂级数展开。为简化符号，我们取 $Q = e\cos E$。根据二项式定理，我们有

$$(1 + Q)^n = 1 + nQ + \frac{n(n-1)Q^2}{2!} + \frac{n(n-1)(n-2)Q^3}{3!} + \cdots$$
$$(1 - Q)^{-n} = 1 + nQ + \frac{n(n+1)Q^2}{2!} + \frac{n(n+1)(n+2)Q^3}{3!} + \cdots \tag{12-52}$$

对 $n = 3/2$，式（12-52）的第一项为

$$(1 + Q)^{3/2} = 1 + \frac{3}{2}Q + \frac{3}{8}Q^2 - \frac{3}{48}Q^3 + \cdots \tag{12-53}$$

为求得 $(1 - Q)^{-1/2}$，我们应用式（12-52）中的第二项

$$(1 - Q)^{-1/2} = 1 + \frac{1}{2}Q + \frac{3}{8}Q^2 + \frac{5}{16}Q^3 + \cdots \tag{12-54}$$

将式（12-53）乘以式（12-54），我们得到

$$(1+Q)^{3/2}(1-Q)^{-1/2}=1+\frac{3}{2}Q+\frac{3}{8}Q^2-\frac{1}{16}Q^3+\frac{1}{2}Q+\frac{3}{4}Q^2+\frac{3}{16}Q^3$$

$$+\frac{3}{8}Q^2+\frac{9}{16}Q^3+\frac{5}{16}Q^3 \tag{12-55}$$

$$=1+2Q+\frac{3}{2}Q^2+Q^3$$

其中我们保留了 Q 的前三阶项。

对于 $(1+Q)^{1/2}$，我们应用式（12-52）中的第一项

$$(1+Q)^{1/2}=1+\frac{1}{2}Q-\frac{1}{8}Q^2+\frac{1}{16}Q^3+\cdots \tag{12-56}$$

将式（12-54）乘以式（12-56），我们得到

$$(1-Q)^{-1/2}(1+Q)^{1/2}=1+\frac{1}{2}Q+\frac{3}{8}Q^2+\frac{5}{16}Q^3+\frac{1}{2}Q+\frac{1}{4}Q^2+\frac{3}{16}Q^3$$

$$-\frac{1}{8}Q^2-\frac{1}{16}Q^3+\frac{1}{16}Q^3 \tag{12-57}$$

$$=1+Q+\frac{1}{2}Q^2+\frac{1}{2}Q^3$$

其中我们再次保留最高阶为 Q^3 的项。将式（12-55）中的 Q 替换为 $e\cos E$，我们得到式（12-48）中积分的展开式：

$$\frac{(1+e\cos E)^{3/2}}{(1-e\cos E)^{1/2}}=1+2e\cos E+\frac{3}{2}e^2\cos^2 E+e^3\cos^3 E \tag{12-58}$$

我们对 $\cos^2 E$ 和 $\cos^3 E$ 应用三角恒等式：

$$\cos^2 E=\frac{1}{2}(1+\cos 2E) \tag{12-59}$$

$$\cos^3 E=\frac{1}{4}(3\cos E+\cos 3E) \tag{12-60}$$

将式（12-59）和式（12-60）代入式（12-58），可得

$$\frac{(1+e\cos E)^{3/2}}{(1-e\cos E)^{1/2}}=1+2e\cos E+\frac{3}{4}e^2(1+\cos 2E)+\frac{1}{4}e^3(3\cos E+\cos 3E)$$

$$\tag{12-61}$$

将式（12-61）代入式（12-48），并应用式（12-51）中修正贝塞尔函数 $I_n(x)$ 的定义，可得 a 的平均方程：

$$\left\langle\frac{\mathrm{d}a}{\mathrm{d}t}\right\rangle=-2Z_0\frac{a^2}{r_{p_0}}\exp\left[\beta^*(a_0-a-a_0 e_0)\right] \tag{12-62}$$

$$\times\left[I_0+2eI_1+\frac{3}{4}e^2(I_0+I_2)+\frac{1}{4}e^3(3I_1+I_3)\right]$$

类似地，我们用 $e\cos E$ 代替式（12-57）中的 Q，根据式（12-49）的积分，将结果乘以 $e+\cos E$，得到

$$\left(e+\cos E\right)\left(\frac{1+e\cos E}{1-e\cos E}\right)^{1/2}=\left(e+\cos E\right)\times\left(1+e\cos E+\frac{1}{2}e^{2}\cos^{2}E+\frac{1}{2}e^{3}\cos^{3}E\right)$$

$$=\cos E+e\cos^{2}E+\frac{1}{2}e^{2}\cos^{3}E+\frac{1}{2}e^{3}\cos^{4}E$$

$$+e+e^{2}\cos E+\frac{1}{2}e^{3}\cos^{2}E$$

$$=\cos E+e\left[1+\frac{1}{2}+\frac{1}{2}\cos 2E\right]+e^{2}\left[\cos E+\frac{1}{8}(3\cos E+\cos 3E)\right]$$

$$+e^{3}\left[\frac{1}{16}(3+4\cos 2E+\cos 4E)+\frac{1}{4}(1+\cos 2E)\right]$$

$$\tag{12-63}$$

其中我们应用了式（12-59）和式（12-60）以及三角恒等式：

$$\cos^{4}E=\frac{1}{8}(3+4\cos 2E+\cos 4E)\tag{12-64}$$

根据式（12-49），式（12-51）和式（12-63），我们得到 x 的平均方程为

$$\left\langle\frac{\mathrm{d}x}{\mathrm{d}t}\right\rangle=-2Z_{0}\frac{a^{2}\beta^{*}}{r_{p_{0}}}\exp\left[\beta^{*}\left(a_{0}-a-a_{0}e_{0}\right)\right]$$

$$\times\left[I_{1}+\frac{1}{2}e\left(3I_{0}+I_{2}\right)+\frac{1}{8}e^{2}\left(11I_{1}+I_{3}\right)+\frac{1}{16}e^{3}\left(7I_{0}+8I_{2}+I_{4}\right)\right]$$

$$\tag{12-65}$$

Vinh 等人指出，式（12-62）和式（12-65）是由 King-Hele（1964）和其他人给出的，他们将方程截断到 e^{4} 阶，形成方程 $\mathrm{d}a/\mathrm{d}x$，然后分别对 x 非常大和 x 非常小的情况进行积分。Vinh（1980）等人对 $\mathrm{d}a/\mathrm{d}x$ 方程进行积分时，未进行渐近简化，得到了对任何 x 一致有效的解。为得到 $\mathrm{d}a/\mathrm{d}x$ 方程，我们将式（12-62）除以式（12-65）。Abramowitz 和 Stegun（1972）提供了关于级数运算的有用资料。令

$$s_{1}=1+a_{1}e+a_{2}e^{2}+a_{3}e^{3}+a_{4}e^{4}+\cdots\tag{12-66}$$

$$s_{2}=1+b_{1}e+b_{2}e^{2}+b_{3}e^{3}+b_{4}e^{4}+\cdots\tag{12-67}$$

$$s_{3}=1+c_{1}e+c_{2}e^{2}+c_{3}e^{3}+c_{4}e^{4}+\cdots\tag{12-68}$$

则

$$s_{3}=s_{1}/s_{2}\tag{12-69}$$

我们有

$$c_{1}=a_{1}-b_{1}$$
$$c_{2}=a_{2}-(b_{1}c_{1}+b_{2})$$
$$c_{3}=a_{3}-(b_{1}c_{2}+b_{2}c_{1}+b_{3})\tag{12-70}$$
$$c_{4}=a_{4}-(b_{1}c_{3}+b_{2}c_{2}+b_{3}c_{1}+b_{4})$$

将式（12-62）中的方括号项除以首项 I_{0} 后，将余下的级数与式（12-66）联立得到

$$a_1 = \frac{2I_1}{I_0}$$

$$a_2 = \frac{3}{4}\frac{(I_0 + I_2)}{I_0} \qquad (12-71)$$

$$a_3 = \frac{1}{4}\frac{(3I_1 + I_3)}{I_0}$$

类似地，将式（12-65）的方括号除以 I_1，并将所得级数与式（12-67）相关联，得到

$$b_1 = \frac{1}{2}\frac{(3I_0 + I_2)}{I_1}$$

$$b_2 = \frac{1}{8}\frac{(11I_1 + I_3)}{I_1} \qquad (12-72)$$

$$b_3 = \frac{1}{16}\frac{(7I_0 + 8I_2 + I_4)}{I_1}$$

因此，根据式（12-70）～式（12-72），我们有

$$c_1 = \frac{2I_1}{I_0} - \frac{(3I_0 + I_2)}{2I_1}$$

$$c_2 = \frac{3(I_0 + I_2)}{4I_0} - \left\{\frac{(3I_0 + I_2)}{2I_1}\left[\frac{2I_1}{I_0} - \frac{(3I_0 + I_2)}{2I_1}\right] + \frac{(11I_1 + I_3)}{8I_1}\right\}$$

$$c_3 = \frac{(3I_1 + I_3)}{4I_0} - \frac{(11I_1 + I_3)}{8I_1}\left[\frac{2I_1}{I_0} - \frac{(3I_0 + I_2)}{2I_1}\right] - \frac{(7I_0 + 8I_2 + I_4)}{16I_1}$$

$$- \frac{(3I_0 + I_2)}{2I_1}\left(\frac{3(I_0 + I_2)}{4I_0} - \left\{\frac{(3I_0 + I_2)}{2I_1}\left[\frac{2I_1}{I_0} - \frac{(3I_0 + I_2)}{2I_1}\right] + \frac{(11I_1 + I_3)}{8I_1}\right\}\right)$$

$$(12-73)$$

让我们定义贝塞尔函数的比值［如 Vinh 等人（1980）所述］：

$$y_n \equiv \frac{I_n}{I_1}, \quad n \neq 1 \qquad (12-74)$$

利用这一定义，我们可以将式（12-73）中的 c_1 项写为

$$c_1 = \frac{2}{y_0} - \frac{3}{2}y_0 - \frac{1}{2}y_2 \qquad (12-75)$$

对于式（12-73）中的 c_2 项，我们有

$$c_2 = \frac{3}{4} + \frac{3}{4}\frac{y_2}{y_0} - \left(\frac{3}{2}y_0 + \frac{1}{2}y_2\right)\left(\frac{2}{y_0} - \frac{3}{2}y_0 - \frac{1}{2}y_2\right) - \frac{11}{8} - \frac{1}{8}y_3$$

$$= \frac{3}{4} + \frac{3}{4}\frac{y_2}{y_0} - \frac{11}{8} - \frac{1}{8}y_3 - 3 + \frac{9}{4}y_0^2 + \frac{3}{4}y_0 y_2 - \frac{y_2}{y_0} + \frac{3}{4}y_2 y_0 + \frac{1}{4}y_2^2$$

$$= -\frac{29}{8} - \frac{1}{4}\frac{y_2}{y_0} - \frac{1}{8}y_3 + \frac{9}{4}y_0^4 + \frac{6}{4}y_0 y_2 + \frac{1}{4}y_2^2$$

$$= \frac{1}{8}\left(-29 - 2\frac{y_2}{y_0} - y_3 + 18y_0^2 + 12y_0 y_2 + 2y_2^2\right)$$

$$(12-76)$$

Vinh 等人（1980）给出了式（12-62）除以式（12-65）的结果，即

$$\beta^* \frac{\mathrm{d}a}{\mathrm{d}x} = y_0 + \frac{1}{2}e(4 - 3y_0^2 - y_0y_2)$$

$$+ \frac{1}{8}e^2 [2y_0(3y_0 + y_2)^2 - 29y_0 - 2y_2 - y_0y_3] \qquad (12-77)$$

$$+ \frac{1}{16}e^3 [-32 + 113y_0^2 + 38y_0y_2 - y_0y_4 + 2y_2^2 + 6y_0^2y_3$$

$$+ 2y_0y_2y_3 - 2y_0(3y_0 + y_2)^3]$$

其中，我们注意到右侧的首项 y_0 是由式（12-62）的 I_0 除以式（12-65）的 I_1 得到的；另外，反比例高度 β^* 也移至式（12-77）的左侧。

贝塞尔函数满足递推公式［引自 Abramowitz 和 Stegun（1972）］：

$$I_{n-1}(x) - I_{n+1}(x) = \frac{2n}{x}I_n(x) \qquad (12-78)$$

因此，任何函数 $y_n(x)$ 都可以用 $y_0(x)$ 和 x 来表示。例如，在式（12-78）中设置 $n = 1$，则有

$$I_0 - I_2 = \frac{2}{x}I_1 \qquad (12-79)$$

因此（除以 I_1）

$$y_0 - y_2 = \frac{2}{x}$$

$$y_2 = y_0 - \frac{2}{x} \qquad (12-80)$$

在式（12-78）中设 $n = 2$，可得到

$$I_1 - I_3 = \frac{4}{x}I_2 \qquad (12-81)$$

于是

$$I_3 = I_1 - \frac{4}{x}I_2 \qquad (12-82)$$

和

$$y_3 = 1 - \frac{4}{x}y_2$$

$$= 1 - \frac{4}{x}\left(y_0 - \frac{2}{x}\right) \qquad (12-83)$$

$$= 1 - \frac{4y_0}{x} + \frac{8}{x^2}$$

在完成类似的过程后得到 y_4，我们有以下结果：

$$y_2(x) = y_0 - \frac{2}{x}$$

$$y_3(x) = 1 + \frac{8}{x^2} - \frac{4}{x}y_0 \tag{12-84}$$

$$y_4(x) = -\frac{8}{x} - \frac{48}{x^3} + y_0 + \frac{24}{x^2}y_0$$

令

$$z \equiv \frac{a}{a_0} \tag{12-85}$$

为无量纲半长轴。然后，根据式（12-44）中对 x 的定义，我们可以得出偏心率为

$$e = \frac{x}{a\beta^*} = \frac{x/a_0}{\beta^* a/a_0} = \frac{1}{\beta^* a_0}\frac{x}{z} \tag{12-86}$$

或

$$e = \epsilon \frac{x}{z} \tag{12-87}$$

其中

$$\epsilon \equiv \frac{1}{\beta^* a_0} = \frac{H}{a_0} \tag{12-88}$$

对于恒定的比例高度，ϵ 是一个常数；它通常是一个数量级为 10^{-3} 的小量（通常如 $a_0 \gg H$）。在式（12-77）中 e 的一阶项中应用式（12-84）的第一个方程，我们有

$$\frac{1}{2}e(4 - 3y_0^2 - y_0 y_2) = \frac{1}{2}e\left(4 - 3y_0^2 - y_0^2 + \frac{2y_0}{x}\right) \tag{12-89}$$

$$= e\left(2 - 2y_0^2 + \frac{y_0}{x}\right)$$

在式（12-77）的二阶项（e^2）中应用式（12-84）的前两个方程，我们有

$$\frac{1}{8}e^2\left[2y_0(3y_0 + y_2)^2 - 29y_0 - 2y_2 - y_0 y_3\right]$$

$$= \frac{1}{8}e^2\left[2y_0\left(3y_0 + y_0 - \frac{2}{x}\right)^2 - 29y_0 - 2y_0 + \frac{4}{x} - y_0 - \frac{8y_0}{x^2} + \frac{4}{x}y_0^2\right]$$

$$= \frac{1}{8}e^2\left[2y_0\left(16y_0^2 - 16\frac{y_0}{x} + \frac{4}{x^2}\right) - 32y_0 + \frac{4}{x} - \frac{8y_0}{x^2} + \frac{4}{x}y_0^2\right] \tag{12-90}$$

$$= \frac{1}{8}e^2\left[32y_0^3 - 32\frac{y_0^2}{x} + \frac{8y_0}{x^2} - 32y_0 + \frac{4}{x} - \frac{8y_0}{x^2} + \frac{4y_0^2}{x}\right]$$

$$= \frac{1}{8}e^2\left[32y_0^3 - 28\frac{y_0^2}{x} - 32y_0 + \frac{4}{x}\right]$$

或

$$\frac{1}{8}e^2\left[2y_0(3y_0 + y_2)^2 - 29y_0 - 2y_2 - y_0 y_3\right] = \frac{1}{2}e^2\left(8y_0^3 - 7\frac{y_0^2}{x} - 8y_0 + \frac{1}{x}\right)$$

$$\tag{12-91}$$

应用式 (12-85)、式 (12-87)、式 (12-88)、式 (12-89) 和式 (12-91) 重写式 (12-77)，我们得到轨道衰减问题的一个基本方程：

$$\frac{\mathrm{d}z}{\mathrm{d}x} = \epsilon\, y_0 + \epsilon^2\, \frac{x}{z}\left(2 + \frac{y_0}{x} - 2y_0^2\right) + \epsilon^3\, \frac{x^2}{2z^2}\left(\frac{1}{x} - 8y_0 - \frac{7y_0^2}{x} + 8y_0^3\right)$$
$$+ \epsilon^4\, \frac{x^3}{2z^2}\left(-4 + \frac{1}{x^2} + 20y_0^2 - 10\,\frac{y_0}{x} + \frac{4y_0}{x^3} - 5\,\frac{y_0^2}{x^2} + 20\,\frac{y_0^3}{x} - 16y_0^4\right) \tag{12-92}$$

其中 ϵ^4 项由 Vinh 等人 (1980) 给出。

我们发现式 (12-92) 本质是一个非线性微分方程。由于 ϵ 是一个非常小的量，我们无需进一步展开。事实上，式 (12-92) 的解可以被认为是式 (12-77) 截断到阶数 e^4 的精确解。

12.2.3　小参数庞加莱法积分

之前，我们推导了大气阻力导致轨道衰减的非线性微分方程 [式 (12-92)]：

$$\frac{\mathrm{d}z}{\mathrm{d}x} = \epsilon\, y_0 + \epsilon^2\, \frac{x}{z}\left(2 + \frac{y_0}{x} - 2y_0^2\right) + \epsilon^3\, \frac{x^2}{2z^2}\left(\frac{1}{x} - 8y_0 - \frac{7y_0^2}{x} + 8y_0^3\right)$$

其中我们去掉了 ϵ^4 项。我们回顾式 (12-44)、式 (12-51)、式 (12-74)、式 (12-85) 和式 (12-88)：

$$y_n = I_n/I_1, \quad n \neq 1$$
$$I_n = \frac{1}{2\pi}\int_0^{2\pi} \cos(nE)\exp(x\cos E)\,\mathrm{d}E \tag{12-93}$$
$$z = a/a_0$$
$$x = \beta^* a e \tag{12-94}$$
$$\epsilon = \frac{1}{\beta^* a_0} \tag{12-95}$$

庞加莱法是对含有小参数的非线性微分进行积分的一种严谨的数学方法，已被证明对于小参数 ϵ 具有收敛性。我们假设 $z(x)$ 的解的形式为

$$z = z_0 + \epsilon\, z_1 + \epsilon^2\, z_2 + \epsilon^3\, z_3 + \epsilon^4\, z_4 + \cdots$$
$$= \sum_{k=0}^{\infty} \epsilon^k z_k(x) \tag{12-96}$$

将式 (12-96) 代入式 (12-92)，我们得到

$$\frac{\mathrm{d}z}{\mathrm{d}x} = \frac{\mathrm{d}z_0}{\mathrm{d}x} + \epsilon\,\frac{\mathrm{d}z_1}{\mathrm{d}x} + \epsilon^2\,\frac{\mathrm{d}z_2}{\mathrm{d}x} + \epsilon^3\,\frac{\mathrm{d}z_3}{\mathrm{d}x}$$
$$= \epsilon\, y_0 + \epsilon^2\,(z_0 + \epsilon z_1)^{-1} x\left(2 + \frac{y_0}{x} - 2y_0^2\right) + \epsilon^3\,\frac{x^2}{2z_0^2}\left(\frac{1}{x} - 8y_0 - \frac{7y_0^2}{x} + 8y_0^3\right) \tag{12-97}$$

其中我们保留 ϵ^3 项。

我们注意到，在式 (12-97) 中，我们有

$$(z_0 + \epsilon z_1)^{-1} = \left[z_0 \left(1 + \epsilon \frac{z_1}{z_0} \right) \right]^{-1}$$

$$= \frac{1}{z_0} \left(1 - \epsilon \frac{z_1}{z_0} \right) \qquad (12-98)$$

$$= \frac{1}{z_0} - \epsilon \frac{z_1}{z_0^2}$$

其中我们去掉了 ϵ^2 项。因此，在式（12-97）中应用式（12-98），ϵ^2 项成为

$$\epsilon^2 (z_0 + \epsilon z_1)^{-1} x \left(2 + \frac{y_0}{x} - 2y_0^2 \right) = \epsilon^2 \frac{x}{z_0} \left(2 + \frac{y_0}{x} - 2y_0^2 \right)$$
$$- \epsilon^3 \frac{z_1 x}{z_0^2} \left(2 + \frac{y_0}{x} - 2y_0^2 \right) \qquad (12-99)$$

其中，我们可知出现了 ϵ^3 项。

将 ϵ 的同次幂系数相等［应用式（12-97）和式（12-99）］，我们得到 $z_k(x)$ 的微分方程为：

$$\frac{\mathrm{d}z_0}{\mathrm{d}x} = 0 \qquad (12-100)$$

$$\frac{\mathrm{d}z_1}{\mathrm{d}x} = y_0 \qquad (12-101)$$

$$\frac{\mathrm{d}z_2}{\mathrm{d}x} = \frac{x}{z_0} \left(2 + \frac{y_0}{x} - 2y_0^2 \right) \qquad (12-102)$$

$$\frac{\mathrm{d}z_3}{\mathrm{d}x} = -\frac{x z_1}{z_0^2} \left(2 + \frac{y_0}{x} - 2y_0^2 \right) + \frac{x^2}{2z_0^2} \left(\frac{1}{x} - 8y_0 - \frac{7y_0^2}{x} + 8y_0^3 \right) \qquad (12-103)$$

我们还可得到初始条件

$$z_0(x_0) = 1 \qquad (12-104)$$
$$z_1(x_0) = z_2(x_0) = \cdots = 0$$

式（12-100）～式（12-103）的积分是通过连续四次积分完成的。其成功与否取决于积分是否可以用已知函数来表示。我们发现以下递归公式非常有用：

$$\int p(x) y_0^{n+1} \mathrm{d}x = -\frac{p(x)}{n} y_0^n + \int p(x) y_0^{n-1} \mathrm{d}x + \int \left[\frac{p(x)}{x} + \frac{p'(x)}{n} \right] y_0^n \mathrm{d}x$$

$$(12-105)$$

其中 $n \neq 0$，且 $p(x)$ 为任意的函数。

为了推导出贝塞尔函数的公式（12-105），我们应用 Abramowitz 和 Stegun（1972）给出的关系式

$$x I_n'(x) + n I_n(x) = x I_{n-1}(x) \qquad (12-106)$$

对于 $n = 1$，由式（12-106）可得

$$x I_1' + I_1 = x I_0 \qquad (12-107)$$

将式（12-107）除以 $x I_1$，我们有

$$y_0 = \frac{I_1'}{I_1} + \frac{1}{x} \tag{12-108}$$

其中，我们记得 $y_0 \equiv I_0/I_1$。当 $n = 0$ 时，式（12-106）给出

$$x I_0' = x I_{-1} = x I_1 \tag{12-109}$$

其中，我们注意到式（12-93）的第二项，$\cos(-E) = \cos(E)$，因此 $I_{-1} = I_1$。求 $y_0 = I_0/I_1$ 相对于 x 的微分，我们得到

$$\frac{\mathrm{d}}{\mathrm{d}x}(I_0 I_1^{-1}) = \frac{1}{I_1}I_0' - \frac{I_0}{I_1^2}I_1' \tag{12-110}$$

在式（12-110）中应用式（12-109）的 $I_0' = I_1$ 和式（12-108）的 $I_1'/I_1 = y_0 - 1/x$，我们得到

$$y_0' = 1 - y_0\left(y_0 - \frac{1}{x}\right) \tag{12-111}$$

或

$$y_0' = 1 - y_0^2 + \frac{y_0}{x} \tag{12-112}$$

接下来我们考虑

$$\int p(x)\mathrm{d}\left(\frac{y_0^n}{n}\right) = \frac{p(x)}{n}y_0^n - \int \frac{p'(x)}{n}y_0^n \mathrm{d}x \tag{12-113}$$

或

$$\int p(x)y_0^{n-1}y_0'\mathrm{d}x = \int p(x)y_0^{n-1}\left(1 + \frac{y_0}{x} - y_0^2\right)\mathrm{d}x \tag{12-114}$$

$$= \frac{p(x)}{n}y_0^n - \int \frac{p'(x)}{n}y_0^n \mathrm{d}x$$

将式（12-114）中的第二个积分项相乘，我们有

$$\int \left[p(x)y_0^{n-1} + p(x)\frac{y_0^n}{x} - p(x)y_0^{n+1}\right]\mathrm{d}x = \frac{p(x)}{n}y_0^n - \int \frac{p'(x)}{n}y_0^n \mathrm{d}x \tag{12-115}$$

分离出式（12-115）中的 $\int p(x)y_0^{n+1}\mathrm{d}x$，我们有

$$\int p(x)y_0^{n+1}\mathrm{d}x = -\frac{p(x)}{n}y_0^n + \int p(x)y_0^{n-1}\mathrm{d}x + \int \left[\frac{p(x)}{x}y_0^n + \frac{p'(x)}{n}y_0^n\right]\mathrm{d}x \tag{12-116}$$

这证实了式（12-105）中的递归公式。

现在我们可以对式（12-100）～式（12-103）进行积分。z_0 的值为常数［根据式（12-100）］，根据式（12-104）设定的初始条件，我们有

$$z_0 = 1 \tag{12-117}$$

我们通过积分式（12-108）来求解式（12-101）中的 z_1：

$$\int \mathrm{d}z_1 = \int y_0 \mathrm{d}x$$

$$= \int \frac{I_1'}{I_1}\mathrm{d}x + \int \frac{1}{x}\mathrm{d}x \tag{12-118}$$

$$= \ln I_1(x) - \ln I_1(x_0) + \ln x - \ln x_0$$

由于［根据式（12-104）］z_1 的初始条件为零，我们根据式（12-118）可得

$$z_1(x) = \ln\left[\frac{x I_1(x)}{x_0 I_1(x_0)}\right] \tag{12-119}$$

由于 $z_0 = 1$，z_2 的方程［式（12-102）］为

$$\frac{\mathrm{d}z_2}{\mathrm{d}x} = 2x + y_0 - 2x y_0^2 \tag{12-120}$$

对式（12-120）进行积分，我们有

$$z_2(x) = x^2 + \ln[x I_1(x)] - 2\int x y_0^2 \mathrm{d}x \tag{12-121}$$

根据递归公式［式（12-105）］，当 $p(x) = x$ 且 $n = 1$，可得

$$\int x y_0^2 \mathrm{d}x = -x y_0 + \int x \mathrm{d}x + \int 2 y_0 \mathrm{d}x$$

$$= -x y_0 + \frac{1}{2}x^2 + 2\ln[x I_1(x)] \tag{12-122}$$

其中，我们应用式（12-118）和式（12-119）的结果来对 $2y_0$ 进行积分。将式（12-122）代入式（12-121），我们得到

$$z_2(x) = x^2 + \ln[x I_1(x)] + 2x y_0 - x^2 - 4\ln[x I_1(x)] \tag{12-123}$$

应用式（12-104）中的初始条件，由式（12-123），我们有

$$z_2(x) = 2x y_0(x) - 2x_0 y_0(x_0) - 3\ln\left[\frac{x I_1(x)}{x_0 I_1(x_0)}\right] \tag{12-124}$$

通过积分求 $z_3(x)$ 和 $z_4(x)$ 的过程与之类似，但要困难得多。可以发现，$z_k(x)$ 可以用两个函数来表示：

$$A(x) \equiv x \frac{I_0(x)}{I_1(x)} = x y_0 \tag{12-125}$$

$$B(x) \equiv \ln[x I_1(x)]$$

最终的解为

$$z_0(x) = 1 \tag{12-126}$$

$$z_1(x) = B - B_0 \tag{12-127}$$

$$z_2(x) = 2(A - A_0) - 3(B - B_0) \tag{12-128}$$

$$z_3(x) = \frac{7}{2}(x^2 - x_0^2) - \frac{13}{2}(A - A_0) - 2(A^2 - A_0^2)$$

$$+ 13(B - B_0) - 2A(B - B_0) + \frac{3}{2}(B - B_0)^2 \tag{12-129}$$

其中 A_0 和 B_0 是在 $x = x_0$ 时求得的 A 值和 B 值。$z_4(x)$ 的解由 Vinh 等人（1980）在第 289

页给出。$z_5(x)$ 的解是由 Longuski（1979）给出的。

衰减轨道的半长轴为

$$\frac{a}{a_0} = 1 + \epsilon z_1 + \epsilon^2 z_2 + \epsilon^3 z_3 + \epsilon^4 z_4 \qquad (12-130)$$

采用 x 作为参数（$x = \beta^* ae$），我们可以表示其他相关量。根据式（12-87），偏心率为

$$e = \epsilon \frac{x}{z} \qquad (12-131)$$

其中

$$\epsilon \equiv \frac{1}{\beta^* a_0} \qquad (12-132)$$

近拱点的下降距离（以比例高度为单位）由以下公式求得

$$
\begin{aligned}
\frac{r_{p_0} - r_p}{H} &= \beta^* \left[r_{p_0} - a(1-e) \right] \\
&= \beta^* a_0 - \beta^* a_0 e_0 + \beta^* ae - \beta^* a_0 (1 + \epsilon z_1 + \epsilon^2 z_2 + \cdots) \\
&= x - x_0 - \frac{1}{\epsilon}(\epsilon z_1 + \epsilon^2 z_2 + \cdots)
\end{aligned}
\qquad (12-133)
$$

或

$$\frac{r_{p_0} - r_p}{H} = (x - x_0) - (z_1 + \epsilon z_2 + \epsilon^2 z_3 + \epsilon^3 z_4) \qquad (12-134)$$

由于偏心率为 $e = \epsilon x/z$［根据式（12-131）］，我们可以把偏心率的比值写为

$$\frac{e}{e_0} = \frac{\epsilon x/z}{\epsilon x_0/z_0} = \frac{x}{x_0} \frac{z_0}{z} \qquad (12-135)$$

并且由于 $z_0 = 1$

$$\frac{e}{e_0} = \frac{x}{x_0 z} \qquad (12-136)$$

在轨道衰减的过程中，近拱点附近的阻力最为显著。近拱点处强大的制动力会大幅降低远拱点距离，而近拱点距离几乎保持不变。为了说明这种效果，我们可以将远拱点距离的比值计算为变量 x 的函数。对于近拱点距离的比值，我们有

$$\frac{r_p}{r_{p_0}} = \frac{a(1-e)}{a_0(1-e_0)} = \frac{z - \epsilon x}{(1-e_0)} \qquad (12-137)$$

同样地，对于远拱点距离的比值，我们有

$$\frac{r_a}{r_{a_0}} = \frac{a(1+e)}{a_0(1+e_0)} = \frac{z + \epsilon x}{(1+e_0)} \qquad (12-138)$$

为了计算远拱点的下降距离（按比例高度），我们可以应用以下公式［类似于式（12-133）］：

$$
\begin{aligned}
\frac{r_{a_0} - r_a}{H} &= \beta^* \left[a_0(1+e_0) - a(1+e) \right] \\
&= \beta^* a_0 + \beta^* a_0 e_0 - \beta^* ae - \beta^* a_0 (1 + \epsilon z_1 + \epsilon^2 z_2 + \cdots) \\
&= x_0 - x - \beta^* a_0 (\epsilon z_1 + \epsilon^2 z_2 + \cdots)
\end{aligned}
\qquad (12-139)
$$

或

$$\frac{r_{a_0} - r_a}{H} = (x_0 - x) - (z_1 + \epsilon z_2 + \epsilon^2 z_3 + \epsilon^3 z_4) \qquad (12-140)$$

最后，轨道周期简单表示为（根据开普勒第三定律）：

$$\frac{P}{P_0} = \left(\frac{a}{a_0}\right)^{3/2} = z^{3/2}(x) \qquad (12-141)$$

对于每个初始值 $\epsilon = H/a_0$ 和初始偏心率 e_0，我们可以计算出初始值 $x_0 \equiv \beta^* a_0 e_0 = e_0/\epsilon$。然后可以计算出 a/a_0、e/e_0、P/P_0 等表达式与 x 的函数关系。接下来，它们可以任何组合来交叉绘制曲线。

例如，图 12-2、图 12-3 和图 12-4 显示了归一化半长轴、轨道周期、近拱点半径和远拱点半径相对归一化偏心率的对比图。这些图表还将解析平均解和通过对牛顿第二定律 ［式（1-34）］ 进行积分产生的数值解进行了比较。数值积分是在直角坐标中进行的。对轨道根数的转换采用了著名的算法 ［参见 Vallado（2013）］。使用 x 作为参数创建解析解，并根据式（12-125）对其他相关量的表达式进行计算。比较结果表明两者非常一致。在达到较小的偏心率值之前，解几乎是线性的。这些图中显示的样本轨道采用了 $e_0 = 0.165$，$a_0 = 7\ 860\ \text{km}$，$P_0 = 6\ 934\ \text{s}$，$r_{a_0} = 9\ 160\ \text{km}$，$r_{p_0} = 6\ 560\ \text{km}$，$H = 29.74\ \text{km}$（注意：如果指定了 a_0，则无需指定 P_0）。其中，值为相对于地球的值。

Longuski（1979）提出了基于归一化元素 $z(x)$ 和无量纲常数 Z_0 的一般轨道衰减理论的高阶分析。

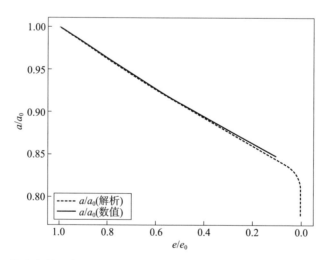

图 12-2 归一化半长轴和归一化偏心率之间的关系，参见式（12-130）和式（12-136）。在轨道接近最终衰变之前，两者关系近似线性

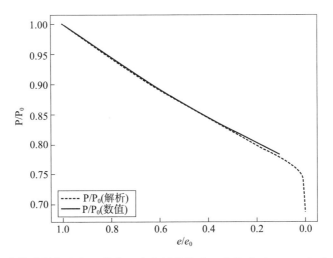

图 12 - 3　归一化轨道周期和归一化偏心率之间的关系，参见式（12 - 141）和式（12 - 136）。
该关系亦反映了半长轴和偏心率的关系

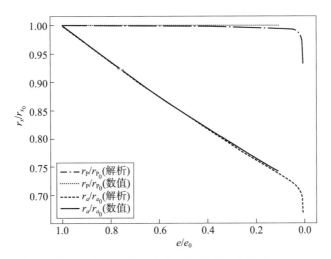

图 12 - 4　归一化远拱点和近拱点与归一化偏心率之间的关系。参见式（12 - 138）、式（12 - 137）和
式（12 - 136）。由于近拱点的阻力较大，远拱点显著下降，而当偏心率接近零时，近拱点几乎不变

参 考 文 献

Abramowitz, M. , & Stegun, I. A. (1972). *Handbook of mathematical functions*. New York: Dover Publications.

King – Hele, D. (1964) . *Theory of satellite orbits in an atmosphere*. London: Butterworths.

Longuski, J. M. (1979). *Analytic theory of orbit contraction and ballistic entry into planetary atmospheres*. Ph. D. Thesis, University of Michigan, Ann Arbor.

McCuskey, S. W. (1963) . *Introduction to celestial mechanics*. Reading: Addison – Wesley Publishing Company, Inc.

Meirovitch, L. (1970). *Methods of analytical dynamics*. New York: McGraw – Hill Book Company.

Vallado, D. A. (2013) . *Fundamentals of astrodynamics and applications* (4th ed.). El Segundo: Microcosm Press.

Vinh, N. X. , Busemann, A. , & Culp, R. D. (1980) . *Hypersonic and planetary flight mechanics*. Ann Arbor: The University of Michigan Press.

第 13 章 轨道确定简介

13.1 连接模型与现实世界

我们现在考虑使用轨道模型来预测现实世界中卫星运动的问题。假设我们通过将第 8 章中提出的二次带谐效应和第 11 章中提出的大气阻力效应相结合，建立了一个可靠的解析轨道模型。此外，假设我们已经获得了相关卫星的一些跟踪数据，并对该卫星的轨道有了初步估计。

我们现在必须确定轨道模型中使用的初始条件。即使我们的跟踪仪器能够提供某个瞬间的位置和速度，也无法满足我们对初始条件的需求。我们的轨道模型需要平均（平均化的）轨道根数，而不是密切位置和速度。此外，由于数据会包含一些不确定性，跟踪并非完全准确。我们当然不希望从含有误差的数据开始预测。

幸运的是，高斯在 1809 年发表了计算天体轨道的最小二乘法。最小二乘法是回归分析中的一种标准方法，通过最小化测量值和模型预测值之间的残差平方和，来近似得到超定系统（方程数量多于未知数的方程组）的解。

得益于高斯的研究，我们有了一个确定模型初始条件的明确过程，这将确保在我们拥有数据的某个时段内，观测结果和模型之间尽可能匹配。我们将此过程称为模型初始化或轨道确定。在初始条件确定后，我们就可以使用模型进行观测期之外的预测了。

在本章中，我们根据 Hoots（2007）对最小二乘法进行理论阐述，并介绍如何将其应用于轨道确定。高斯最小二乘法构成了该技术的众多扩展和变体的基础。例如，卡尔曼滤波器、无迹滤波器、粒子滤波器等。无论采用哪种技术，最终目的都是确定轨道模型的初始状态，以便提供最准确的预测。

高斯最小二乘法很容易描述，但要理解它的实际工作原理却很困难。正如我们将看到的，它涉及数据分量的求和、矩阵乘法和矩阵求逆。基本上，它似乎是一个"魔盒"，人们将观测数据倒入其中，然后从底部得到最优轨道状态。在所有这些操作中，几乎不可能追踪到某个数据片段如何影响最终的解。此外，高斯法是所有现代轨道确定方法中最不复杂的一种。

因此，我们将在本章后半部分建立最小二乘法解的封闭解析表达式，以便清楚地了解最小二乘解如何受到测量类型、测量次数、测量质量和测量时间分布等因素的影响。

13.2　高斯最小二乘法

卫星可以通过各种设备进行跟踪，其中最常见的是雷达和望远镜。雷达测量通常包括某一时刻的距离、方位角和仰角。这些信息确定了卫星在测量时刻所处空间中的唯一点。这组数据称为观测值。望远镜测量包括在特定时刻的一对角度（如赤经和赤纬，或方位角和仰角），但不包括距离。因此，望远镜观测提供了指向卫星方向的视线，但并没指定卫星在视线上的位置。

我们首先令 m_{ob} 表示在某个时刻 t 的测量。测量可以是所描述的任何观测分量。令 $\mathbf{X}$ 表示卫星在某个历元 t_0 的 6×1 轨道根数矢量。一般来说，观测到的位置与观测时刻卫星的预测位置并不完全一致。高斯最小二乘法的目的是提供一种调整轨道根数集初始条件的方法，使预测结果尽可能接近观测结果。令 $m(\mathbf{X})$ 表示当前轨道根数 $\mathbf{X}$ 对测量结果的估计。

我们假设测量结果足够接近预测轨道，可以用泰勒级数的第一项近似为

$$m_{ob} = m(\mathbf{X}) + \left(\frac{\partial m}{\partial x_1}\right)\Delta x_1 + \left(\frac{\partial m}{\partial x_2}\right)\Delta x_2 + \left(\frac{\partial m}{\partial x_3}\right)\Delta x_3$$
$$+ \left(\frac{\partial m}{\partial x_4}\right)\Delta x_4 + \left(\frac{\partial m}{\partial x_5}\right)\Delta x_5 + \left(\frac{\partial m}{\partial x_6}\right)\Delta x_6 \qquad (13-1)$$

我们将式（13-1）重新排列为更方便的形式：

$$m_{ob} - m(\mathbf{X}) = \left[\frac{\partial m}{\partial x_1} \quad \frac{\partial m}{\partial x_2} \quad \frac{\partial m}{\partial x_3} \quad \frac{\partial m}{\partial x_4} \quad \frac{\partial m}{\partial x_5} \quad \frac{\partial m}{\partial x_6}\right]\Delta \mathbf{X} \qquad (13-2)$$

对于每种测量类型，都将有一个封闭表达式，通过偏导数将测量类型与轨道根数联系起来。此外，对于给定雷达或望远镜的每种测量类型，我们都会有一个预期的测量噪声，其由测量集合的标准差来表征。

因此，每个测量 m_i 都包含一些未知误差，我们用其标准差 σ_i 来表征。对于 k 个测量的集合，我们引入矩阵符号，表示为

$$A_{ij} = \frac{1}{\sigma_i}\frac{\partial m_i}{\partial x_j}\bigg|_{\mathbf{X}} \quad i = 1, 2, \cdots, k; \quad j = 1, 2, \cdots, 6 \qquad (13-3)$$

$$B_i = \frac{1}{\sigma_i}\left[m_i - m_i(\mathbf{X})\right] \qquad (13-4)$$

对 k 个测量均应用式（13-2）中的假设，根据式（13-3）和式（13-4）中定义的符号，我们可以写出[①]

$$B = A\Delta \mathbf{X} \qquad (13-5)$$

其中 $\Delta \mathbf{X}$ 是对轨道根数矢量的修正，这将使轨道与测量结果更加一致。一般来说，在我们的超定系统中将有 $k \gg 6$。

---

　① 注：译文的矩阵符号保留了原书的体例，未采用黑体字母。

我们将式（13-5）乘以 A 矩阵的转置 A^{T}，得到

$$A^{\mathrm{T}}B = (A^{\mathrm{T}}A)\,\Delta\mathbf{X} \tag{13-6}$$

如果将式（13-6）乘以 $(A^{\mathrm{T}}A)^{-1}$，即 $A^{\mathrm{T}}A$ 矩阵的逆，我们得到

$$(A^{\mathrm{T}}A)^{-1}(A^{\mathrm{T}}B) = (A^{\mathrm{T}}A)^{-1}(A^{\mathrm{T}}A)\,\Delta\mathbf{X} = \Delta\mathbf{X}$$

因此，对轨道根数的修正为

$$\Delta\mathbf{X} = (A^{\mathrm{T}}A)^{-1}(A^{\mathrm{T}}B) \tag{13-7}$$

该解基于式（13-1）中的泰勒级数表达式。由于我们的目标是最小化残差（即测量值和预测值之间的差值），因此我们引入以下量：

$$B^{\mathrm{T}}B \tag{13-8}$$

即加权残差的平方和。该总和可以衡量轨道与测量结果的拟合程度。

由于我们只保留了泰勒级数中的线性项，因此我们预计式（13-7）将提供所需修正的一阶近似值。如果我们按照式（13-7）的规定对轨道根数进行修正，我们就可以重复该过程，以得到轨道根数的进一步修正。我们重复这个迭代过程，直到 $B^{\mathrm{T}}B$ 只发生很小的变化。可以认为，出现这种情况的迭代已经收敛到了使残差平方和最小的最佳轨道根数集。量

$$C = (A^{\mathrm{T}}A)^{-1} \tag{13-9}$$

称为协方差。以上完成了对应用于卫星轨道确定的高斯最小二乘法的描述。

13.3　打开最小二乘法的魔盒

我们可以将轨道确定工具简单地视为一个魔术过程，它可提供与数据相匹配的轨道。然而，正如我们将看到的，其结果在很大程度上取决于所使用数据的性质和关联程度。如果我们费尽心思开发了一个解析轨道模型，为什么不同时了解数据是如何影响轨道确定结果的呢？

为解决这一问题，我们采用了一个非常简单的现实世界模型。在此过程中，我们必须确保模型仍然保留控制模型行为的所有几何特征，同时提供足够的代数简化，以便我们能够获得显式的解析解。

13.3.1　问题的简单模型

为给我们的问题建立一个简单的模型，我们将分析限制在二体圆形轨道上。由于二体运动被限定在一个平面内，因此我们在运动平面内进行分析。该运动可以描述为

$$x = a_0\cos M$$
$$y = a_0\sin M \tag{13-10}$$
$$M = M_0 + n_0 t$$

其中

$$a_0 = 半长轴的历元值$$

$$M_0 = 平近点角的历元值$$

$$n_0 = 平均运动的历元值$$

$$t = 自历元以来的时间$$

　　因此，我们的轨道模型只有两个轨道根数——初始平均运动 n_0 和初始平近点角 M_0。我们还做了另一个简化假设，即测量是由位于地球中心的雷达进行的。由于雷达始终在卫星运动的平面上，因此测量结果可以用一个距离和一个角度来描述。

　　图 13-1 说明了对卫星进行测量的坐标系。选择该坐标系，以便从一条共同的直线（惯性 x 轴）测量传感器角度 θ 和卫星平近点角 M。橙色线代表传感器 S_1 跟踪的弧线，而蓝色线代表传感器 S_2 跟踪的弧线。

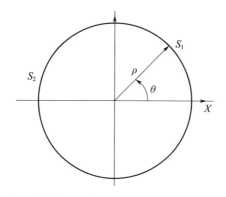

图 13-1　位于地球中心的两个传感器观察一颗卫星，轨迹由弧线 S_1 和 S_2 表示（见彩插）

　　雷达测量并不完全准确，但可以用其标准差来描述，传感器 S_1 的标准差分别为 $\sigma_{1\rho}$ 和 $\sigma_{1\theta}$。类似地，我们分别用标准差 $\sigma_{2\rho}$ 和 $\sigma_{2\theta}$ 来描述传感器 S_2 的测量。接下来的推导假设误差呈正态分布，且均值误差为零。

　　第一个传感器的第 i 次雷达测量可表示为

$$\rho_{1i} = \rho_{1T_i} + \delta_{1\rho_i}$$

$$\theta_{1i} = \theta_{1T_i} + \delta_{1\theta_i}$$

而第二个传感器的第 i 次测量可表示为

$$\rho_{2i} = \rho_{2T_i} + \delta_{2\rho_i}$$

$$\theta_{2i} = \theta_{2T_i} + \delta_{2\theta_i}$$

其中

$$\rho_{T_i} = 第\ i\ 次观测的真实距离$$

$$\delta_{\rho_i} = 第\ i\ 次观测的雷达测距噪声$$

$$\delta_{\theta_i} = 第\ i\ 次观测的雷达角度噪声$$

$$\theta_{T_i} = M_0 + n_0 t_i\ ,第\ i\ 次观测的真实角度$$

　　重要的是要认识到给定雷达测量的期望标准差 σ 与该雷达特定测量的噪声 δ 之间的符

号差异。

卫星轨道的测量值和估计值之差由下式描述：

$$\Delta\rho = \left(\frac{\partial\rho}{\partial M}\right)\Delta M_0 + \left(\frac{\partial\rho}{\partial n}\right)\Delta n_0$$

$$\Delta\theta = \left(\frac{\partial\theta}{\partial M}\right)\Delta M_0 + \left(\frac{\partial\theta}{\partial n}\right)\Delta n_0$$

$$(13-11)$$

对于由距离和角度测量组成的单次观测，式（13-3）和式（13-4）将得出

$$A_i = \begin{bmatrix} \dfrac{1}{\sigma_\rho}\dfrac{\partial\rho}{\partial M} & \dfrac{1}{\sigma_\rho}\dfrac{\partial\rho}{\partial n} \\[2mm] \dfrac{1}{\sigma_\theta}\dfrac{\partial\theta}{\partial M} & \dfrac{1}{\sigma_\theta}\dfrac{\partial\theta}{\partial n} \end{bmatrix} = \begin{bmatrix} 0 & \dfrac{1}{\sigma_\rho}H \\[2mm] \dfrac{1}{\sigma_\theta} & \dfrac{1}{\sigma_\theta}t_i \end{bmatrix} \tag{13-12}$$

$$H = -\frac{2a_0}{3n_0} \tag{13-13}$$

$$B_i = \begin{bmatrix} \dfrac{1}{\sigma_\rho}\Delta\rho_i \\[2mm] \dfrac{1}{\sigma_\theta}\Delta\theta_i \end{bmatrix} \tag{13-14}$$

根据式（13-6），我们需要计算出

$$A_i^{\mathrm{T}}B_i = \begin{bmatrix} 0 & \dfrac{1}{\sigma_\theta} \\[2mm] \dfrac{1}{\sigma_\rho}H & \dfrac{1}{\sigma_\theta}t_i \end{bmatrix}\begin{bmatrix} \dfrac{1}{\sigma_\rho}\Delta\rho_i \\[2mm] \dfrac{1}{\sigma_\theta}\Delta\theta_i \end{bmatrix}$$

$$= \begin{bmatrix} \dfrac{1}{\sigma_\theta^2}\Delta\theta_i \\[3mm] \dfrac{1}{\sigma_\rho^2}H\Delta\rho_i + \dfrac{1}{\sigma_\theta^2}t_i\Delta\theta_i \end{bmatrix}$$

$$(13-15)$$

而根据式（13-6），我们还需要计算出

$$A_i^{\mathrm{T}}A_i = \begin{bmatrix} 0 & \dfrac{1}{\sigma_\theta} \\[2mm] \dfrac{1}{\sigma_\rho}H & \dfrac{1}{\sigma_\theta}t_i \end{bmatrix}\begin{bmatrix} 0 & \dfrac{1}{\sigma_\rho}H \\[2mm] \dfrac{1}{\sigma_\theta} & \dfrac{1}{\sigma_\theta}t_i \end{bmatrix}$$

$$= \begin{bmatrix} \dfrac{1}{\sigma_\theta^2} & \dfrac{1}{\sigma_\theta^2}t_i \\[3mm] \dfrac{1}{\sigma_\theta^2}t_i & \dfrac{1}{\sigma_\rho^2}H^2 + \dfrac{1}{\sigma_\theta^2}t_i^2 \end{bmatrix}$$

$$(13-16)$$

我们假设雷达收集了 k 次观测数据。那么式（13-15）和式（13-16）可以写为

$$A^{\mathrm{T}}B = \begin{pmatrix} \dfrac{1}{\sigma_\theta^2} \sum\limits_{i=1}^{k} \Delta\theta_i \\[4mm] \dfrac{1}{\sigma_\rho^2} H \sum\limits_{i=1}^{k} \Delta\rho_i + \dfrac{1}{\sigma_\theta^2} \sum\limits_{i=1}^{k} t_i \Delta\theta_i \end{pmatrix} \qquad (13-17)$$

和

$$A^{\mathrm{T}}A = \begin{pmatrix} \dfrac{1}{\sigma_\theta^2} \sum\limits_{i=1}^{k} 1 & \dfrac{1}{\sigma_\theta^2} \sum\limits_{i=1}^{k} t_i \\[4mm] \dfrac{1}{\sigma_\theta^2} \sum\limits_{i=1}^{k} t_i & \dfrac{1}{\sigma_{\rho_i}^2} H^2 \sum\limits_{i=1}^{k} 1 + \dfrac{1}{\sigma_\theta^2} \sum\limits_{i=1}^{k} t_i^2 \end{pmatrix} \qquad (13-18)$$

式（13-17）和式（13-18）可以简化为

$$A^{\mathrm{T}}B = \dfrac{1}{\sigma_\theta^2} \begin{pmatrix} \sum\limits_{i=1}^{k} \Delta\theta_i \\[4mm] GH \sum\limits_{i=1}^{k} \Delta\rho_i + \sum\limits_{i=1}^{k} t_i \Delta\theta_i \end{pmatrix} \qquad (13-19)$$

$$A^{\mathrm{T}}A = \dfrac{1}{\sigma_\theta^2} \begin{pmatrix} \sum\limits_{i=1}^{k} 1 & \sum\limits_{i=1}^{k} t_i \\[4mm] \sum\limits_{i=1}^{k} t_i & GH^2 \sum\limits_{i=1}^{k} 1 + \sum\limits_{i=1}^{k} t_i^2 \end{pmatrix} \qquad (13-20)$$

其中

$$G = \dfrac{\sigma_\theta^2}{\sigma_\rho^2}$$

我们进一步假设，雷达收集的 k 次观测数据分布在 $k-1$ 个相等的时间间隔内，跨度为 T，从时刻 $-\tau$ 开始。第 i 次观测的时间为

$$t_i = -\tau + (i-1)\Delta t \text{（起始时刻在历元之前）} \qquad (13-21)$$

其中

$$\Delta t = \dfrac{T}{k-1} \qquad (13-22)$$

在后续的计算中，我们需要以下几个和：

$$\sum_{i=1}^{k} 1 \qquad \sum_{i=1}^{k} t_i \qquad \sum_{i=1}^{k} t_i^2 \qquad (13-23)$$

第一个和的结果很简单

$$\sum_{i=1}^{k} 1 = k \qquad (13-24)$$

将式（13-21）应用于式（13-23）的第二个和，我们得到

$$\sum_{i=1}^{k} t_i = \sum_{i=1}^{k} [-\tau + (i-1)\Delta t] = \sum_{i=1}^{k} (-\tau) + \sum_{i=1}^{k} (i-1)\Delta t$$

$$= -\tau \sum_{i=1}^{k} 1 + \Delta t \sum_{i=1}^{k} i - \Delta t \sum_{i=1}^{k} 1 \qquad (13-25)$$

利用式 (13-22) 和已知的整数和公式，式 (13-25) 简化为

$$\sum_{i=1}^{k} t_i = -\tau k + \Delta t \frac{k(k+1)}{2} - \Delta t k = -\tau k + \Delta t \frac{k^2 + k - 2k}{2}$$

$$= -\tau k + \Delta t \frac{k(k-1)}{2} \qquad (13-26)$$

将式 (13-22) 代入式 (13-26)，可得

$$\sum_{i=1}^{k} t_i = -k\tau + \frac{T}{(k-1)} \frac{k(k-1)}{2} = -k\tau + \frac{k}{2}T$$

$$= k\left(-\tau + \frac{T}{2}\right) \qquad (13-27)$$

将式 (13-21) 应用于式 (13-23) 的第三个和，我们得到

$$\sum_{i=1}^{k} t_i^2 = \sum_{i=1}^{k} [-\tau + (i-1)\Delta t]^2 = \sum_{i=1}^{k} \tau^2 - \sum_{i=1}^{k} 2\tau(i-1)\Delta t + \sum_{i=1}^{k} (i-1)^2 \Delta t^2$$

$$= \tau^2 \sum_{i=1}^{k} 1 - 2\tau \Delta t \sum_{i=1}^{k} (i-1) + \Delta t^2 \sum_{i=1}^{k} (i-1)^2$$

$$= \tau^2 \sum_{i=1}^{k} 1 - 2\tau \Delta t \sum_{i=1}^{k} i + 2\tau \Delta t \sum_{i=1}^{k} 1 + \Delta t^2 \left[\sum_{i=1}^{k} i^2 - 2\sum_{i=1}^{k} i + \sum_{i=1}^{k} 1\right] \qquad (13-28)$$

在式 (13-28) 中应用已知的整数和与整数平方公式，我们得到

$$\sum_{i=1}^{k} t_i^2 = \tau^2 k - 2\tau \Delta t \frac{k(k+1)}{2} + 2\tau \Delta t k$$

$$+ \Delta t^2 \left[\frac{k(k+1)(2k+1)}{6} - 2\frac{k(k+1)}{2} + k\right]$$

$$= \tau^2 k - 2\tau \Delta t \frac{k(k+1) - 2k}{2} + \Delta t^2 \frac{k}{6} [(k+1)(2k+1) - 6(k+1) + 6]$$

$$= \tau^2 k - \tau \Delta t(k)(k-1) + \Delta t^2 \frac{k}{6} [2k^2 - 3k + 1]$$

$$= \tau^2 k - \tau \Delta t(k)(k-1) + \Delta t^2 \frac{k}{6} (k-1)(2k-1) \qquad (13-29)$$

将式 (13-22) 代入式 (13-29)，得到

$$\sum_{i=1}^{k} t_i^2 = \tau^2 k - \tau \frac{T}{(k-1)} k(k-1) + \frac{T^2}{(k-1)^2} \frac{k}{6} (k-1)(2k-1)$$

$$= k\tau^2 - k\tau T + k\frac{T^2}{6} \frac{(2k-1)}{(k-1)} \qquad (13-30)$$

综上所述，我们有

$$\sum_{i=1}^{k} 1 = k \tag{13-31}$$

$$\sum_{i=1}^{k} t_i = k\left(-\tau + \frac{T}{2}\right) \tag{13-32}$$

$$\sum_{i=1}^{k} t_i^2 = k\left(\tau^2 - \tau T + \frac{T^2}{3}\right) \tag{13-33}$$

其中我们在式（13-33）中假设 $k \gg 1$。

我们假设测量误差呈正态分布，均值为零，于是

$$\sum \Delta\rho = \sum (\rho - \rho_{\text{truth}}) + \sum \delta_\rho = \sum \delta_\rho$$

$$\sum \Delta\theta = \sum (\theta - \theta_{\text{truth}}) + \sum \delta_\theta = \sum \delta_\theta$$

因此，式（13-19）变为

$$A^{\mathrm{T}}B = \frac{1}{\sigma_\theta^2} \left(\begin{array}{c} \displaystyle\sum_{i=1}^{k} \delta_{\theta_i} \\[2mm] GH \displaystyle\sum_{i=1}^{k} \delta_{\rho_i} + \sum_{i=1}^{k} t_i \delta_{\theta_i} \end{array} \right) \tag{13-34}$$

我们引入以下简写符号：

$$Q = \sum_{i=1}^{k} \delta_{\theta_i}$$

$$Q_t = \sum_{i=1}^{k} t_i \delta_{\theta_i} \tag{13-35}$$

$$R = \sum_{i=1}^{k} \delta_{\rho_i}$$

代入式（13-34）得到

$$A^{\mathrm{T}}B = \frac{1}{\sigma_\theta^2} \left(\begin{array}{c} Q \\ GHR + Q_t \end{array} \right) \tag{13-36}$$

注意，Q 和 R 仅取决于观测数据中的总噪声，而 Q_t 包含了噪声和噪声发生时刻之间的相关性。

将式（13-31）～式（13-33）代入式（13-20），得到

$$A^{\mathrm{T}}A = \frac{1}{\sigma_\theta^2} \left[\begin{array}{cc} k & k\left(-\tau + \dfrac{T}{2}\right) \\[3mm] k\left(-\tau + \dfrac{T}{2}\right) & kGH^2 + k\left(\tau^2 - \tau T + \dfrac{T^2}{3}\right) \end{array} \right]$$

$$= \frac{k}{\sigma_\theta^2} \left[\begin{array}{cc} 1 & -\tau + \dfrac{T}{2} \\[3mm] -\tau + \dfrac{T}{2} & GH^2 + \left(\tau^2 - \tau T + \dfrac{T^2}{3}\right) \end{array} \right] \tag{13-37}$$

式（13-36）和式（13-37）描述了由单个雷达进行 k 次均匀间隔观测的效果。

13.3.2 应用于多段跟踪

回到图 13-1，假设我们有两个传感器 S_1 和 S_2。此外，假设每个传感器在不重叠的时段 T_1 和 T_2 内跟踪，并分别收集 k 次和 m 次观测数据。图 13-2 举例说明了这两个跟踪时间。

式（13-37）则变为

$$A^\mathrm{T} A = A_1^\mathrm{T} A_1 + A_2^\mathrm{T} A_2 = \begin{bmatrix} m_{11} & m_{12} \\ m_{21} & m_{22} \end{bmatrix} \tag{13-38}$$

其中

$$m_{11} = \frac{k}{\sigma_{1\theta}^2} + \frac{m}{\sigma_{2\theta}^2}$$

$$m_{12} = m_{21} = \frac{k}{\sigma_{1\theta}^2}\left(-\tau_1 + \frac{T_1}{2}\right) + \frac{m}{\sigma_{2\theta}^2}\left(-\tau_2 + \frac{T_2}{2}\right)$$

$$m_{22} = \frac{kH^2}{\sigma_{1\rho}^2} + \frac{mH^2}{\sigma_{2\rho}^2} + \frac{k}{\sigma_{1\theta}^2}\left(\tau_1^2 - \tau_1 T_1 + \frac{T_1^2}{3}\right) + \frac{m}{\sigma_{2\theta}^2}\left(\tau_2^2 - \tau_2 T_2 + \frac{T_2^2}{3}\right)$$

已知

$$\tau^2 - \tau T + \frac{T^2}{3} = \tau^2 - \tau T + \frac{T^2}{4} + \frac{T^2}{12} = \left(\tau - \frac{T}{2}\right)^2 + \frac{T^2}{12} \tag{13-39}$$

此外，我们引入以下符号，并认识到

$$\hat{T} = \frac{T}{2} - \tau \tag{13-40}$$

为跟踪弧段的中点。在式（13-38）中应用式（13-39）和式（13-40），我们得到

$$A^\mathrm{T} A = \begin{pmatrix} \dfrac{k}{\sigma_{1\theta}^2} + \dfrac{m}{\sigma_{2\theta}^2} & \dfrac{k}{\sigma_{1\theta}^2}\hat{T}_1 + \dfrac{m}{\sigma_{2\theta}^2}\hat{T}_2 \\[2mm] \dfrac{k}{\sigma_{1\theta}^2}\hat{T}_1 + \dfrac{m}{\sigma_{2\theta}^2}\hat{T}_2 & \dfrac{kH^2}{\sigma_{1\rho}^2} + \dfrac{mH^2}{\sigma_{2\rho}^2} + \dfrac{k}{\sigma_{1\theta}^2}\hat{T}_1^2 + \dfrac{m}{\sigma_{2\theta}^2}\hat{T}_2^2 + \dfrac{k}{\sigma_{1\theta}^2}\left(\dfrac{T_1^2}{12}\right) + \dfrac{m}{\sigma_{2\theta}^2}\left(\dfrac{T_2^2}{12}\right) \end{pmatrix}$$

$$\tag{13-41}$$

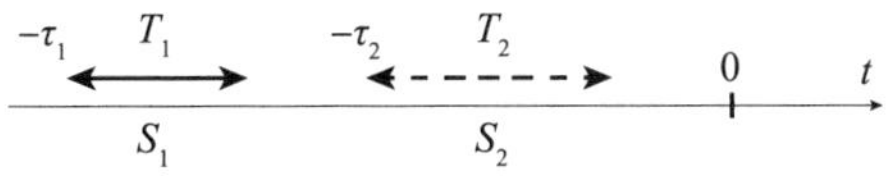

图 13-2 分别来自传感器 S_1 和 S_2 的长度为 T_1 和 T_2 的轨迹时间线，两条轨迹都发生在历元时刻 0 之前

我们引入以下符号，所有符号均为常数：

$$F = \frac{k}{\sigma_{1\theta}^2} + \frac{m}{\sigma_{2\theta}^2}$$

$$J = \frac{k}{\sigma_{1\theta}^2}\hat{T}_1 + \frac{m}{\sigma_{2\theta}^2}\hat{T}_2$$

$$K = \frac{k}{\sigma_{1\theta}^2}\hat{T}_1^2 + \frac{m}{\sigma_{2\theta}^2}\hat{T}_2^2 \qquad (13-42)$$

$$L = \frac{k}{\sigma_{1\rho}^2} + \frac{m}{\sigma_{2\rho}^2}$$

$$M = \frac{1}{12}\left(\frac{k}{\sigma_{1\theta}^2}T_1^2 + \frac{m}{\sigma_{2\theta}^2}T_2^2\right)$$

那么式（13-41）可采用更紧凑的形式：

$$A^{\mathrm{T}}A = \begin{pmatrix} F & J \\ J & LH^2 + K + M \end{pmatrix} \qquad (13-43)$$

类似地，应用于两个雷达跟踪的式（13-36）变为

$$A^{\mathrm{T}}B = A_1^{\mathrm{T}}B_1 + A_2^{\mathrm{T}}B_2 = \frac{1}{\sigma_{1\theta}^2}\begin{pmatrix} Q_1 \\ G_1HR_1 + Q_{t1} \end{pmatrix} + \frac{1}{\sigma_{2\theta}^2}\begin{pmatrix} Q_2 \\ G_2HR_2 + Q_{t2} \end{pmatrix} \qquad (13-44)$$

根据式（13-7），我们需要求解方程：

$$\Delta \mathbf{X} = (A^{\mathrm{T}}A)^{-1}(A^{\mathrm{T}}B) \qquad (13-45)$$

因此，我们需要计算式（13-43）给出的矩阵的逆。设

$$D = FLH^2 + FK + FM - J^2 \qquad (13-46)$$

应用式（13-42），我们注意到

$$FK - J^2 = \left(\frac{k}{\sigma_{1\theta}^2} + \frac{m}{\sigma_{2\theta}^2}\right)\left(\frac{k}{\sigma_{1\theta}^2}\hat{T}_1^2 + \frac{m}{\sigma_{2\theta}^2}\hat{T}_2^2\right) - \left(\frac{k}{\sigma_{1\theta}^2}\hat{T}_1 + \frac{m}{\sigma_{2\theta}^2}\hat{T}_2\right)^2$$

$$= \frac{k^2}{\sigma_{1\theta}^4}\hat{T}_1^2 + \frac{km}{\sigma_{1\theta}^2\sigma_{2\theta}^2}\hat{T}_2^2 + \frac{km}{\sigma_{1\theta}^2\sigma_{2\theta}^2}\hat{T}_1^2 + \frac{m^2}{\sigma_{2\theta}^4}\hat{T}_2^2$$

$$\qquad - \frac{k^2}{\sigma_{1\theta}^4}\hat{T}_1^2 - 2\frac{km}{\sigma_{1\theta}^2\sigma_{2\theta}^2}\hat{T}_1\hat{T}_2 - \frac{m^2}{\sigma_{2\theta}^4}\hat{T}_2^2$$

$$= \frac{km}{\sigma_{1\theta}^2\sigma_{2\theta}^2}\hat{T}_2^2 + \frac{km}{\sigma_{1\theta}^2\sigma_{2\theta}^2}\hat{T}_1^2 - 2\frac{km}{\sigma_{1\theta}^2\sigma_{2\theta}^2}\hat{T}_1\hat{T}_2$$

$$= \frac{km}{\sigma_{1\theta}^2\sigma_{2\theta}^2}(\hat{T}_2 - \hat{T}_1)^2$$

因此，式（13-46）变为

$$D = FLH^2 + FM + \frac{km}{\sigma_{1\theta}^2\sigma_{2\theta}^2}(\hat{T}_2 - \hat{T}_1)^2 \qquad (13-47)$$

那么式（13-43）中矩阵的逆为

$$(A^{\mathrm{T}}A)^{-1} = \frac{1}{D}\begin{pmatrix} LH^2 + K + M & -J \\ -J & F \end{pmatrix} \qquad (13-48)$$

将式（13-48）和式（13-44）代入式（13-45），可得

$$\Delta \mathbf{X} = \frac{1}{D} \begin{pmatrix} LH^2 + K + M & -J \\ -J & F \end{pmatrix} \left[\frac{1}{\sigma_{1\theta}^2} \begin{pmatrix} Q_1 \\ G_1 HR_1 + Q_{t1} \end{pmatrix} + \frac{1}{\sigma_{2\theta}^2} \begin{pmatrix} Q_2 \\ G_2 HR_2 + Q_{t2} \end{pmatrix} \right]$$

$$(13-49)$$

因此，最小二乘法对轨道根数的修正为

$$\Delta M_0 = \frac{1}{D} \frac{1}{\sigma_{1\theta}} \left[(LH^2 + K + M) Q_1 - JG_1 HR_1 - JQ_{t1} \right]$$

$$+ \frac{1}{D} \frac{1}{\sigma_{2\theta}} \left[(LH^2 + K + M) Q_2 - JG_2 HR_2 - JQ_{t2} \right]$$

$$(13-50)$$

$$\Delta n_0 = \frac{1}{D} \frac{1}{\sigma_{1\theta}} \left[-JQ_1 + FG_1 HR_1 + FQ_{t1} \right] + \frac{1}{D} \frac{1}{\sigma_{2\theta}} \left[-JQ_2 + FG_2 HR_2 + FQ_{t2} \right]$$

$$(13-51)$$

13.3.3 协方差

预测误差可以采用协方差矩阵来估计。时刻 t 的协方差矩阵为

$$C(t) = A_t (A^{\mathrm{T}} A)^{-1} A_t^{\mathrm{T}}$$

$$(13-52)$$

其中，下标 t 表示在期望的预测时刻进行计算，并且其中

$$A_t = \begin{vmatrix} \dfrac{\partial \rho}{\partial M} & \dfrac{\partial \rho}{\partial n} \\ \dfrac{\partial \theta}{\partial M} & \dfrac{\partial \theta}{\partial n} \end{vmatrix} = \begin{pmatrix} 0 & H \\ 1 & t \end{pmatrix}$$

$$(13-53)$$

协方差为

$$C(t) = \begin{pmatrix} 0 & H \\ 1 & t \end{pmatrix} \frac{1}{D} \begin{pmatrix} LH^2 + K + M & -J \\ -J & F \end{pmatrix} \begin{pmatrix} 0 & 1 \\ H & t \end{pmatrix}$$

$$= \frac{1}{D} \begin{pmatrix} -HJ & FH \\ LH^2 + K + M - Jt & -J + Ft \end{pmatrix} \begin{pmatrix} 0 & 1 \\ H & t \end{pmatrix}$$

$$(13-54)$$

$$= \frac{1}{D} \begin{pmatrix} FH^2 & -HJ + FHt \\ -HJ + FHt & LH^2 + M + K - 2Jt + Ft^2 \end{pmatrix}$$

因此，在某个预测时刻 t，系统的方差和协方差为

$$\sigma_{\rho\rho}^2 = \frac{FH^2}{D}$$

$$(13-55)$$

$$\sigma_{\theta\theta}^2 = \frac{1}{D} \left[LH^2 + M + K - 2Jt + Ft^2 \right]$$

$$(13-56)$$

$$\sigma_{\rho\theta}^2 = \frac{H}{D} \left[-J + Ft \right]$$

$$(13-57)$$

在式 (13-57) 中应用式 (13-42) 的定义，我们得到

$$\frac{H}{D}(-J+Ft) = \frac{H}{D}\left(-\frac{k}{\sigma_{1\theta}^2}\hat{T}_1 - \frac{m}{\sigma_{2\theta}^2}\hat{T}_2 + \frac{k}{\sigma_{1\theta}^2}t + \frac{m}{\sigma_{2\theta}^2}t\right) \tag{13-58}$$

$$= \frac{H}{D}\left[\frac{k}{\sigma_{1\theta}^2}(t-\hat{T}_1) + \frac{m}{\sigma_{2\theta}^2}(t-\hat{T}_2)\right]$$

我们研究式（13-56）中括号内的最后三项，应用式（13-42）中的定义，得到

$$K - 2Jt + Ft^2 = \frac{k}{\sigma_{1\theta}^2}\hat{T}_1^2 + \frac{m}{\sigma_{2\theta}^2}\hat{T}_2^2 - 2\left(\frac{k}{\sigma_{1\theta}^2}\hat{T}_1 + \frac{m}{\sigma_{2\theta}^2}\hat{T}_2\right)t + \left(\frac{k}{\sigma_{1\theta}^2} + \frac{m}{\sigma_{2\theta}^2}\right)t^2$$

$$= \frac{k}{\sigma_{1\theta}^2}(t^2 - 2\hat{T}_1 t + \hat{T}_1^2) + \frac{m}{\sigma_{2\theta}^2}(t^2 - 2\hat{T}_2 t + \hat{T}_2^2) \tag{13-59}$$

$$= \frac{k}{\sigma_{1\theta}^2}(t-\hat{T}_1)^2 + \frac{m}{\sigma_{2\theta}^2}(t-\hat{T}_2)^2$$

将式（13-58）代入式（13-57），得到

$$\sigma_{\rho\theta}^2 = \frac{H}{D}\left[\frac{k}{\sigma_{1\theta}^2}(t-\hat{T}_1) + \frac{m}{\sigma_{2\theta}^2}(t-\hat{T}_2)\right]$$

将式（13-59）代入式（13-56），得到

$$\sigma_{\theta\theta}^2 = \frac{1}{D}\left[LH^2 + M + \frac{k}{\sigma_{1\theta}^2}(t-\hat{T}_1)^2 + \frac{m}{\sigma_{2\theta}^2}(t-\hat{T}_2)^2\right]$$

因此，在某个预测时刻 t，系统的方差和协方差为

$$\sigma_{\rho\rho}^2 = \frac{FH^2}{D} \tag{13-60}$$

$$\sigma_{\theta\theta}^2 = \frac{1}{D}\left[LH^2 + M + \frac{k}{\sigma_{1\theta}^2}(t-\hat{T}_1)^2 + \frac{m}{\sigma_{2\theta}^2}(t-\hat{T}_2)^2\right] \tag{13-61}$$

$$\sigma_{\rho\theta}^2 = \frac{H}{D}\left[\frac{k}{\sigma_{1\theta}^2}(t-\hat{T}_1) + \frac{m}{\sigma_{2\theta}^2}(t-\hat{T}_2)\right] \tag{13-62}$$

常数值为

$$F = \frac{k}{\sigma_{1\theta}^2} + \frac{m}{\sigma_{2\theta}^2}$$

$$J = \frac{k}{\sigma_{1\theta}^2}\hat{T}_1 + \frac{m}{\sigma_{2\theta}^2}\hat{T}_2$$

$$K = \frac{k}{\sigma_{1\theta}^2}\hat{T}_1^2 + \frac{m}{\sigma_{2\theta}^2}\hat{T}_2^2$$

$$L = \frac{k}{\sigma_{1\rho}^2} + \frac{m}{\sigma_{2\rho}^2}$$

$$M = \frac{1}{12}\left(\frac{k}{\sigma_{1\theta}^2}T_1^2 + \frac{m}{\sigma_{2\theta}^2}T_2^2\right)$$

$$H = -\frac{2a_0}{3n_0}$$

$$D = FLH^2 + FM + \frac{km}{\sigma_{1\theta}^2\sigma_{2\theta}^2}(\hat{T}_2 - \hat{T}_1)^2$$

我们将常数 D 的特征描述如下：

- 与测量次数的平方成正比——FL 和 FM。
- 与测量噪声的四次方成反比——每项。
- 与测量时长的平方成正比——M。
- 与两段轨迹之间的时间跨度的平方成正比——最后一项。

协方差的每个分量都具有以下性质：

- 性质 1——与观测次数成反比。
- 性质 2——与测量噪声的平方成正比。
- 性质 3——与测量时长的平方成反比。
- 性质 4——与两段轨迹之间的时间跨度的平方成反比。

此外，我们可知 $\sigma_{\rho\rho}^2$ 是一个常数，$\sigma_{\rho\theta}^2$ 与从跟踪区间中点开始的预测时间线性相关，而 $\sigma_{\theta\theta}^2$ 与从跟踪区间中点开始的预测时间成平方关系。这些注释均表明，式（13 - 60）～式（13 - 62）的结果明确证明了我们关于轨道确定工作应该如何进行的直觉。我们还注意到，$\sigma_{\theta\theta}^2$ 和 $\sigma_{\rho\rho}^2$ 项在跟踪弧段的中间位置会更小。

关于最小二乘法对轨道根数的修正，我们再做最后一点评论。在式（13 - 35）中，我们引入了常数

$$Q = \sum_{i=1}^{k} \delta_{\theta_i}$$

$$Q_t = \sum_{i=1}^{k} t_i \delta_{\theta_i}$$

$$R = \sum_{i=1}^{k} \delta_{\rho_i}$$

因此，如果我们有大量的观测数据，我们可以假设

$$Q \approx 0$$

$$R \approx 0$$

我们不能对 Q_t 做同样的假设，因为求和中的观测值是根据其出现的时间加权的。那么式（13 - 50）和式（13 - 51）简化为

$$\Delta M_0 = -\frac{J}{D}\left(\frac{1}{\sigma_{1\theta}}Q_{t1} + \frac{1}{\sigma_{2\theta}}Q_{t2}\right)$$

$$\Delta n_0 = \frac{F}{D}\left(\frac{1}{\sigma_{1\theta}}Q_{t1} + \frac{1}{\sigma_{2\theta}}Q_{t2}\right)$$

因此，即使以 n_0 和 M_0 的真值开始确定轨道，最小二乘法修正值也可能不为零。它将试图消除由 Q_t 时间相关噪声项引起的偏差。

13.3.4　示例

我们现在探讨各种参数如何影响协方差，从而影响模型的预测精度。由于动力学的特

性，最大的影响沿着卫星轨道发生。因此，我们的图表侧重于轨道内位置误差的度量。以下参数会影响协方差：

- 相对于历元的轨迹时间。
- 观测次数（在跟踪时段内均匀分布）。
- 跟踪时长。
- 角度噪声。
- 距离噪声。

由于我们模拟的是两个独立的跟踪系统，因此我们关注两个系统之间的变化如何影响协方差。我们提供了一系列图表，其中，我们仅改变两个系统之间的单个参数。参数的标称值为：

- 相对于历元的轨迹时间＝−190 min，−10 min。
- 观测次数＝100。
- 跟踪时长＝20 min。
- 角度噪声＝0.015°。
- 距离噪声＝10 m。

在每个例子中，除了研究的参数外，我们都使用标称值。历元位于时间 0。

案例 1：在跟踪时间中的位置

本案例探讨了两个系统在跟踪时间中的位置所产生的影响。在图 13 - 3 中，图例标识了两个跟踪相对于参考时刻 0 的时间（以分钟为单位）。

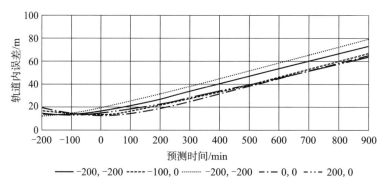

图 13 - 3　案例 1—每条曲线的最小值都位于两个跟踪事件的中点。
式（13 - 61）对这一特性进行了分析预测（见彩插）

当两个跟踪事件都发生在拟合区间的末尾（时间为 0 和 0）时，短期预测效果最佳，如图中的灰色曲线所示。而当两段跟踪跨越整个拟合区间（时间−200 和 0）时，长期预测结果最佳，如绿色曲线所示。这一结果与协方差性质 4 一致。

案例 2：各跟踪的观测次数

本案例探讨了两个系统的跟踪观测次数的影响。在图 13 - 4 中，图例标识了两段轨迹的观测次数。

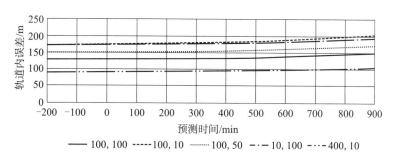

图 13 - 4　案例 2—蓝色曲线的总观测次数最多（410），在整个时段内误差最小。
这一结果与协方差性质 1 相符（见彩插）

我们发现，随着观测总数的增加，跟踪精度也在提高。至于哪个跟踪器产生更多的观测数据并不重要，总观测次数越多，误差增长的速度就越慢。

案例 3：各跟踪的时间长度

本案例探讨了两个系统的跟踪时长的影响。在图 13 - 5 中，图例标识了两段轨迹的时间长度（以分钟为单位）。

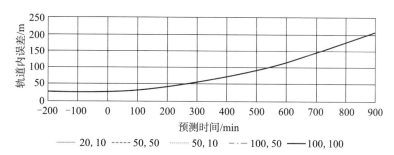

图 13 - 5　案例 3—本案例的 5 个样本中，每个样本的两段轨迹的时间间隔相同，测量次数也相同。
不同之处在于每段轨迹的时间长度，但在 5 个样本之间没有明显的差异（见彩插）

协方差性质 3 指出，精度与测量时段的长度成反比。虽然通过研究常数 M 可以看出这种关系，但我们发现它比式（13 - 61）中的其他项小 12 倍。因此，这一影响在图中并不突出。

案例 4：各跟踪的角度测量噪声

本案例探讨了两个系统跟踪中角度测量噪声的影响。在图 13 - 6 中，图例标识了两段轨迹的测量噪声（°）。

随着角度测量噪声的增加，轨道误差也随之增大。值得注意的是，单个低角度噪声的跟踪器可显著改善整体结果（灰色曲线）。有趣的是，跟踪器噪声的降低会导致预测误差的快速增长。

案例 5：各跟踪的距离测量噪声

本案例探讨了两个系统跟踪中距离测量噪声的影响。在图 13 - 7 中，图例标识了两段轨迹的测量噪声（m）。

通过比较图 13 - 6 和图 13 - 7，可以比较距离测量误差和角度测量误差的影响。角度

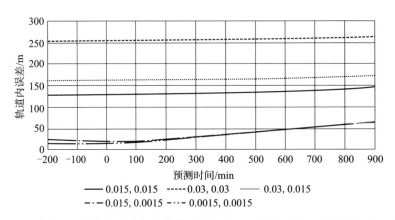

图 13 - 6　案例 4—深蓝色曲线的角度测量误差最小，并且在整个时段内误差也最小。
这种情况与协方差性质 2 相符（见彩插）

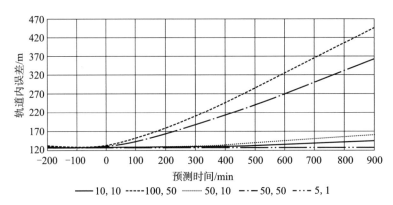

图 13 - 7　案例 5—深蓝色曲线的距离测量误差最小，并且在整个时段内误差也最小。
这种情况与协方差性质 2 相符（见彩插）

测量误差对误差增长的影响远小于距离测量误差。距离测量对确定卫星周期的影响更大，因此这些测量数据的质量对误差增长的影响也更大。

13.4　结论

在适当的简化假设下，我们可以将轨道协方差表述为解析表达式，这些表达式揭示了协方差与观测次数、观测精度和数据样本时间的函数关系。此外，我们还可以观察到协方差与预测时间的函数关系。这些解析公式很好地对应了直觉和实际案例中观察到的行为。由于这些公式包括两个独立的跟踪系统的单独建模，因此我们可以理解来自两个不同系统的数据组合产生的影响。

参 考 文 献

Hoots，F. R.（2007）．*Radar - optical observation mix*．AAS/AIAA Astrodynamics Specialist Confer - ence，Paper 07－287，Mackinac Island，MI.

参 考 书 目

Abramowitz, M. , & Stegun, I. A. (1972). *Handbook of mathematical functions*. New York: Dover Publications.

Bate, R. R. , Mueller, D. D. , & White, J. E. (1971). *Fundamentals of astrodynamics*. New York: Dover Publications, Inc.

Battin, R. H. (1999). *An introduction to the mathematics and methods of astrodynamics* (Revised ed.). Reston: American Institute of Aeronautics and Astronautics, Inc.

Beutler, G. (2005). *Methods of celestial mechanics volume I: Physical, mathematical, and numerical principles*. Berlin: Springer.

Beutler, G. (2005). *Methods of celestial mechanics volume II: Application to planetary system, geodynamics and satellite geodesy*. Berlin: Springer.

Bomford, B. G. (1962). *Geodesy* (2nd ed.). Oxford: Oxford University Press.

Brouwer, D. , & Clemence, G. M. (1961). *Methods of celestial mechanics*. New York: Academic Press.

Brown, E. W. (1896). *An introductory treatise on lunar theory*. New York: Cambridge University Press.

Burns, J. A. (Ed.) (1977). *Planetary satellites*. Tucson: University of Arizona Press.

Cefola, P. J. , Folcik, Z. , Di-Costanzo, R. , Bernard, N. , Setty, S. , & San Juan, J. F. (2014). *Revisiting the DSST standalone orbit propagator*. Advances in the Astronautical Sciences, 152, 2891 – 2914.

Chao, C. – C. , & Hoots, F. R. (2018). *Applied orbit perturbations and maintenance* (2nd ed.). El Segundo: The Aerospace Press.

Chobotov, V. A. (Ed.) (2002). *Orbital mechanics* (3rd ed.). Reston: American Institute of Aeronautics and Astronautics, Inc.

Ciufolini, I. , & Wheeler, J. A. (1995). *Gravitation and inertia*. New Jersey: Princeton University Press.

Danby, J. M. A. (1992). *Fundamentals of celestial mechanics* (2nd ed.). Richmond: Willman – Bell, Inc.

Danielson, D. A. , Neta, B. , & Early, L. W. (1994). *Semianalytic satellite theory (SST): Mathematical algorithms*. Naval Postgraduate School. Report Number NPS – MA94 – 001.

Escobal, P. R. (1985). *Methods of orbit determination* (2nd ed.). Malabar: Krieger Publishing Co.

Fitzpatrick, P. M. (1970). *Principles of celestial mechanics*. New York: Academic Press.

Fitzpatrick, R. (2012) . *An introduction to celestial mechanics*. New York: Cambridge University Press.

Greenwood, D. T. (1988) . *Principles of dynamics* (2nd ed.). Englewood Cliffs: Prentice Hall.

Hoots, F. R. (2007). *Radar‑optical observation mix*. AAS/AIAA Astrodynamics Specialist Conference, Paper 07‑287, Mackinac Island, MI.

Kaplan, M. H. (1976) . *Modern spacecraft dynamics & control*. New York: Wiley.

Kaula, W. M. (1966) . *Theory of satellite geodesy*. Waltham: Blaisdell Publishing Company.

King‑Hele, D. (1964) . *Theory of satellite orbits in an atmosphere*. London: Butterworths.

Kovalevsky, J. (1967) . *Introduction to celestial mechanics*. Netherlands: Springer.

Kovalevsky, J. , &Sagnier, J. (1977). *Motions of natural satellites*. In J. A. Burns (Ed.) Planetary satellites. Tucson: University of Arizona Press.

Kozai, Y. (1959). *The motion of a close earth satellite*. The Astronomical Journal, 64 (1274), 367‑377.

Kwok, J. H. (1986) . *The long‑term orbit predictor (LOP)*. JPL Technical Report EM 312/86‑151.

Liu, J. F.. F. & Alford, R. L. (1980). *Semianalytic theory for a close‑earth artificial satellite*. Journal of Guidance and Control, 3 (4) .

Longuski, J. M. (1979), *Analytic theory of orbit contraction and ballistic entry into planetary atmospheres*. Ph. D. Thesis, The University of Michigan, Ann Arbor.

Longuski, J. M. , & Vinh, N. X. (1980). *Analytic theory of orbit contraction and ballistic entry into planetary atmospheres*. Jet Propulsion Laboratory, California Institute of Technology, JPL Publication 80‑58, Pasadena, California.

Longuski, J. M. , Todd, R. E. , & König, W. W. (1992). *Survey of nongravitational forces and space environmental torques: applied to the Galileo*. Journal of Guidance, Control, and Dynamics, 15 (3), 545‑553.

Longuski, J. M. , Fischbach, E. , & Scheeres, D. J. (2001). *Deflection of spacecraft trajectories as a new test of general relativity*. Physical Review Letters, 86 (14), 2942‑2945.

Longuski, J. M. , Fischbach, E. , Scheeres, D. J. , Giampieri, G. , & Park, R. (2004). *Deflection of spacecraft trajectories as a new test of general relativity: determining the parameterized post‑Newtonian parameters β and γ* . Physical Review D, 69, 42001‑1‑42001‑15.

McCuskey, S. W. (1963) . *Introduction to celestial mechanics*. Reading: Addison‑Wesley Publishing Company, Inc.

Meirovitch, L. (1970). *Methods of analytical dynamics*. New York: McGraw‑Hill Book Company.

Morrison, J. A. (1966). *Generalized method of averaging and the von Zeipel method*. In R. Duncombe & V. Szebehely (Eds.) Progress in astronautics and aeronautics—methods in astrodynamics and celestial mechanics (Vol. 17). New York and London: Academic Press.

Moulton, F. R. (1914). *An introduction to celestial mechanics* (2nd ed.). New York: The Macmillan

Company.

Pars, L. A. (1979) . *A treatise on analytical dynamics*. Woodbridge: Ox Bow Press.

Plummer, H. C. (1918) . *An introductory treatise on dynamical astronomy*. Cambridge: Cambridge University Press.

Prussing, J. E. , & Conway, B. A. (2013) . *Orbital mechanics* (2nd ed.). New York: Oxford University Press.

Rindler, W. (1969) . *Essential relativity: special, general, and cosmological*. New York: Springer - Verlag.

Roy, A. E. (2005) . *Orbital motion* (4th ed.). New York: Taylor & Francis Group.

Schaub, H. , & Junkins, J. L. (2018) . *Analytical mechanics of space systems* (4th ed.). Reston: American Institute of Aeronautics and Astronautics, Inc.

Smart, W. M. (1953) . *Celestial mechanics*. New York: John Wiley & Sons, Inc.

Spier, G. W. (1971). *Design and implementation of models for the double precision trajectory program* (DPTRAJ). Jet Propulsion Laboratory, California Institute of Technology, Technical Memorandum 33 - 451, Pasadena, California.

Steinberg, S. (1984). *Lie series and nonlinear ordinary differential equations*. Journal of Mathematical Analysis and Applications, 101 (1), 39 - 63.

Szebehely, V. G. (1989) . *Adventures in celestial mechanics, a first course in the theory of orbits*. Austin: University of Texas Press.

Taff, L. G. (1985) . *Celestial mechanics, a computational guide for the practitioner*. New York: John Wiley & Sons.

Tapley, B. D. , Schutz, B. E. , & Born, G. H. (2004) . *Statistical orbit determination*. Burlington: Elsevier Academic Press.

Tragesser, S. G. , & Longuski, J. M. (1999). *Modeling issues concerning motion of the Saturnian satellites*. Journal of the Astronautical Sciences, 47 (3 and 4), 275 - 294.

Vallado, D. A. (2013) . *Fundamentals of astrodynamics and applications* (4th ed.). El Segundo: Microcosm Press.

Vinh, N. X. , Busemann, A. , & Culp, R. D. (1980) . *Hypersonic and planetary flight mechanics*. Ann Arbor: The University of Michigan Press.

vonZeipel, H. (1916). *Recherches sur le mouvement des petites planètes*. Arkivför Matematik, Astronomi och Fysik, 11 (1) .

Weinberg, S. (1972) . *Gravitation and cosmology: principles and applications of the general theory of relativity*. New York: Wiley.

Wiesel, W. (2003) . *Modern astrodynamics*. Beavercreek: Aphelion Press.

附录 1　轨道摄动学生项目建议

项目指南

最终项目应包含重要的数学内容，同时也应具有趣味性。我们允许和鼓励的主题类型包括传记、教程、历史、期刊文章或书籍章节综述、仿真和数学分析。

报告的长度可（大致）为 20 页，双倍行距，字体约为 12 号；或约 5 000 至 10 000 字（包括方程式和相应的图表空间）。

本指南只是一个建议，因为对课程最终报告的长度没有具体的要求。更短或更长的报告都是完全可以接受的。

为鼓励和启发读者，我们汇编了一份多年来学生们喜欢的主题和题目清单。这些主题和题目不应被理解为具体的作业，而应被视为激发创造力和想象力的灵感来源。闲话少说，下面是我们的清单。

谐波

- 地球引力模型中田谐函数的推导和共振效应
- 球谐函数对低地球轨道的影响
- 木星气动制动过程中的带谐效应
- 受月球带谐函数摄动的轨道研究

n 体问题

- 三体问题和拉格朗日点
- 受限四体问题扰动函数的推导

广义相对论

- 广义相对论对水星近日点进动的影响
- 使用后牛顿展开式研究广义相对论效应导致的水星近日点运动
- 水星、火神星（Vulcan）和广义相对论的历史
- 扩展的 GPS 传播星历表的分析

太阳辐射

- 太阳辐射压力对轨道摄动的影响

- 复杂形状航天器因辐射压力引起的轨道摄动研究综述
- 高轨道卫星太阳辐射压力建模问题
- 利用太阳帆进行地磁尾探测的太阳同步轨道
- 大气阻力、太阳及地球辐射造成的非引力摄动

阻力的影响

- 大气阻力导致卫星轨道收缩的数值仿真和分析预测
- 大气阻力和轨道衰减：解析解和数值解的比较
- 波因廷-罗伯逊效应

月球理论

- 月球理论史：托勒密、布拉赫和布朗的理论
- 月球运动的摄动函数
- 用于南极覆盖的月球冻结轨道
- 太阳摄动效应的历史发展：月球理论
- 月球的潮汐加速
- 轨道摄动：地月系统
- 太阳、地球、月球 L2 摄动研究

潮汐效应

- 月球的潮汐加速
- 潮汐摄动下轨道飞行器的运动

春分点轨道根数

- 一般摄动下的春分点坐标
- 拉格朗日行星方程与春分点轨道根数的数值比较

洛伦兹力

- 洛伦兹力变分方程的发展
- 通过地磁洛伦兹力改变 LEO 的倾角
- 电磁力及其对卫星运动的影响

地球轨道

- J_2 项效应
- 在低地球轨道航天器编队轨道动力学的运动方程中纳入摄动
- 地球轨道上的相对摄动卫星运动

• 重力恢复和气候实验（GRACE）

天王星

• 天王星上利用升力体改变倾角
• 天王星倾斜度变化后天王星卫星倾角的变化

高斯方程

• 高斯方程和拉格朗日方程的替代形式的推导
• 连续推力机动的高斯形式

摄动

• 一般摄动技术
• 相对轨道根数的一般摄动方法
• 欧罗巴（木卫二）轨道器上的摄动
• 使用软件 Mathematica 探索轨道摄动
• 一阶摄动对碰撞概率的影响
• Pan 和 Daphnis：土星环内卫星（Inner Moon）的摄动
• 扁球体的一般摄动和特殊摄动的比较

其他

• 对 A. E. Roy 的《轨道运动》的综述
• 对 Sosnitskii 博士著作的综述
• 关于海王星的发现
• 伽利略卫星运动的解析解
• 石质小行星上的季节性雅可夫斯基效应
• 使用谐振泵提高系留卫星绕扁行星的轨道高度
• 系外行星的探测
• 空间重力测量
• 双星系统行星动力学的计算模型
• 巨人：哥白尼、布拉赫、开普勒、牛顿和哈雷
• MMR（平均运动共振）的简介
• 惯性系的探索
• 影响范围的定义和应用研究

附录 2　轨道摄动作业建议

在撰写本书时，我们必须解决课后作业布置的问题。我们应该如何完成（或能否完成）课后作业？即使是轨道摄动中最简单问题的分析，也可能长达数页——其中，级数展开式中各项（如一阶、二阶、三阶和四阶项）会迅速累积，从而形成越来越复杂的表达式。拉格朗日行星方程的推导就占据了 50 多页的篇幅！

显然，课后作业问题的答案不会"在书后找到"。我们在课堂教学中发现，学生应该勇敢地面对并攻克一些复杂的表达式。拉格朗日行星方程必须得到证明。

我们的解决办法是让学生写一篇日记，验证课本（和讲座）的结果，同时省略一些中间步骤，并截断许多展开式。有时，二阶甚至一阶解就足够了。

事实证明，准备充分的学生（通常是高级研究生）实际上欢迎这种挑战，并为能够发展课本中介绍的解析理论而感到自豪。他们认为这很有趣！

课后作业指南

课后作业每一到两周提交一次。在日记中，学生们需验证讲座和课本中的结果，但无需写出推导的所有细节——它们太长了。除了本文材料外，学生们还可以研究自己感兴趣的相关材料。课外主题可以包括：分析工作、数值解法、教程、书评、论文综述或历史研究（需包含重要的数学工作）。对于课外主题，提供一份简要报告即可。

附录 3　索引

A

Advance in perihelion of Mercury（水星近日点的进动）

Analysis of evection（出差分析）

Angular momentum（角动量）

Anomaly，eccentric（近点角，偏）

Anomaly，mean（近点角，平）

Anomaly，true（近点角，真）

Aphelion（远日点）

Apoapsis（远拱点）

Apogee（远地点）

Apse（拱点）

Areal velocity（面速度）

Area of the ellipse（椭圆面积）

Area swept out（扫过的面积）

Argument of periapsis（近拱点幅角）

Argument of perigee（近地点幅角）

Argument of perihelion（近日点幅角）

Ascending node（升交点）

Ascending node angle（升交点角）

Asteroid Perturbation by Jupiter（小行星受木星摄动）

Asymptotic true anomaly（渐近真近点角）

Atmospheric drag，effects of（大气阻力，影响）

Averaged equations for orbit decay（轨道衰减的平均方程）

Averaging，generalized method（平均化，广义方法）

B

Bessel functions（贝塞尔函数）

C

Cassini division in Saturn's rings（土星环中的卡西尼缝）

Center of mass（质心）

Concept of averaging（平均化概念）

Conic equation（圆锥曲线方程）

Conic section（圆锥曲线）

Connecting models to the real world（连接模型与现实世界）

Conservation of energy（能量守恒）

Conservative force（保守力）

Constants of integration（积分常数）

Covariance（协方差）

Critica linclination（临界倾角）

Cross – sectional area（横截面积）

D

Defective method（有缺陷的方法）

Deflection of light（光线的偏转）

Dependent and independent variables（自变量和因变量）

Direction cosines（方向余弦）

Disturbing function（扰动函数）

Drag coefficient（阻力系数）

Dragforce（阻力）

E

Earth – Moon system（地月系统）

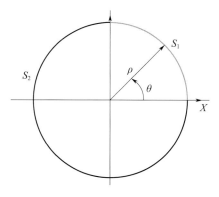

图 13-1 位于地球中心的两个传感器观察一颗卫星，轨迹由弧线 S_1 和 S_2 表示（P236）

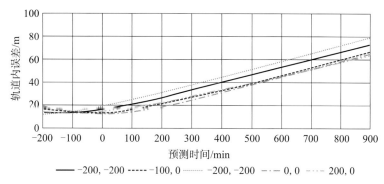

图 13-3 案例 1—每条曲线的最小值都位于两个跟踪事件的中点。

式（13-61）对这一特性进行了分析预测（P246）

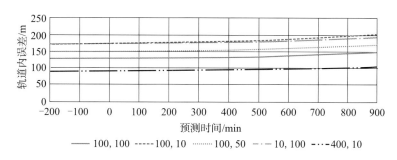

图 13-4 案例 2—蓝色曲线的总观测次数最多（410），在整个时段内误差最小。

这一结果与协方差性质 1 相符（P247）

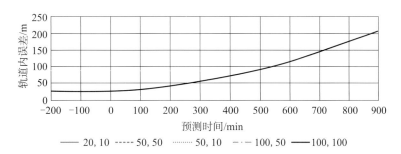

图 13-5　案例 3—本案例的 5 个样本中，每个样本的两段轨迹的时间间隔相同，测量次数也相同。
不同之处在于每段轨迹的时间长度，但在 5 个样本之间没有明显的差异（P247）

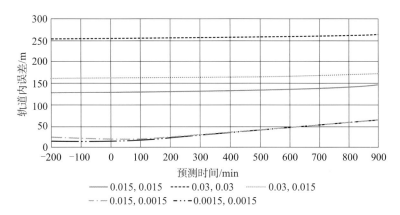

图 13-6　案例 4—深蓝色曲线的角度测量误差最小，并且在整个时段内误差也最小。
这种情况与协方差性质 2 相符（P248）

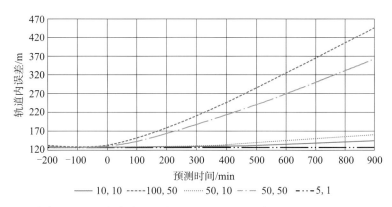

图 13-7　案例 5—深蓝色曲线的距离测量误差最小，并且在整个时段内误差也最小。
这种情况与协方差性质 2 相符（P248）